Matthias Habermann
Torsten Weiß

STEP®7-Crashkurs

Dipl.-Ing. (FH) Matthias Habermann
Dipl.-Ing. (FH) Torsten Weiß

STEP®7-Crashkurs

Einführung in die STEP®7-Programmiersprache mit Übersichten der S7-CPUs und STEP®7-Befehlen

mit Simulationssoftware auf CD-ROM

2. Auflage

VDE VERLAG • Berlin • Offenbach

Kein Teil dieses Buchs darf in irgendeiner Form (Druck, Fotokopie, Mikrofilm oder einem anderen Verfahren) ohne schriftliche Genehmigung von MHJ-Software oder Ing.-Büro Weiß reproduziert oder unter Verwendung elektronischer Systeme verarbeitet, vervielfältigt oder verbreitet werden.

Ausnahme:
Lehrer dürfen einzelne Seiten kopieren und diese im Unterricht verwenden.

Warenzeichen:
STEP®, SIMATIC®, S7-300® und S7-400® sind eingetragene Warenzeichen der Siemens AG. Alle anderen Marken- oder Produktnamen sind Warenzeichen oder eingetragene Warenzeichen der jeweiligen Eigentümer.

Die Deutsche Bibliothek – CIP-Einheitsaufnahme

Ein Titeldatensatz für diese Publikation ist bei
Der Deutschen Bibliothek erhältlich

ISBN 3-8007-2571-1

© 2000 VDE VERLAG, Berlin und Offenbach
Bismarckstraße 33, D-10625 Berlin

Alle Rechte vorbehalten

Druck: Aalexx Druck GmbH, Großburgwedel   0011

Vorwort

Das vorliegende Buch entstand aus der Idee heraus, ein Buch zur S7-Programmiersprache zu schreiben, bei dem die Leser die Möglichkeit haben, die vorgestellten Beispielprogramme sofort mit dem PC einzugeben und zu simulieren.

Das erste Buch dieser Reihe ist unter dem Namen "STEP®5-Crashkurs" erschienen. Auch hier kann der Leser mit der enthaltenen Simulationssoftware "**WinSPS-S5**" die vorgestellten Beispielprogramme mit Hilfe eines PCs eingeben und anschließend ohne weitere Hardware simulieren.

Der große Erfolg des Buches "STEP®5-Crashkurs" bestätigte unsere Idee.

An dieser Stelle bedanken wir uns für das bereitgestellte Bildmaterial
der Firmen:

- **SIEMENS-AG** Bereich Automatisierungs- und Antriebstechnik in Nürnberg
- **SAIA-Burgess Electronics** in Murten (Schweiz)
- **VIPA GmbH** in Herzogenaurach

Wir wünschen viel Spaß beim Erlernen der STEP®7-Programmiersprache!

Matthias Habermann, Torsten Weiß
Oktober 1999

Vorwort

Inhaltsverzeichnis

1 Einleitung 11

    1.1 Für wen ist dieses Buch geeignet? 11

    1.2 Wie sollte das Buch gelesen werden? 11

    1.3 Wichtige Begriffserklärungen für den Kurs 12

    1.4 WinSPS-S7 installieren 13

2 Grundlagen der SPS-Technik 14

    2.1 Was ist eine speicherprogrammierbare Steuerung? 14

    2.2 Was ändert sich bei Verwendung einer SPS? 16

    2.3 Aufbau einer speicherprogrammierbaren Steuerung 17

    2.4 Wie wird eine SPS programmiert und gesteuert? 18

    2.5 Beispiel einer Anlage mit SPS-Steuerung 20

    2.6 Die CPU-Funktionen bei STEP®7 23

        2.6.1 Der Bausteinstatus 23

        2.6.2 Status-Variable 23

        2.6.3 Steuern-Variable 24

        2.6.4 Baugruppenzustand 24

        2.6.5 Übersicht der CPU-Funktionen (Protokolle) 26

3 Das erste S7-Programm 27

4 Die Darstellungsart AWL 31

5 Erklärung der Operanden in STEP®7 32

    5.1 Eingangs- und Ausgangsoperanden 32

    5.2 Merkeroperanden 32

    5.3 Lokaloperanden 32

    5.4 Daten eines Datenbausteins 33

    5.5 Timer 33

    5.6 Zähler 33

    5.7 Peripherieeingänge 33

    5.8 Peripherieausgänge 33

    5.9 Operandenübersicht 34

6 Adressierung der Operanden 35

    6.1 Schreibweisen von Bitoperanden 35

Inhaltsverzeichnis

6.2 Schreibweisen von Byteoperanden	36
6.3 Schreibweisen von Wortoperanden	37
6.4 Schreibweisen von Doppelwortoperanden	38
6.5 Hinweise zur Adressierung	39

7 Symbolische Programmierung 40

7.1 Erstellen der Symbolikdatei	41
7.2 Einschalten der Symbolik in der Programmiersoftware	43
7.3 Symbole bei der Programmierung benutzen	43
7.4 Unterschied zwischen Symbol und Variable	44

8 Verknüpfungsoperationen 45

8.1 UND-Verknüpfung	46
8.2 ODER-Verknüpfung	47
8.3 EXKLUSIV-ODER-Verknüpfung	48
8.4 NICHT-Verknüpfung	49
8.4.1 Übung: Nicht-Verknüpfung	50
8.5 UND-NICHT- Verknüpfung	51
8.6 ODER-NICHT- Verknüpfung	52
8.7 Verknüpfungsergebnis (VKE)	53
8.8 Gemischte UND/ODER- Funktionen ohne Klammerbefehle	55
8.8.1 Übung: UND/ODER gemischt	56
8.9 Klammerbefehle	57
8.9.1 Übung: Klammerbefehle	58
8.10 Alternative zu den Klammerbefehlen	60
8.11 ODER-Verknüpfung von UND-Verknüpfungen	61
8.12 Setz- Rücksetzbefehle	62
8.12.1 Übung: Speicher	65

9 Lineare und strukturierte Programmierung 66

9.1 Lineare Programmierung	66
9.2 Strukturierte Programmierung	79
9.2.1 Organisationsbausteine (OB)	79
9.2.2 Die Funktion (FC)	81
9.2.3 Der Funktionsbaustein (FB)	81
9.2.4 Der Datenbaustein (DB)	82
9.2.5 Systemfunktionen (SFC) und Systemfunktionsbausteine (SFB)	82

9.2.6 Der Systemdatenbaustein (SDB)	83
9.2.7 Maximale Anzahl der Anwenderbausteine	83
9.2.8 Aufruf einer FC	84
9.2.9 Aufruf eines FBs	87
9.2.10 Befehle, um einen Baustein zu beenden	88
9.2.11 Beispiel zur strukturierten Programmierung	91

10 Datentypen in STEP®7 — 101

10.1 Elementare Datentypen	103
10.2 Zusammengesetzte Datentypen	104
10.3 Parametertypen	104

11 Lade- und Transferbefehle — 105

11.1 Laden von Bytes	105
11.2 Laden von Wörtern	106
11.3 Laden von Doppelwörtern	108
11.4 Anmerkung zu Wortoperationen	109
11.5 Laden von Konstanten	110

12 Bausteinparameter — 114

12.1 Beispiel zu Bausteinparametern	114
12.1.1 Benennung der Deklarationsbereiche	116
12.1.2 Zuordnung der Parameter zu den Deklarationsbereichen	117
12.1.3 Programmierung der Bausteinparameter	118
12.2 Verarbeitung von Formalparametern	128
12.2.1 Zugriff auf Formalparameter des Datentyps BOOL	128
12.2.2 Schreibzugriff auf einen BOOL-Eingangsparameter	129
12.2.3 Zugriff auf Formalparameter mit digitalen Datentypen	133
12.2.4 Beispiel zu Parameter mit einem digitalem Datentyp	134
12.2.5 Zugriff auf Formalparameter mit zusammengesetzten Datentypen	136
12.2.6 Beispiel zu Parameter mit Datentyp Array	137
12.2.7 Deklaration eines STRUCT	139
12.2.8 Beispiel zum Datentyp STRUCT	141
12.2.9 Deklaration eines STRING	146
12.2.10 Deklaration eines DATE_AND_TIME	147

13 Globaldatenbausteine — 148

13.1 Erstellen eines DB	148
13.2 Zugriff auf einen DB	154

Inhaltsverzeichnis

13.2.1 Zugriff auf ein Datenbit	155
13.2.2 Zugriff auf Datenbyte, Datenwort und Daten-Doppelwort	156
13.2.3 Zugriff auf die Daten eines DB über die Variablenbezeichnungen	156
13.3 Unterschied Anfangswert zu Aktualwert	159
13.3.1 Aktualwerte auf Anfangswerte setzen	165
13.4 Befehle und Funktionen im Zusammenhang mit Datenbausteinen	166
13.4.1 Aufschlagen eines Datenbausteins	166
13.4.2 Länge eines Datenbausteins ermitteln	167
13.4.3 Nummer des aufgeschlagenen Datenbausteins ermitteln	170
13.4.4 Einen Datenbaustein erzeugen und testen	171
13.4.5 Datenbaustein löschen	175
13.4.6 Vorbelegung des Datentyps ARRAY	181
13.4.7 Vorbelegung des Datentyps STRING	184
13.4.8 Schreibschutz für einen Datenbaustein	185
13.4.9 Datenbaustein im Ladespeicher ablegen	186
13.4.10 Mögliche Anzahl von DBs in einer CPU	187
14 Funktionsbausteine	**188**
14.1 Eigenschaften eines Funktionsbausteins	188
14.2 Beispiel zu Funktionsbausteinen	188
14.2.1 Erstellen des SPS-Programms	189
14.3 Aufruf eines Funktionsbausteines ohne die Angabe von Aktualparametern	205
14.4 Unterschied Instanzdatenbaustein und Globaldatenbaustein	211
14.4.1 Das DI-Register	211
14.5 Die statischen Lokaldaten	212
15 Zähler	**213**
15.1 Zähler setzen und rücksetzen	213
15.2 Abfragen eines Zählers	214
15.3 Zähler mit einem Zählwert laden	214
15.3.1 Laden eines konstanten Zählwertes	215
15.3.2 Weitere Möglichkeiten einen Zähler vorzubelegen	215
15.4 Vorwärtszähler	216
15.5 Rückwärtszähler	217
15.6 Beispiel zum Zähler	218
15.7 Weiteres Beispiel zum Zähler	219
15.8 Anzahl der verfügbaren Zähler	223

15.9 Binärabfrage eines Zählers — 224

16 Zeiten — 225

16.1 Zeitfunktion mit einem Zeitwert laden — 225

16.1.1 Laden einer Zeit über einen konstanten Zeitwert — 226

16.1.2 Weitere Möglichkeiten eine Zeitkonstante zu laden — 227

16.2 Starten und Rücksetzen einer Zeit — 228

16.3 Abfragen einer Zeit — 228

16.4 Die Zeitart SI (Impuls) — 229

16.5 Die Zeitart SV (verlängerter Impuls) — 230

16.6 Die Zeitart SE (Einschaltverzögerung) — 231

16.7 Die Zeitart SS (Speichernde Einschaltverzögerung) — 232

16.8 Die Zeitart SA (Ausschaltverzögerung) — 233

16.9 Beispiel zum Abschnitt Zeiten — 234

16.10 Weiteres Beispiel zu Zeiten — 235

16.11 Zeiten als Bausteinparameter — 243

16.12 Anzahl der verfügbaren Zeiten — 245

16.13 Wichtiger Hinweis zu Zeiten — 245

17 Flankenauswertung — 246

17.1 Beispiel zur Flankenauswertung — 247

17.1.1 Positive Flanke — 247

17.1.2 Negative Flanke — 249

17.2 Binäruntersetzer (T-Kippglied) — 251

18 Schrittkettenprogrammierung (Ablaufsteuerung) — 253

18.1 Aufgabenstellung — 253

18.2 Zerlegung des Gesamtablaufes in Einzelschritte — 254

18.3 Ein- und Ausgangsbelegung — 256

18.4 Programmerstellung — 257

18.5 Test des SPS-Programms — 263

19 Die Register der CPU — 268

19.1 Akkumulatoren — 268

19.2 Adreßregister — 268

19.3 DB-Register — 269

19.4 Das Statuswort — 269

20 Abarbeitung eines S7-Programms im AG — 270

20.1 Die Betriebszustände eines S7-AGs — 270

20.2 Das Prozeßabbild — 273

21 Sprungbefehle — 275

21.1 Syntax der Sprungbefehle — 276

21.2 Absoluter Sprung (SPA) — 276

21.3 Sprungbefehle, die das VKE auswerten — 277

21.4 Sprungbefehle, die das Binärergebnis auswerten — 278

21.5 Sprungbefehle, welche die Anzeigebits (A0, A1) auswerten — 279

21.6 Sprungbefehle bei Überlauf — 282

21.7 Der LOOP-Befehl — 283

21.8 Sprungleiste, Sprungverteiler (SPL) — 284

21.9 Direkte Auswertung des Statuswortes — 286

22 Fehlerdiagnose bei einer S7-CPU — 287

22.1 Fehlersuche über Diagnosebuffer — 288

22.2 Fehlersuche über USTACK/BSTACK — 290

22.3 Zweites Beispiel zur Fehlersuche — 292

23 Das MPI-Netzwerk — 296

24 Handhabung einer S7-CPU — 300

24.1 Schlüsselschalter — 300

24.2 Memory Cards — 301

24.3 Integrierter ROM — 302

24.4 Systemdatenbausteine restaurieren — 303

24.5 Speichermedien — 304

25 Vergleicher — 305

25.1 Auswertung der Vergleichsfunktionen — 306

25.1.1 Auswertung über Binäroperationen — 306

25.1.2 Auswertung der Anzeigebits — 307

26 Arithmetische Befehle   309

27 Unterschiede zwischen S5 und S7   312

    27.1 Bausteinarten in S5 und in S7   312

    27.2 Vergleich Befehlssatz S5/S7   313

    27.3 Einführung der Variable in S7   314

    27.4 Vorteile von S7   315

    27.5 Weitere Unterschiede zwischen S5 und S7   316

28 Programmierregeln in STEP®7   318

ANHANG

A S7-CPU-Übersicht und kompatible   325

B Zahlensysteme   345

C Glossar   350

D STEP®7-Befehlsübersicht   357

E Bildernachweis   382

F Index   383

G Angebote von MHJ-Software & Ing.-Büro Weiß   386

Inhaltsverzeichnis

1 EINLEITUNG

1.1 Für wen ist dieses Buch geeignet?

Das Buch wendet sich an Leser, die sich in die SPS-Programmiersprache STEP®7 einarbeiten und gleichzeitig praktische Erfahrung im Umgang mit einer S7-CPU der Reihe S7-300/400 sammeln wollen. Das Buch ist hierbei so gestaltet, daß es sich sowohl für Umsteiger STEP®5 nach STEP®7, als auch für Anfänger in Sachen SPS-Programmierung eignet.
Der Praxisbezug wird mit Hilfe der Programmier- und Simulationssoftware WinSPS-S7 hergestellt. Mit WinSPS-S7 können die Beispiele programmiert und anschließend in der integrierten S7-Software-SPS simuliert werden. Dabei verhält sich die Software-SPS wie ein reales AG der Reihe S7-300/400.

Im Anhang Teil des Buches werden die bei der Drucklegung erhältlichen S7-CPUs der Reihe S7-300/400 von SIEMENS vorgestellt. Des weiteren befinden sich dort S7-kompatible CPUs der Fa. SAIA-Burgess Electronics. Diese Aufstellung soll Ihnen helfen, sich einen Überblick über die vorhandenen S7-CPUs zu verschaffen.

1.2 Wie sollte das Buch gelesen werden?

Die Kapitel bauen aufeinander auf, so daß auch Anfänger sukzessive mit der Programmiersprache STEP®7 vertraut gemacht werden. Die meisten Themen werden anhand von Beispielen erklärt, welche mit der beiliegenden Software programmiert und simuliert werden. Die Möglichkeit der praktischen Umsetzung der Beispiele sollte man nutzen, denn durch dieses Zusammenspiel von Theorie und Praxis wird der Lernerfolg gesteigert. Und nicht zu vergessen, das Lernen macht einfach mehr Spaß.

Leser, die bereits Erfahrung in STEP®5 besitzen, sollten das Buch ebenfalls vom ersten Kapitel an durcharbeiten. Denn STEP®7 unterscheidet sich schon in einigen Grundverknüpfungen gegenüber STEP®5. In den einzelnen Kapiteln wird explizit auf Unterschiede zwischen den beiden Programmiersprachen mit dem nachfolgenden Symbol aufmerksam gemacht:

S7<->S5

Des weiteren befaßt sich ein Kapitel konkret mit den Unterschieden von STEP®5 zu STEP®7.

Wir wünschen Ihnen viel Erfolg beim Kennenlernen der STEP®7-Programmiersprache!

Einleitung

1.3 Wichtige Begriffserklärungen für den Kurs

Begriff	Erklärung
AG	Automatisierungsgerät.
AWL	Anweisungsliste: STEP®7- Befehle werden als Text niedergeschrieben.
Baustein	In einem Baustein werden Anweisungen zu einem Unterprogramm zusammengefaßt. Der Baustein kann dann mit einem STEP®7-Befehl aufgerufen werden.
Diagnosebuffer	Im Diagnosebuffer der CPUs sind die Ereignisse, welche sich in der CPU abspielen, verzeichnet. Der Diagnosebuffer kann auch dazu verwendet werden, die STOP-Ursache einer CPU zu ergründen und beispielsweise den fehlerhaften Baustein ausfindig zu machen.
BSTACK	Abkürzung von "Bausteinstack" oder "Bearbeitungsstack". Wenn die CPU durch einen Fehler in den STOP-Betrieb übergegangen ist, können mit der BSTACK- Funktion die zuletzt bearbeiteten Bausteine angezeigt werden.
Netzwerk	Ein Baustein kann in Netzwerke unterteilt werden. In Netzwerken werden Anweisungen zusammengefaßt, die eine bestimmte Aufgabe erledigen. Es besteht die Möglichkeit für jedes Netzwerk eine Überschrift zu vergeben.
Operand	Ein Operand stellt in STEP®7 ein bestimmter Adressbereich dar. Ein Operand kann 1 Bit, 8 Bit, 16 Bit oder 32 Bit breit sein. Ein 1 Bit-Operand wird auch als Binäroperand bezeichnet. Beispiel für Operanden: E1.0, EB 10, MW20, DBW200, DBD5
Binäroperand	Siehe Operand.
PG	Abkürzung für Programmiergerät.
RUN-Betrieb (STOP-Betrieb)	Ein AG befindet sich im RUN-Modus, wenn das SPS-Programm zyklisch bearbeitet wird. Wenn die CPU im STOP-Modus ist, wird das SPS-Programm nicht bearbeitet.
S7	Abkürzung für STEP®7.
SPS	Abkürzung für speicherprogrammierbare Steuerung.
STEP®7	Ist die Programmiersprache von SIEMENS für die CPUs der Reihe SIMATIC® S7.
USTACK	Abkürzung von "Unterbrechungsstack". Der USTACK ist eine Diagnosemöglichkeit, die herangezogen werden kann, wenn die CPU unerwartet in den STOP-Betrieb übergegangen ist.
Zuweisungsliste	In einer Zuweisungsliste (Zuweisungstabelle) werden die Betriebsmittel (Schalter, Endschalter, Motoren) den Operanden einer SPS zugeordnet.
Zyklische Bearbeitung	Zyklische Bearbeitung bedeutet, daß eine Befehlsfolge (SPS-Programm) immer wieder von neuem (in einer Schleife) bearbeitet wird.
MPI-Netz	Die S7-CPUs können mit Hilfe der MPI-Schnittstelle zu einem MPI-Netz verknüpft werden. Die Identifikation der einzelnen CPUs erfolgt über die MPI-Adresse.
MPI-Kabel	Das MPI-Kabel verbindet das Programmiergerät mit dem MPI-Netz bzw. mit einer einzelnen S7-CPU.

Einleitung

1.4 WinSPS-S7 installieren

Auf der beiliegenden **CD-ROM** befindet sich unter anderem die Simulationssoftware **WinSPS-S7** (Shareware-Version).
Die aktuellste Version finden Sie immer unter "**www.mhj.de**".
Normalerweise ist diese Shareware-Version auf ca. 60 Tage laufzeitbegrenzt. Als Besitzer dieses Buches dürfen Sie diese Shareware-Version allerdings länger nutzen.

Damit die Zeitbegrenzung aufgehoben wird, müssen Sie nach der Installation eine Änderung in der Datei **WINSPSS7.INI** vornehmen.
Die Datei befindet sich nach der Installation im WinSPS-S7-Verzeichnis.

Dazu öffnen Sie diese Datei z.b. mit dem **Notepad** von Windows.

Bitte fügen Sie in der Sektion [INIT] den Eintrag "S7C=1" hinzu.

Vor der Änderung:
[INIT]
AufteilungS7EditW=0.6000
AufteilungSymW=1.0000
.
.

Nach der Änderung:
[INIT]
S7C=1
AufteilungS7EditW=0.6000
AufteilungSymW=1.0000
.
.

Nach diesen Änderungen in der Datei "WINSPSS7.INI" ist WinSPS-S7 zeitlich unbegrenzt lauffähig.

Wenn diese Änderung nicht durchgeführt wird, dann kann WinSPS-S7 nach 60 Tagen nicht mehr gestartet werden.

2 GRUNDLAGEN DER SPS-TECHNIK

2.1 Was ist eine speicherprogrammierbare Steuerung?

Um eine SPS zu erklären, ist es zunächst einfacher, Beispiele für deren Verwendung aufzuzählen:

- Automatisierung eines Wohnhauses:
  - Garagentürsteuerung
  - Ein- und Ausschalten der Beleuchtung
  - Aufbau einer Alarmanlage
  - Fenster-Rolladen-Steuerung

- Steuerung eines Fahrstuhles:
  - Steuerung der Fahrbewegung mit Beschleunigen und Abbremsen
  - Öffnen und Schließen der Fahrstuhltür

- Abfüllen von Getränken:
  - Selektierung von "guter" und "schlechter" Ware
  - Säuberung der Glasflaschen
  - Einfüllen des Getränkes
  - Verschließen der Flasche
  - Aufkleben der Etiketten

- Steuerung einer Stanzvorrichtung:
  - Material festklemmen
  - Material stanzen
  - Material freigeben

Eine SPS ist ein Computer, der speziell für Steuerungsaufgaben entwickelt wurde. Das Verhalten der SPS kann man über das SPS-Programm festlegen. Es wird auf einem PC erstellt und dann in die SPS übertragen. Dieses Programm kann immer wieder geändert werden, um so neuen Anforderungen gerecht zu werden. Um mit der Umwelt Kontakt aufzunehmen, besitzt eine SPS Eingangs- und Ausgangsbaugruppen. Eine Baugruppe ist, einfach ausgedrückt, eine weitere Einheit der SPS, mit der man die Leistungsfähigkeit erweitern kann.
Mit den Eingangsbaugruppen können Signale (z.B. von einem Schalter) an die SPS weitergegeben werden. Mit den Ausgangsbaugruppen kann die SPS z.B. eine Lampe oder einen Motor ein- und ausschalten.
Des weiteren gibt es noch Spezialbaugruppen, die später näher erläutert werden.
Früher baute man die Steuerungslogik (das Programm) mit Hilfe der Schütztechnik auf. Ein Schütz ist ein Schalter, welchen man durch Anlegen einer elektrischen Spannung ein- und ausschalten kann. Meistens besteht ein Schütz aus mehreren dieser Schalter (Öffner und Schließer), welche durch Anlegen einer Spannung gleichzeitig geschlossen bzw. geöffnet werden können. Durch Reihen- und Parallelschaltung dieser Kontakte, kann man eine beliebige Verknüpfung aufbauen.
Bei der SPS wird die Steuerungslogik mit Hilfe eines Softwareprogramms aufgebaut.

Daraus ergeben sich folgende Vorteile der SPS-Technik:

- Kleinerer Platzbedarf der Steuerungslogik im Schaltschrank, da die Schütze für den Steuerstromkreis entfallen.
- Wenn Änderungen vorgenommen werden müssen, wird einfach das Programm in der SPS geändert - eine Umverdrahtung ist oft nicht mehr erforderlich.
- Eine SPS hat nicht so starke Verschleißerscheinungen wie ein Schütz: die Kontakte des Schützes können z.b. verschmutzen.
- Regelungsaufgaben können auch von der SPS übernommen werden. Früher benötigte man eine separate Regelungseinheit.
- Eine SPS ist in vielen Fällen kostengünstiger als eine Lösung in Schütztechnik.
- Ein SPS-Programm kann von einem geübten Programmierer schneller erstellt werden als der Aufbau und die Verdrahtung der Schütze.
- Wenn mehrere identische Schaltschränke gebaut werden müssen, muß das Programm nur einmal erstellt werden.
- Programmänderungen müssen nicht vor Ort stattfinden, da das Programm auf einem PC oder einem Programmiergerät geändert wird.
- Die Ausfallzeiten einer Maschine sind nicht so lang, da das Programm mit Hilfe des PCs geändert werden kann, ohne daß die Maschine ausgeschaltet werden muß.
- Die Fehlersuche gestaltet sich meist einfacher, da z.b. durch eine Klartextanzeige anstehende Fehler sofort angezeigt werden können.

Die Schütztechnik bezeichnet man auch als **verbindungsprogrammierte Steuerung (VPS)**, weil die einzelnen Geräte (Schütze, Zeitrelais) durch Leitungen verbunden sind.

Die SPS wird auch als AG bezeichnet. Auf den nachfolgenden Seiten wird auch dieser Begriff für die SPS verwendet.

Ein Automatisierungsgerät (AG) ist **speicherprogrammiert**, da die Steuerungslogik mit Hilfe eines Softwareprogramms in der SPS abgespeichert ist.

Die SPS hat die Schütztechnik aber nicht vollständig verdrängt. Bei kleinen Steuerungsaufgaben, bei denen nur wenige Schütze notwendig sind, wird in der Regel keine SPS eingesetzt, da hier die konventionelle Lösung kostengünstiger ist. Außerdem müssen Schütze immer dort eingesetzt werden, wo große Lasten (Ströme) zu schalten sind (z.B. im Hauptstromkreis).

Grundlagen der SPS-Technik

2.2 Was ändert sich bei Verwendung einer SPS?

Wenn eine veraltete Steuerung modernisiert wird, ändert sich im wesentlichen nur der Teil, welcher für die Steuerung der angeschlossenen Geräte verantwortlich ist: der Steuerstromkreis. Die nachfolgende Schützschaltung (Steuerstromkreis) wird im unteren Bild als modernisierte Anlage mit einer SPS dargestellt.

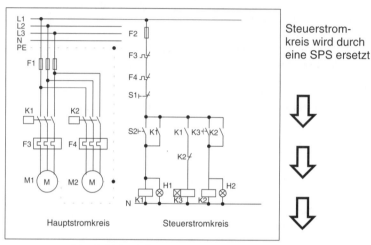

Steuerstromkreis wird durch eine SPS ersetzt

Anlage in Schütztechnik

Die Geber (Sicherungsschalter und Taster) werden an den Eingängen der SPS angeschlossen.

Die Schütze, welche die Motoren ein- und ausschalten, werden durch die Ausgänge der SPS angesteuert.

Die eigentliche Steuerung wird nun vom SPS-Programm im AG übernommen.
Der Steuerstromkreis wird also durch die SPS ersetzt.
An die Ausgangsbaugruppen einer SPS können keine schweren Lasten (z.B. ein Motor) angeschlossen werden. Deshalb sind Schütze auch in modernen Anlagen immer erforderlich.

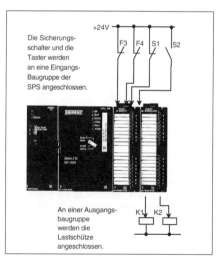

Die Sicherungsschalter und Taster werden an eine Eingangs-Baugruppe der SPS angeschlossen.

An einer Ausgangsbaugruppe werden die Lastschütze angeschlossen.

Modernisierte Anlage mit SPS-Technik

Grundlagen der SPS-Technik

2.3 Aufbau einer speicherprogrammierbaren Steuerung

In diesem Abschnitt wird der grundsätzliche Aufbau einer SPS erläutert. Dieser Aufbau ist im Prinzip bei jedem SPS-Hersteller gleich.

Der Aufbau einer SPS in Stichworten:

- Eine SPS besteht in der Regel aus verschiedenen Einzelkomponenten. Diese Komponenten werden auf ein sogenanntes **Busmodul oder einen Baugruppenträger** montiert.
- Da die SPS mit Spannung versorgt werden muß, ist ein **Netzteil** notwendig. Dieses Netzteil liefert eine stabile und gefilterte Spannung für die übrigen Komponenten der SPS.
- Das eigentliche Herzstück der SPS stellt die **CPU-Baugruppe** (Central Processing Unit) dar. In dieser Baugruppe wird das SPS-Programm bearbeitet. Mit der Auswahl einer CPU-Baugruppe bestimmt man die Leistungsfähigkeit der SPS:

Die zur Verfügung stehenden Befehle sind von der CPU abhängig.
Die maximale Größe (Speicherausbau) des SPS-Programms wird durch die CPU festgelegt.
Die Geschwindigkeit, mit der ein Befehl abgearbeitet wird, ist von der CPU-Baugruppe abhängig.

- Damit die SPS Signale von der Umwelt registrieren kann, sind **Eingangsbaugruppen** notwendig. Eingangsbaugruppen können digitale Signale (z.B. von einem Schalter) oder analoge Signale (z.B. eine Temperatur über einen Sensor) erfassen.
- Um Befehle an andere Geräte absetzen zu können, sind **Ausgangsbaugruppen** notwendig. Hier gibt es wiederum digitale Ausgangsbaugruppen, um z.B. einen Leistungsschütz anzusteuern. Mit analogen Ausgangsbaugruppen kann ein variabler Spannungswert an ein anderes Gerät (z.B. Servomotor) weitergegeben werden.
- Des weiteren stehen noch Sonderbaugruppen für ganz spezielle Anwendungsfälle zur Verfügung. Es sind dies z.B.:
  - Zählerbaugruppen
  - Regelbaugruppen
  - Kommunikationsbaugruppen.

Grundlagen der SPS-Technik

Grundsätzlicher Aufbau einer SPS:

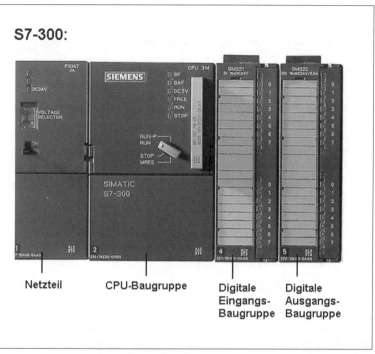

Grundsätzlicher Aufbau einer SPS

2.4 Wie wird eine SPS programmiert und gesteuert?

Um eine SPS betriebsbereit zu machen, sind folgende Schritte notwendig:

1. Aufbau und Einstellung (Hardwarekonfiguration) der einzelnen Baugruppen
2. Anschluß des Netzteiles
3. Erstellung des SPS-Programms
4. Übertragung des SPS-Programms in die SPS.

Die Punkte 1 und 2 sind je nach SPS-Typ unterschiedlich und müssen im jeweiligen Gerätehandbuch nachgelesen werden. Die Punkte 3 und 4 hingegen sind weitestgehend gleich.
Um ein Programm zu erstellen und dieses in die SPS zu übertragen, ist ein sogenanntes Programmiergerät oder ein handelsüblicher PC notwendig.
Bei einem Programmiergerät ist die Entwicklungssoftware für die Erstellung des SPS-Programms schon fest integriert. Des weiteren können bereits sinnvolle Erweiterungen, wie z.B. Flashprommer[1] und MPI-Interface[2] enthalten sein.

---

[1] Ein Flashprommer wird benötigt, um ein fertiges Programm in der SPS dauerhaft zu speichern. Das SPS-Programm wird dabei in ein sog. Flash-EPROM-Modul abgelegt.
[2] Das AG kann nicht direkt an die serielle Schnittstelle angeschlossen werden, da die CPU nur über das MPI-Netzwerk programmiert werden kann.

Grundlagen der SPS-Technik

Bei einem PC muß diese Programmiersoftware erst installiert und eingerichtet werden. Andere notwendige Hardware wird dann an einer seriellen oder parallelen Schnittstelle des PCs angeschlossen.

Das Programmiergerät (PG) hat u.a. folgende Aufgaben:

- Erstellung des SPS-Programms
- Übertragung des SPS-Programms in das AG (Automatisierungsgerät)
- Steuerung der SPS (z.B. SPS in Start und Stop schalten)
- Ausdruck des SPS-Programms
- Unterstützung bei der Fehlersuche (Fehlerdiagnose)
- Hilfe bei der Inbetriebnahme der Anlage

Bei der SIMATIC® S7 wird die Verbindung zwischen PC und AG mit einem **MPI-Adapter** hergestellt. Dieser wird an einer seriellen Schnittstelle am PC angeschlossen.
Es gibt aber auch sog. **MPI-Karten** (PCI, ISA), die in einen freien PCI-Slot des PCs gesteckt werden können.

Mit dieser zusätzlichen Hardware kann der PC mit der S7-SPS kommunizieren:

PC / Programmiergerät: **SPS:**
                      MPI-Interface

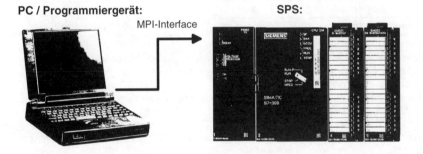

2.5 Beispiel einer Anlage mit SPS-Steuerung

Dieses kleine Beispiel soll den Zusammenhang der einzelnen Komponenten der SPS deutlich machen. Als Anlagenbeispiel dient eine Anlage, welche "gute" und "schlechte" Glasflaschen sortieren soll:

Auf einem Laufband werden leere Glasflaschen transportiert. Eine Lichtschranke liefert ein Signal, sobald eine Flasche untersucht wird. Ein spezieller Sensor ermittelt, ob die Glasflasche verschmutzt ist oder nicht. Die verschmutzten Flaschen werden über einen Auswerfer (Pneumatikzylinder) in einen anderen Behälter befördert.

In diesem Beispiel werden Ein- und Ausgänge der SPS verwendet. Ein Eingang schreibt sich "E X.Y". X stellt dabei die sog. Byte-Adresse dar, Y repräsentiert die Bit-Adresse. Beispiel: "E 0.0", "A 0.0".

In der folgenden Tabelle sind alle Geräte aufgelistet, die an die SPS angeschlossen werden:

Gerät	Eingang oder Ausgang	SPS-Belegung
Lichtschranke	Eingang	E0.0
"Gut-Schlecht-Sensor"	Eingang	E0.1
Auswerfer vorfahren	Ausgang	A1.0

In der **ersten Spalte** steht das Gerät, das an die SPS angeschlossen wird.
In der **zweiten Spalte** ist vermerkt, ob das Gerät an eine Eingangs- oder an eine Ausgangsbaugruppe angeschlossen wird.
In der **dritten Spalte** ist die Zuordnung des Gerätes zu sehen, d.h. welcher Eingang bzw. Ausgang in der SPS belegt wird.

Wenn man einen Geber (z.B. Lichtschranke) an die SPS anschließt, ist es wichtig zu wissen, was für Signale geliefert werden.
In unserem Beispiel liefert die Lichtschranke den Wert '0', wenn eine Glasflasche vorhanden ist. Wenn keine Flasche vorhanden ist, dann wird '1' geliefert.
Der Gut-Schlecht-Sensor liefert '1', wenn die Flasche sauber ist, ansonsten wird der Wert '0' geliefert.

Diese beiden Geber (Lichtschranke und Sensor) werden an eine **digitale Eingangsbaugruppe** angeschlossen, da immer nur 0 V oder 24 V geliefert wird.
Der Zylinder wird an eine **digitale Ausgangsbaugruppe** angeschlossen, da der Zylinder entweder 24 V (Zylinder fährt vor) oder 0 V (Zylinder fährt zurück) benötigt.

Grundlagen der SPS-Technik

Anschlußschema der Geräte an die SPS.:

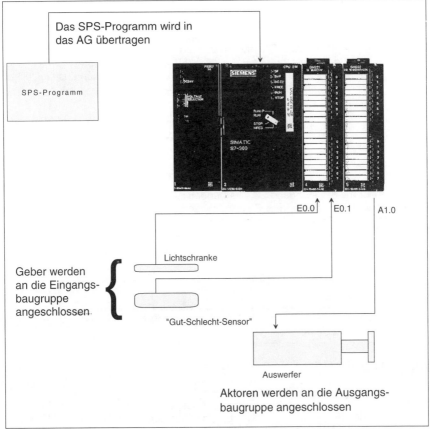

Anschlußschema der Anlage (Spannungsversorgungen sind nicht berücksichtigt).

Die Lichtschranke und der Sensor geben die Signale weiter an die Eingangsbaugruppe (DIGITAL INPUT). Durch das SPS-Programm kann man nun den Status der Lichtschranke und des Sensors auswerten. Mit einem Software-Befehl kann der Zylinder, der an eine Ausgangsbaugruppe (DIGITAL OUTPUT) angeschlossen ist, ausgefahren werden.
Den genauen Zusammenhang der einzelnen Geräte können Sie aus der nachfolgenden Tabelle ersehen.

Grundlagen der SPS-Technik

Lichtschranke:	Signal der Lichtschranke	Wert des Operanden E0.0
Flasche ist vorhanden	0 V	0
Flasche ist **nicht** vorhanden	24 V	1

Da die Lichtschranke mit dem Eingang E0.0 verbunden ist, hat der Eingang E0.0 den Zustand '0', wenn die Lichtschranke das Signal '0 V' an die SPS liefert.
Demzufolge ist eine Flasche vorhanden, sobald der Eingang E0.0 den Zustand '0' hat.

Sensor:	Signal des Sensors	Wert des Operanden E0.1
Flasche ist sauber	24 V	1
Flasche ist verschmutzt	0	0

Da der Sensor mit dem Eingang E0.1 verbunden ist, hat der Eingang E0.1 den Zustand '1', wenn der Sensor das Signal '24V' an die SPS liefert.
Demzufolge ist die Flasche sauber, sobald der Eingang E0.1 den Zustand '1' hat.

Zylinder:	Zustand des Ausgangs an der Baugruppe	Zustand des Zylinders
1	24 V	Zylinder fährt vor
0	0 V	Zylinder fährt zurück

Der Zylinder ist am Ausgang A1.0 angeschlossen.

Hat der Ausgang A1.0 im SPS-Programm den Zustand '1', so wird an der Ausgangsbaugruppe eine Spannung von 24 V ausgegeben. Damit fährt der Zylinder vor. Der Zylinder fährt wieder zurück, sobald der Ausgang A1.0 den Zustand '0' hat, da in diesem Fall keine Spannung mehr an der Ausgangsbaugruppe ansteht.

2.6 Die CPU-Funktionen bei STEP®7

Nachfolgend werden die wichtigsten AG-Funktionen benannt, die im weiteren Verlauf des Buches noch häufig zur Anwendung kommen.

2.6.1 Der Bausteinstatus

Mit Hilfe des Bausteinstatus kann das SPS-Programm in der CPU betrachtet werden. Dabei wird zu jeder Zeile eines Bausteins eine Statusinformation angezeigt. Die anzuzeigenden Informationen können vom Anwender bestimmt werden.

S7<->S5

Bei S7 wird die Statusanzeige nicht durch sog. statusbegrenzende Befehle eingeschränkt. Somit geht die Statusanzeige auch über Netzwerkgrenzen hinweg. Allerdings können die S7-CPUs nur eine bestimmte Anzahl an Bytes als Statusinformationen liefern. Aus diesem Grund sollten nur die Statusinformationen angefordert werden, die zur Analyse des SPS-Programms notwendig sind.
Neu gegenüber S5 ist die Möglichkeit, eine sog. Aufrufumgebung einzustellen. Wird ein Baustein im SPS-Programm mehrmals aufgerufen, so kann mit Hilfe dieser Funktion bestimmt werden, von welchem Aufruf der Status angezeigt werden kann.

2.6.2 Status-Variable

Diese CPU-Funktion bietet die Möglichkeit, den Status von Operanden zu betrachten. Dabei kann der Anwender selektieren, in welchem Zahlenformat die Darstellung erfolgen soll.

S7<->S5

Bei S7 kann beim Ermitteln des Status von Operanden, ein Triggerpunkt angegeben werden. Somit ist es möglich, den Status zu Beginn eines Zyklus oder am Ende eines Zyklus ausgeben zu lassen.

2.6.3 Steuern-Variable

Durch das Steuern von Operanden ist der Anwender in der Lage, einen Operanden auf einen bestimmten Wert zu setzen. Dabei kann vom Anwender das anzugebende Zahlenformat vorgegeben werden.

S7<->S5

Beim Steuern von Operanden kann ebenso ein Triggerpunkt angegeben werden. Des weiteren ist es möglich, einen Operanden dauerhaft (permanent) zu steuern. So kann der Anwender beispielsweise einen Eingang zu Beginn eines Zyklus auf einen Wert setzen. Somit arbeitet das SPS-Programm in der CPU dauerhaft mit diesem Wert, auch wenn in der Peripherie der Eingang einen anderen Status besitzt. Auch Ausgänge können somit dauerhaft auf einen Wert gesetzt werden, wobei dieser unabhängig vom SPS-Programm ist. Dazu stellt man als Triggerpunkt das Ende des Zyklus ein.

Achtung: Steuern-Variable ist mit großer Vorsicht zu verwenden, da in einer Anlage durch das Steuern von Operanden gefährliche Zustände entstehen können.

2.6.4 Baugruppenzustand

Mit Hilfe des Baugruppenzustandes werden Informationen von der CPU angefordert. Nachfolgend werden diese explizit benannt.

Allgemeine Informationen

Hierbei werden allgemeine Informationen zur CPU angezeigt. So z.B. die Bestellnummer der CPU, die adressierbaren Operandenbereiche, die programmierbaren Bausteine usw.

Speicher-Informationen

Der Anwender erhält Informationen über den Speicherausbau der angeschlossenen S7-CPU. Dabei werden die einzelnen Speicherarten aufgelistet und deren Auslastung angezeigt. Folgende Speicherarten werden aufgelistet:

Speicherart	Bedeutung
Arbeitsspeicher (RAM)	In diesem Speicherbereich wird das ablaufrelevante SPS-Programm abgelegt.
Ladespeicher (RAM)	In diesem Speicherbereich sind alle Bausteine abgelegt, wobei auch die nicht ablaufrelevanten Daten (z.b. Bausteinköpfe) gespeichert werden.
Gesteckter Ladespeicher (RAM oder ROM)	Der Ladespeicher einer CPU kann durch sog. Memory Cards erweitert werden. Diese Cards dienen beispielsweise dazu, das SPS-Programm bei Spannungsausfall zu sichern. Über die Memory Cards kann nur der Ladespeicher einer CPU erweitert werden, nicht der Arbeitsspeicher.
Integrierter Ladespeicher (ROM)	Manche CPUs (z.B. CPU 312 IFM) verfügen über einen integrierten Ladespeicher, der als ROM ausgelegt ist. Dieser Speicher kann zum Sichern des SPS-Programms bei Spannungsausfall verwendet werden. Bei CPUs mit integriertem Ladespeicher als ROM, können keine Memory Cards gesteckt werden.

Informationen über die Zykluszeit

Hierbei wird eine Statistik der Zykluszeit angegeben. Dabei handelt es sich unter anderem um folgende Daten:

- Kürzeste Zykluszeit: Angabe der kürzesten Zykluszeit in Millisekunden.
- Aktuelle Zykluszeit: Angabe der momentanen Zykluszeit in Millisekunden.
- Längste Zykluszeit: Angabe der max. Zykluszeit in Millisekunden.

BSTACK/USTACK

Diese Informationen dienen zur Fehleranalyse, wenn die CPU in den STOP-Zustand übergegangen ist. Mit den angegebenen Daten kann bei einem synchronen Fehler die Ursache lokalisiert werden. Die Vorgehensweise wird in einem gesonderten Kapitel des Buches behandelt.

Grundlagen der SPS-Technik

S7<->S5

Die Informationen des Baugruppenzustandes waren bei S5 unter der AG-Funktion "AG-Info" zu finden. Die Diagnosefunktionen BSTACK und USTACK konnten bei S5 explizit aufgerufen werden, diese Funktionen sind bei S7 innerhalb des Baugruppenzustandes gekapselt.

2.6.5 Übersicht der CPU-Funktionen (Protokolle)

CPU-Funktion Bezeichnung in "WinSPS"	Aufgabe der CPU-Funktion
Bausteine übertragen	STEP®7-Bausteine können in die CPU übertragen werden. Wenn ein Baustein schon vorhanden ist, erscheint eine Sicherheitsabfrage, ob dieser überschrieben werden soll.
Bausteine empfangen	STEP®7-Bausteine können von der CPU zum PC übertragen werden.
Bausteine löschen	STEP®7-Bausteine können in der CPU gelöscht bzw. für ungültig erklärt werden.
Komprimieren	Der CPU-RAM kann neu organisiert werden. Dadurch wird der Speicherplatz, der von ungültigen Bausteinen belegt wird, wieder freigegeben.
AG-Start	Die CPU kann in den RUN-Betrieb geschaltet werden.
AG-Stop	Die CPU kann in den STOP-Betrieb geschaltet werden.
Unterbrechungsstack	Die Diagnosefunktion USTACK wird aufgerufen, um die STOP-Ursache herauszufinden.
Bearbeitungsstack	Die Diagnosefunktion BSTACK wird aufgerufen, um zu ermitteln, welche Bausteine zuletzt bearbeitet worden sind.
Status-Baustein	Ein STEP®7-Baustein kann, während dieser von der CPU bearbeitet wird, angesehen werden.
Status-Variable	Es können beliebige Operanden im gewünschten Zahlenformat betrachtet werden, während die CPU im RUN-Zustand ist.

3 DAS ERSTE S7-PROGRAMM

Wenn eine Programmiersprache vorgestellt wird, ist es üblich, daß der Anwender gleich zu Beginn ein kleines Programm eingibt und testet, obwohl die Wissensgrundlagen dafür eventuell noch nicht vorhanden sind.
Dies wollen wir in diesem kleinen Kapitel mit der Programmier- und Simulationssoftware **WinSPS-S7** tun.
Dieses Kapitel ist für Leser gedacht, die noch kein S7-Programm geschrieben haben, bzw. die das Programm WinSPS-S7 noch nicht kennen.

Installieren Sie nun WinSPS-S7, wenn Sie dies noch nicht getan haben. Auf der beiliegenden Buch-CD finden Sie die Shareware-Version von WinSPS-S7. Mit dieser Demo-Version können Sie fast alle Beispiele und Übungen dieses Buches durchführen.

Nachdem Sie WinSPS-S7 gestartet haben, wählen Sie den Menüpunkt **Datei->Projekt öffnen**. Geben Sie nun in dem linken Eingabefeld den Namen des neuen Projektes ein: **FIRST.PRJ**. Nach Drücken des OK-Buttons wird ein neues Projektverzeichnis erzeugt. WinSPS-S7 ist nun bereit für die Erstellung der Bausteine. Wählen Sie den Menüpunkt **Projektverwaltung->Neuen Baustein erzeugen** (STRG+N).

Es erscheint nun der Dialog "Baustein erzeugen".
Ergänzen Sie die Felder im Dialog wie im Bild zu sehen:

Bild: Der Dialog "Baustein erzeugen"

Drücken Sie den Button "OK", wenn Sie die Felder ausgefüllt haben.
Es erscheint nun der AWL-Editor mit einem leeren Organisationsbaustein (OB1).

Das erste S7-Programm

Ergänzen Sie nun die zwei Zeilen, wie im nachfolgenden Bild zu sehen:

```
AWL: OB1                                                                    _ □ ×
ORGANIZATION_BLOCK OB1
TITLE = "Zyklisches Hauptprogramm"
AUTHOR:    IhrName
FAMILY:    FIRST
NAME:      nb
VERSION:   1.0
VAR_TEMP
    OB1_EV_CLASS:BYTE              //Bits 0-3 = 1 (Coming event), Bits 4-7 = 1 (Ever
    OB1_SCAN_1:BYTE                //1 (Cold restart scan 1 of OB 1), 3 (Scan 2-n of
    OB1_PRIORITY:BYTE              //1 (Priority of 1 is lowest)
    OB1_OB_NUMBR:BYTE              //1 (Organization block 1, OB1)
    OB1_RESERVED_1:BYTE            //Reserved for system
    OB1_RESERVED_2:BYTE            //Reserved for system
    OB1_PREV_CYCLE:INT             //Cycle time of previous OB1 scan (milliseconds)
    OB1_MIN_CYCLE:INT              //Minimum cycle time of OB1 (milliseconds)
    OB1_MAX_CYCLE:INT              //Maximum cycle time of OB1 (milliseconds)
    OB1_DATE_TIME:DATE_AND_TIME    //Date and time OB1 started
END_VAR
BEGIN
NETWORK
TITLE =
        U     E     0.0  ┐
        =     A     0.0  ┘── Diese zwei Zeilen müssen Sie eingeben
END_ORGANIZATION_BLOCK
```

Bild: Der AWL-Editor in WinSPS-S7 mit dem OB1

Mit dem Menüpunkt **Datei->Aktuellen Baustein speichern** speichern Sie den geänderten Baustein ab.
Jetzt haben Sie bereits ein kleines S7-Programm geschrieben.

Leser, die schon Erfahrung mit S5 haben, werden jetzt sicherlich denken, daß die Programmierung von S7 mit der von S5 identisch ist. Diese Aussage ist aber nur bei einigen Befehlen richtig. Es gibt sehr viele Änderungen und Neuerungen, die im weiteren Verlauf des Buches noch beschrieben werden.

Um das Programm in der Software-SPS von WinSPS-S7 laufen lassen zu können, müssen die Bausteine übertragen werden.
Stellen Sie zunächst sicher, daß sich WinSPS-S7 im Modus "Simulator" befindet:

Dieser Maus-Button muß gedrückt sein!

Mit dem Menüpunkt "AG->Alle Bausteine übertragen" wird der OB1 in den Simulator übertragen.
Nach dem Übertragen sehen Sie den Protokolldialog. Hier wird der Vorgang mitprotokolliert. Mit der ESC-Taste wird der Dialog verlassen.

Das erste S7-Programm

Mit dem Fenster "Status-Baustein" können Bausteine in der Software-SPS beobachtet werden und es sind z.B. Eingänge manipulierbar.
Aufgerufen wird dieses Fenster mit **Anzeige->Bausteinstatus**.
Es erscheint das Fenster "Status-Baustein":

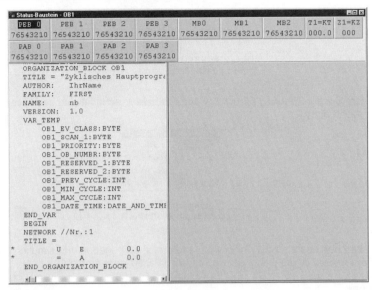

Bild: Das Fenster "Status-Baustein"

Die Software-SPS ist jetzt in den Zustand "RUN" zu versetzen. Dies kann mit dem Menüpunkt **AG->Betriebszustand (Start,Stop)** durchgeführt werden.
Drücken Sie auf den Button **Wiederanlauf** und danach auf den Button **Schließen**.
Der Simulator ist jetzt im RUN-Zustand. Dies ist am rechten, unteren Fensterrand von WinSPS-S7 zu sehen:

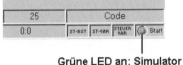

Grüne LED an: Simulator ist im Zustand "RUN"

Das geschriebene Programm kann jetzt simuliert werden. Der OB1 beinhaltet zwei Zeilen, welche die Aufgabe haben, den Ausgang A0.0 auf '1' zu setzen, wenn der Eingang E0.0 auf '1' geschaltet wird.

STEP®7-Crashkurs   29

Das erste S7-Programm

Betätigen Sie nun mit der Maus oder Tastatur den Eingang E0.0:

Dieses Bit (E0.0) mit der Maus anklicken
oder die Taste '0' drücken.

Nachdem Sie den Eingang E0.0 auf '1' gesetzt haben, schaltet sich der Ausgang A0.0 automatisch ein:

Der Eingang E0.0 und
der Ausgang A0.0 sind '1'

Sie haben nun das erste S7-Programm erfolgreich eingegeben und simuliert. Wie Sie gesehen haben, ist die Handhabung von WinSPS-S7 sehr einfach.

Übrigens:
Die gleichen Arbeitsschritte sind notwendig, um dieses Programm in eine reale S7-SPS zu übertragen und zu testen.

4 DIE DARSTELLUNGSART AWL

In diesem Buch soll die SPS-Programmiersprache STEP®7 mit Hilfe der Darstellungsart Anweisungsliste (kurz AWL) vermittelt werden. Bei AWL handelt es sich um eine maschinennahe Sprache bei der die einzelnen Befehlszeilen nahezu den Bearbeitungsschritten der CPU entsprechen.
Die AWL ist die mächtigste Sprache innerhalb von STEP®7. So ist beispielsweise nur in AWL die indizierte Programmierung möglich, die eine der Stärken von S7 darstellt.
Auf die weiteren Darstellungsarten von S7 (FUP, KOP), wird in diesem Buch aus Platzgründen nicht eingegangen.

Aufbau einer AWL-Zeile

In der nachfolgenden Darstellung wird der Aufbau einer AWL-Zeile verdeutlicht

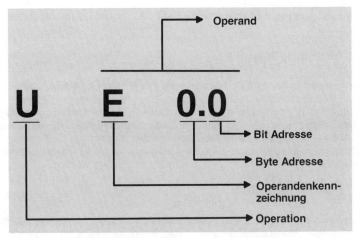

Bild: Darstellung der Komponenten einer AWL-Zeile

Zum Verständnis kann man sich folgenden Sachverhalt merken:

- Die Operation gibt an, was getan werden soll.
- Der Operand gibt an, worauf die Operation angewendet wird.

Eine Ausnahme hinsichtlich der angegebenen Bit-Adresse bilden die Zeiten und Zähler. Bei diesen Gliedern werden keine Bit-Adressen angegeben. Des weiteren gibt es Befehle, bei denen kein Operand anzugeben ist. Ein Beispiel dafür sind die arithmetischen Funktionen (z.B. "+I").

5 ERKLÄRUNG DER OPERANDEN IN STEP®7

In jedem SPS-Programm wird mit Operanden gearbeitet. Will man beispielsweise den Status eines Tasters, welcher an einer Eingangsbaugruppe des SPS angeschlossen ist, im SPS-Programm abfragen, so verwendet man einen Operanden des Typs E (Eingänge).
Operanden des Typs A (Ausgänge) dienen dazu, Zustände aus der SPS an die Peripherie weiterzugeben.

5.1 Eingangs- und Ausgangsoperanden

Bei den Operanden des Typs **E** und **A** handelt es sich um sogenannte Bit-Operanden, d.h. diese haben entweder den Zustand '1' oder '0'.
Die Eingänge sind ein Spiegel der Zustände der Eingangsbaugruppen. Zustände der Ausgänge hingegen, werden an die Ausgangsbaugruppen weitergegeben.
Eingänge und Ausgänge können als Bit-, Byte-, Wort und Doppelwort angesprochen werden.

5.2 Merkeroperanden

Darüber hinaus gibt es noch Operanden vom Typ **M** (Merker). Diese Operandenart dient zum Verarbeiten und "merken" interner Zwischenergebnisse. Sie sind vergleichbar mit Hilfsschützen in der Schütztechnik. Merkerzustände werden in einem bestimmten Speicherbereich abgelegt. Im Gegensatz zu Eingängen und Ausgängen werden Merker nur intern verarbeitet, diese werden also nicht in die Peripherie geschrieben und spiegeln auch keine Zustände aus der Peripherie wieder. Merker können als Bit-, Byte-, Wort und Doppelwort angesprochen werden.

5.3 Lokaloperanden

Lokaloperanden werden in einem Speicherbereich abgelegt, der je nach CPU-Typ eine bestimmten Größe hat. Zur Laufzeit des SPS-Programms wird jedem Baustein ein ungenutzter Teil dieses Speichers zugewiesen. Hier kann der Anwender temporäre Variablen anlegen. Diese Variablen haben nur innerhalb des Bausteins bestand, d.h. beim nächsten Programmdurchlauf ist deren Wert wieder gelöscht. Lokaloperanden werden dazu verwendet, bausteininterne Zwischenergebnisse zu speichern.

S7<->S5

Die Lokaloperanden ersetzen die bei STEP®5 üblichen Schmiermerker, mit denen üblicherweise Zwischenergebnisse gespeichert wurden.

5.4 Daten eines Datenbausteins

Ein besonderer Operandenbereich, stellt der Bereich Daten (**D**) dar. Dieser kann erst verwendet werden, wenn ein Datenbaustein aktiv ist. Mit diesen Operanden ist es möglich, Inhalte von Datenwörtern zu verarbeiten (näheres im Kapitel "Globaldatenbausteine").
Operanden des Typs D können als Bit-, Byte-, Wort und Doppelwort angesprochen werden.

S7<->S5

Das ansprechen von Bits innerhalb eines Datenbausteins war bei S5 nur bei den größeren CPUs (>=135U) möglich. Diese Beschränkung gilt bei den S7-CPUs nicht.
S5-Programmierer müssen beachten, daß Datenbausteine nicht mehr wort- sondern byteorientiert aufgebaut sind. Auf diesen Sachverhalt wird im Kapitel "Globaldatenbausteine" eingegangen.

5.5 Timer

Operanden vom Typ **T** ermöglichen es, Zeitverhalten innerhalb eines SPS-Programms zu realisieren. Dazu stehen verschiedene Zeittypen zur Verfügung.
Auf Timer wird in einem gesonderten Kapitel explizit eingegangen.

5.6 Zähler

Operanden vom Typ **Z** bieten eine Zählfunktion. Es kann dabei ein Vorwärts- und Rückwärtszähler realisiert werden. Zähler werden in einem eigenen Kapitel genauer beschrieben.

5.7 Peripherieeingänge

Mit diesen Operanden können die physikalischen Eingänge direkt eingelesen werden. Im Gegensatz zum Operandentyp E, wo auf die Daten im Prozeßabbild der Eingänge zugegriffen wird.
Operanden des Typs PE können als Byte-, Wort und Doppelwort angesprochen werden. Das Lesen eines einzelnen Bits ist nicht möglich.

5.8 Peripherieausgänge

Der Operandentyp PA ermöglicht das direkte verändern der physikalischen Ausgänge. Im Gegensatz zum Operandentyp A, wo die Daten im Prozeßabbild der Ausgänge manipuliert werden. Operanden des Typs PA können als Byte-, Wort und Doppelwort angesprochen werden. Das Schreiben eines einzelnen Bits ist nicht möglich.

5.9 Operandenübersicht

In der folgenden Tabelle sind nochmals alle Operanden mit Beispielen dargestellt.

Operand	In Worten	Beispiel	Beschreibung
E	Eingänge	E0.0 EW 0 ED10	Eingänge bieten die Möglichkeit, Zustände aus der Peripherie intern zu verarbeiten.
A	Ausgänge	A38.6 AB38 AD12	Ausgänge bieten die Möglichkeit, Zustände an die Peripherie weiterzugeben.
PE	Peripherie-Eingänge	PEB10 PEW12	Direkter Lesezugriff auf die Eingangsbaugruppen.
PA	Peripherie-Ausgänge	PAB0 PAD12	Direkter Schreibzugriff auf die Ausgangsbaugruppen.
M	Merker	M12.1 MB10 MW 2 MD34	Merker dienen dazu, Zwischenergebnisse zu speichern. Merker werden zur programm-internen Verarbeitung verwendet.
L	Lokaldaten	L10.2 LB10 LW30 LD6	Lokaldaten sind ein bausteininterner temporärer Speicherbereich, in welchem der Anwender Variablen anlegen kann.
D	Daten	DBX0.0 DBB1 DBW 1	Daten bieten die Möglichkeit, Parameter im SPS-Programm abzulegen und weiter zu verarbeiten. Dieser Datenbereich wird auch genutzt, um größere Datenmengen abzulegen.
T	Zeiten	T1	Mit Zeiten kann ein Zeitverhalten innerhalb des SPS-Programms realisiert werden.
Z	Zähler	Z12	Zähler stellen eine Zählfunktion zur Verfügung. Es sind Vorwärts- und Rückwärtszähler realisierbar.
OB, FC, FB, DB	Bausteine bzw. Bausteinarten	FC 1 OB 20 FB 10 DB 11	Durch Bausteine kann ein SPS-Programm in strukturierter Form programmiert werden. Dabei wird vom OB 1 in die einzelnen Bausteine verzweigt.

Die Operanden des Typs M, T und Z sind zum Teil **remanent** ausgeführt.
Remanenz bedeutet, daß der Zustand der Operanden auch bei Wegfall der Spannungsversorgung erhalten bleibt, sofern eine Pufferbatterie vorhanden ist. Anwendungsfall für Remanenz: Der Wert eines Zählers soll beim wiederholten Einschalten der Anlage erhalten bleiben. Bei der Programmierung des Zählers muß darauf geachtet werden, daß ein remanenter Zähler verwendet wird.

6 ADRESSIERUNG DER OPERANDEN

In diesem Kapitel werden die verschiedenen Adressierungsmöglichkeiten von Operanden vorgestellt.
Bei der Verwendung eines Operanden, muß immer die Adresse mit angegeben werden.
In STEP®7 sind folgende Operandenarten möglich:

Operandenart	Datenbreite in BIT	Beispiel
BIT-Operand	1	E 4.4, M4.4, DBX 3.3
BYTE-Operand	8	EB4, MB4, DBB10
WORD-Operand	16	EW4, MW4, DBW10
DWORD-Operand	32	ED4, MD4, DBD10

6.1 Schreibweisen von Bitoperanden

Bei Bitoperanden muß immer die Byte- und Bitadresse angegeben werden. Byte- und Bitadresse werden immer durch einen Punkt getrennt:

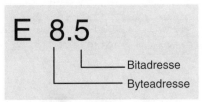

Bild: Schreibweise bei Bit-Zugriff

Die Bitadresse muß hierbei immer zwischen 0 und 7 liegen.
Die maximale Byteadresse ist vom AG-Typ abhängig.

Unter STEP®7 können folgende Operanden bitweise adressiert werden:

Operandenart	Bezeichnung	Beispiel
E	Eingänge	E 4.4
A	Ausgänge	A 50.2
M	Merker	M 5.5
DBX	Datenbit aus Globaldatenbaustein	DBX 3.3, DBX 10.2
DIX	Datenbit aus Instanzdatenbaustein	DIX 3.3, DIX 10.2
L	Lokaldaten	L 30.3

Adressierung der Operanden

6.2 Schreibweisen von Byteoperanden

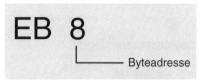

Bild: Schreibweise bei Byte-Zugriff

Unter STEP®7 können folgende Operanden "byteweise" angesprochen werden:

Operandenart	Bezeichnung	Beispiel
EB	Eingänge	EB 4
AB	Ausgänge	AB 50
MB	Merker	MB 5
DBB	Datenbit aus Globaldatenbaustein	DBB 3, DBB 10
DIB	Datenbit aus Instanzdatenbaustein	DIB 3, DIB 10
LB	Lokaldaten	LB 30
PEB	Eingangs-Peripherie	PEB 100
PAB	Ausgangs-Peripherie	PAB 100

Adressierung der Operanden

6.3 Schreibweisen von Wortoperanden

Unter STEP®7 können folgende Operanden "wortweise" angesprochen werden:

Operandenart	Bezeichnung	Beispiel
EW	Eingänge	EW 4
AW	Ausgänge	AW 50
MW	Merker	MW 5
DBW	Datenbit aus Globaldatenbaustein	DBW 3, DBW 10
DIW	Datenbit aus Instanzdatenbaustein	DIW 3, DIW 10
LW	Lokaldaten	LW 30
PEW	Eingangs-Peripherie	PEW 100
PAW	Ausgangs-Peripherie	PAW 100

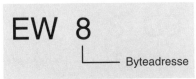

Bild: Schreibweise bei Wort-Zugriff

Wird auf ein Wort-Operand zugegriffen, werden immer 2 Bytes angesprochen:

    L   EW n

Es wird EB n und EB (n+1) in den Akku1 geladen, wobei EB n das HI-Byte ist.

Adressierung der Operanden

6.4 Schreibweisen von Doppelwortoperanden

Unter STEP®7 können folgende Operanden "doppelwortweise" angesprochen werden:

Operandenart	Bezeichnung	Beispiel
ED	Eingänge	ED 4
AD	Ausgänge	AD 50
MD	Merker	MD 5
DBD	Datenbit aus Globaldatenbaustein	DBD 3, DBD 10
DID	Datenbit aus Instanzdatenbaustein	DID 3, DID 10
LD	Lokaldaten	LD 30
PED	Eingangs-Peripherie	PED 100
PAD	Ausgangs-Peripherie	PAD 100

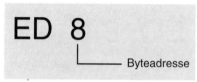

Bild: Schreibweise bei Doppelwort-Zugriff

Wird auf ein Doppelwort-Operand zugegriffen, werden immer 4 Bytes angesprochen:

    L   ED n

Es wird EB n, EB (n+1), EB (n+2) und EB (n+3) in den Akku1 geladen, wobei EB n das höchstwertige Byte ist.

6.5 Hinweise zur Adressierung

Überschneidung von Operanden

Bei der Programmierung muß das Überschneiden von Operanden vermieden werden.
Beispiel:
Das Ausgangswort AW32 besteht aus AB 32 und AB33.
Das Ausgangswort AW33 besteht aus AB 33 und AB34.

Dies bedeutet, daß AB 33 in AW 32 und in AW33 enthalten ist. Um diese Überschneidung zu vermeiden, sollten immer geradzahlige Adressen verwendet werden: AW 32, AW 34, AW 36

S7<->S5

Hinweis für S5-Anwender:
In S7 sind auch die Datenwörter byte-orientiert. Dies bedeutet, daß auch bei den Datenbausteinen Überschneidungen auftreten, wenn nicht geradzahlige Adressen verwendet werden.

Anordnung von Hi- und Lo-Byte

Die Anordnung von Hi- und Lo-Byte muß beachtet werden, wenn z.B. eine Zahl direkt ausgewertet werden soll.

Das HI-Byte ist in S7 immer das Byte mit der niederwertigsten Adresse.

Beispiel:
MW 20 besteht aus MB 20 und MB 21. MB 20 ist hier das HI- und MB 21 ist das LO-Byte.
Steht im MW 20 die Zahl 24000 (dezimal), so befinden sich folgende Bitmuster in den Merkerbytes 20 und 32:

MW20 (=5DC0 hex)	
MB**20** (=5D hex)	MB**21** (=C0 hex)
HI-BYTE	LO-BYTE

STEP®7-Crashkurs

7 SYMBOLISCHE PROGRAMMIERUNG

Wenn symbolisch programmiert wird, werden die Operanden nicht mehr durch ihre Absolutadresse, sondern durch ein Symbol ausgedrückt.

Die Symbole werden in einem Symbolikeditor erstellt.

So sieht ein SPS-Programm **mit absoluter Programmierung** aus:

```
ORGANIZATION_BLOCK OB 1
VAR_TEMP
    A1:ARRAY [1..20] of BYTE
END_VAR
BEGIN
NETWORK
TITLE=
        U   E       4.4
        U   E       4.5
        U   M      10.2
        =   M      20.2
END_ORGANIZATION_BLOCK
```

So sieht ein SPS-Programm **mit symbolischer Programmierung** aus:

```
ORGANIZATION_BLOCK OB 1
VAR_TEMP
    A1:ARRAY [1..20] of BYTE
END_VAR
BEGIN
NETWORK
TITLE =
        U   "SchlittenGrundstellung"
        U   "GehaeuseGeschlossen"
        U   "SicherheitsKette"
        =   "MaschineGrundstellung"
END_ORGANIZATION_BLOCK
```

Bei der symbolischen Programmierung ist ein Vorteil sofort erkennbar:
Das Programm ist für den Betrachter sehr viel lesbarer als ohne Symbole. In diesem Fall kann sogar auf weitere Kommentare verzichtet werden.

Welche Schritte sind nun notwendig, um symbolisch programmieren zu können?

1. Erstellen der Symbolikdatei (oder auch Zuordnungsliste genannt) im Symbolikeditor
2. Einschalten der Symbolikfunktionalität in der Software
3. Jetzt können die Symbole bei der Programmierung benutzt werden

Anmerkung:
Die symbolische Programmierung hat in S7 einen sehr viel größeren Stellenwert als in der S5-Welt.
Bei S5-Programmen war es dem Programmierer überlassen, ob symbolisch oder absolut programmiert wurde.

Symbolische Programmierung

Bei der Programmiersoftware "STEP7" von SIEMENS kommt der Programmierer nicht um die symbolische Programmierung herum, da z.B. der komplett adressierte Datenbausteinzugriff nur symbolisch möglich ist:

```
L DB10.DBVariable        //Wird vom Editor nicht angenommen
L "SymbolDB10".DBVariable    //so ist es richtig
```

Dies ist aber kein Nachteil von S7, da durch diese Regel das Programm lesbarer wird.
Anmerkung:
Bei WinSPS-S7 kann auch ohne Symbolik die komplettadressierte Schreibweise verwendet werden.

7.1 Erstellen der Symbolikdatei

Jeder Symbolikeintrag in der Symbolikdatei besteht in S7 aus insgesamt 4 Spalten:

1. Spalte	Symbol	(maximal 24 Zeichen)
2. Spalte	Absolutoperand	
3. Spalte	Datentyp	
4. Spalte	Kommentar	(maximal 80 Zeichen)

Beispiel einer Symbolikdatei:

Symbol	Operand	Datentyp	Kommentar
SchlittenGrundstellung	E 4.4	BOOL	Endschalter für Schlitten in Grundstellung
GehaeuseGeschlossen	E 4.5	BOOL	Enschalter für Gehäuse ist geschlossen
SicherheitsKette	M 10.2	BOOL	Merker für Sicherheitskette ist i.O.
MaschineGrundstellung	M 20.2	BOOL	Merker für Maschine ist in Grundstellung

Bei der Erstellung muß darauf geachtet werden, daß ein Symbol bzw. ein Operand nur ein einziges Mal vorhanden ist.
Sind Mehrfachbelegungen vorhanden, erscheint beim Abspeichern der Symbolikdatei ein Fehler.

Folgende Operanden können durch ein Symbol ersetzt werden:

Operand	Beschreibung	Beispiel
E	Eingang	E30.2
EB	Eingangsbyte	EB90
EW	Eingangswort	EW30
ED	Eingangsdoppelwort	ED20
A	Ausgang	A 20.2
AB	Ausgangsbyte	AB 50
AW	Ausgangswort	AW 100
AD	Ausgangsdoppelwort	AD 20

Symbolische Programmierung

Operand	Beschreibung	Beispiel
M	Merker	M 44.4
MB	Merkerbyte	MB 100
MW	Merkerwort	MW 200
MD	Merkerdoppelwort	MD 202
PEB	Peripherie-Eingangs-Byte	PEB 2
PEW	Peripherie-Eingangs-Wort	PEW 4
PED	Peripherie-Eingangs-Doppelwort	PED 10
PAB	Peripherie-Ausgangs-Byte	PAB 2
PAW	Peripherie-Ausgangs-Wort	PAW 22
PAD	Peripherie-Ausgangs-Doppelwort	PAD 26
T	Timer	T 10
Z	Zähler	Z 7
FB	Funktionsbaustein	FB 10
FC	Funktion	FC 20
OB	Organisationsbaustein	OB 1
DB	Datenbaustein	DB 1
SFB	System-Funktionsbaustein	SFB 3
SFC	System-Funktion	SFC 20

Anmerkung:
Wie in der Tabelle zu sehen ist, können Datenwörter nicht durch ein Symbol ersetzt werden.
Um ein Datenwort eindeutig bestimmen zu können, ist die Angabe des Datenbausteins notwendig. Die kombinierte Angabe "DB100.DBW10" ist im Symbolikeditor nicht vorgesehen.
Dies hat folgenden Grund:
Wenn in S7 ein Datenbaustein erstellt wird, sind Variablen im Kopf des Datenbausteins zu deklarieren. Diese Variablen können einen beliebigen Namen haben. Datenwörter können über diese Variablen angesprochen werden:
Beispiel:
Die Variable "DB100.Betriebsstunden" repräsentiert je nach Datentyp (BYTE, WORD, ...) einen bestimmten Datenbereich im Datenbaustein.
Datenbausteine können demnach auch ohne Zuordnungsliste "symbolisch" programmiert werden.

7.2 Einschalten der Symbolik in der Programmiersoftware

Ist die Symbolikdatei erstellt und abgespeichert, muß die Programmiersoftware auf symbolische Darstellung eingestellt werden.
Bei WinSPS-S7 wird dies über den Menüpunkt **Projektverwaltung->Einstellungen, Register Symbolik** verwaltet:

Bild: Symbolikeinstellungen in WinSPS-S7

Der Schalter "Operand durch Symbol ersetzen" muß eingeschaltet sein.
Jetzt kann die Symbolik im AWL-Editor von WinSPS-S7 benutzt werden.

7.3 Symbole bei der Programmierung benutzen

Bei der Programmeingabe können die Symbole jetzt verwendet werden:

Die Operation:

```
U    E      4.4
```

wird beim Bestätigen der Zeile gewandelt in:

```
U    "SchlittenGrundstellung"
```

Es kann aber auch direkt **U "SchlittenGrundstellung"** eingegeben werden.
Da dies aber viel Schreibarbeit verursacht, ist in WinSPS-S7 eine "Schreibhilfe" eingebaut.
Geben Sie ein: **U "**
Nach Bestätigung der Zeile mit der RETURN-Taste erscheint ein Fenster mit allen Symbolen. Es kann ein Symbol ausgewählt und mit der RETURN-Taste in die AWL eingefügt werden.

7.4 Unterschied zwischen Symbol und Variable

Der Unterschied zwischen Symbol und Variable ist folgender:

Bei einem Symbol legt der Anwender die Absolutadresse des Symbols fest.
Bei einer Variablen legt der Programmierer nur den Namen und den Datentyp fest.
Die Adresse der Variablen wird beim Speichern vom Compiler festgelegt.

8 VERKNÜPFUNGSOPERATIONEN

Anmerkung für S5-Kenner:
Die Verknüpfungsoperationen sind in STEP®7 gegenüber STEP®5 nahezu gleich geblieben.
Die Verknüpfungsart "Exklusiv-Oder" (wird in diesem Kapitel beschrieben) ist in S7 hinzugekommen.

Allgemein:
Die Verknüpfungsoperationen dienen dazu, bestimmte *"wenn ... dann"*- Befehle zu definieren.
Beispiel: Ein Ventil soll sich öffnen, wenn Schalter 1 und Schalter 2 betätigt werden.

Hinweise:
Bei der Erklärung der Verknüpfungsoperationen werden in den Beispielen Eingangs- und Ausgangsoperanden verwendet. Die Erklärungen sind natürlich auch für alle anderen Binäroperanden (z.B. Merker, Datenbits) gültig.

Verknüpfungsoperationen

8.1 UND-Verknüpfung

Die UND-Verknüpfung zwischen zwei Eingängen ergibt als Ergebnis '1', wenn alle Eingänge den Signalzustand '1' haben.

STEP®7-Syntax:

```
U   E 0.0           Wenn E0.0 und
U   E 0.1           E0.1 '1' ist, dann
=   A 0.0           Ausgang A0.0 auf '1' schalten
```

Der Ausgang A0.0 ist nur dann '1', wenn der Eingang E0.0 und der Eingang E0.1 '1' ist.
Dieses kleine Programm ist die Lösung der obigen Aufgabe:
"Ein Ventil soll sich öffnen, wenn Schalter 1 und Schalter 2 betätigt werden."
Dabei ist der Schalter 1 an E0.0 angeschlossen, Schalter 2 ist an E0.1 angeschlossen und das Ventil wird über den Ausgang A0.0 angesteuert.

Hinweis:
Der Befehl "= A0.0" weist das Ergebnis der Verknüpfung dem Ausgang A0.0 zu.

Wahrheitstabelle, Symbol und äquivalente Schützschaltung (UND):

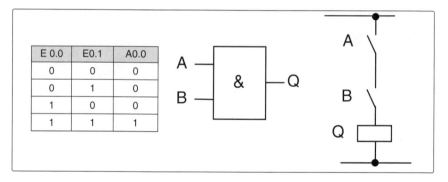

Nur in der letzten Zeile der Tabelle ist der Ausgang A0.0 '1', da der Eingang E0.0 **UND** Eingang E0.1 ebenfalls '1' ist.

Die UND-Verknüpfung entspricht der Reihenschaltung zweier Schalter.

Verknüpfungsoperationen

8.2 ODER-Verknüpfung

Die ODER-Verknüpfung zwischen zwei Eingängen ergibt als Ergebnis '1', wenn mindestens 1 Eingang den Signalzustand '1' hat.

STEP®7-Syntax:
```
O    E 0.0           Wenn E0.0 oder
O    E 0.1           E0.1 '1' ist, dann
=    A 0.0           Ausgang A0.0 auf '1' schalten
```

Der Ausgang A0.0 ist '1', wenn der Eingang E0.0 oder der Eingang E0.1 '1' ist.

Die ODER-Verknüpfung entspricht der Parallelschaltung zweier Schalter.

Wahrheitstabelle, Symbol und äquivalente Schützschaltung (ODER):

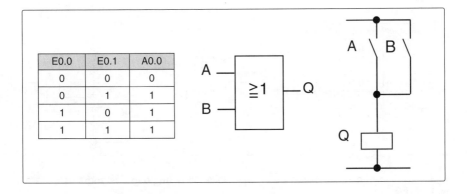

Nur in der ersten Zeile der Tabelle ist der Ausgang A0.0 '0'.
In allen anderen Fällen ist E0.0 oder E0.1 '1'.

Hinweis:
Der Befehl "= A0.0" weist das Ergebnis der Verknüpfung dem Ausgang A0.0 zu.

Verknüpfungsoperationen

8.3 EXKLUSIV-ODER-Verknüpfung

Die EXKLUSIV-ODER-Verknüpfung zwischen zwei Eingängen ergibt als Ergebnis '1', wenn <u>nur einer der beiden Eingänge</u> den Signalzustand '1' hat.

STEP®7-Syntax:

```
X    E 0.0           Wenn nur der Eingang E0.0 oder
X    E 0.1           nur der Eingang E0.1 '1' ist, dann
=    A 0.0           Ausgang A0.0 auf '1' schalten
```

Der Ausgang A0.0 ist '1', wenn <u>nur einer</u> der beiden Eingänge den Zustand '1' hat.

Wahrheitstabelle, Symbol und äquivalente Schützschaltung (EX-ODER):

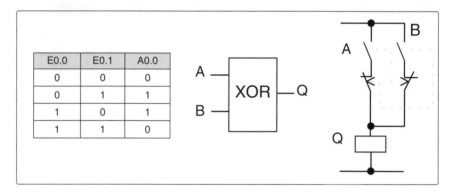

In der zweiten und in der dritten Zeile hat jeweils 1 Eingang den Zustand '1'. Deshalb ist hier das Ergebnis '1'.

Hinweis:
Der Befehl "= A0.0" weist das Ergebnis der Verknüpfung dem Ausgang A0.0 zu.

S7<->S5

Den Exclusiv-Oder-Befehl gibt es bei STEP®5 nicht!

Verknüpfungsoperationen

8.4 NICHT-Verknüpfung

Die NICHT-Verknüpfung gibt es bei der Programmiersprache STEP®7 nur in Zusammenhang mit einer UND/ODER- Verknüpfung. Bei der NICHT- Verknüpfung wird der Zustand des Signals (z.B. eines Einganges) als invertiert betrachtet: Ein '1'-Signal wird als '0' interpretiert und ein '0'-Signal wird als '1' interpretiert.
Daraus ergibt sich, daß die NICHT-Verknüpfung den Signalzustand '0' abfragt.

Da es keine separate NICHT-Verknüpfung in STEP®7 gibt, wird als Beispiel die UND-Verknüpfung verwendet.
Durch das Anhängen des Buchstaben 'N' wird die UND-Verknüpfung zur NICHT-UND-Verknüpfung.

STEP®7-Syntax:

```
UN   E 0.0           Wenn E0.0 '0' ist und
UN   E 0.1           E0.1 '0' ist, dann
=    A 0.0           Ausgang A0.0 auf '1' schalten
```

Der Ausgang A0.0 ist nur dann '1', wenn der Eingang E0.0 und der Eingang E0.1 '0' ist.

Wahrheitstabelle, Symbol und äquivalente Schützschaltung:

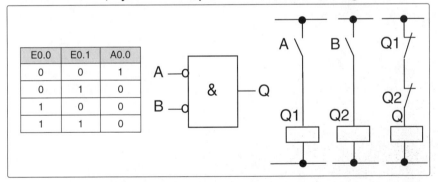

E0.0	E0.1	A0.0
0	0	1
0	1	0
1	0	0
1	1	0

Das Gleiche könnte man sinngemäß mit der ODER- bzw. EXKLUSIV-Oder Verknüpfung durchführen.

Hinweis:

Es gibt keinen STEP®7- Befehl, der einen Ausgang negiert zuweist (=N A0.0).

Verknüpfungsoperationen

8.4.1 Übung: Nicht-Verknüpfung

Die Tür eines Fahrstuhles soll sich öffnen, wenn sich der Fahrkorb an der richtigen Position befindet (S1), wenn der Taster "Tür öffnen" gedrückt wird (S2) und wenn der Verriegelungsendschalter S3 <u>nicht</u> betätigt ist.

Zuweisungsliste:

Betriebsmittel	SPS- Operand
S1: Liefert '1' wenn Position richtig	E0.1
S2: Liefert '1' wenn "Tür öffnen" gedrückt	E0.2
S3: Liefert '1' bei Betätigung	E0.3
M1: Tür des Fahrstuhles	A0.0

Aufgaben:
☑ Schreiben der Anweisungsliste
☑ Übertragen des Programms in den Simulator
☑ Testen des Programms

8.5 UND-NICHT- Verknüpfung

Die UND-NICHT- Verknüpfung negiert (invertiert) das Ergebnis der UND-Verknüpfung:

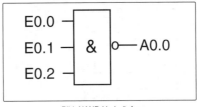

Bild: NAND-Verknüpfung

Da diese Verknüpfung von STEP®7 nicht bereitgestellt wird, muß man die AWL wie folgt schreiben:

1. Möglichkeit:

```
U    E 0.0
U    E 0.1
U    E 0.2
=    M 5.0

UN   M 5.0
=    A 0.0
```

Das Ergebnis der UND-Verknüpfung wird einem Hilfsmerker zugewiesen. Dieser Hilfsmerker wird dann negiert dem Ausgang A0.0 zugewiesen.

2. Möglichkeit:

Durch die boolsche Algebra kann die AWL folgendermaßen umgewandelt werden:

```
ON   E 0.0
ON   E 0.1
ON   E 0.2
=    A 0.0
```

Verknüpfungsoperationen

8.6 ODER-NICHT- Verknüpfung

Die ODER-NICHT- Verknüpfung negiert (invertiert) das Ergebnis der ODER- Verknüpfung:

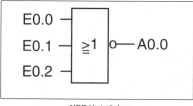

NOR-Verknüpfung

Da diese Verknüpfung von STEP®7 nicht bereitgestellt wird, muß man die AWL wie folgt schreiben:

1. Möglichkeit:
```
O    E 0.0
O    E 0.1
O    E 0.2
=    M 5.0

ON   M 5.0
=    A 0.0
```

Das Ergebnis der ODER- Verknüpfung wird einem Hilfsmerker zugewiesen. Dieser Hilfsmerker wird dann negiert dem Ausgang A0.0 zugewiesen.

2. Möglichkeit:
Durch die boolsche Algebra kann die AWL folgendermaßen umgewandelt werden:

```
UN   E 0.0
UN   E 0.1
UN   E 0.2
=    A 0.0
```

8.7 Verknüpfungsergebnis (VKE)

Um die nächsten Abschnitte besser verstehen zu können, müssen einige Begriffe erklärt werden.

Verknüpfungsergebnis (VKE):
Bei einer Verknüpfung zweier Operanden wird das Ergebnis der Verknüpfung als VKE (Verknüpfungsergebnis) bezeichnet.

Beispiel:

```
Zeile AWL              Status des Operanden      VKE
0001    O    E 0.0         0                      0
0002    O    E 0.1         1                      1
0003    O    E 0.2         0                      1
0004    =    A 0.0         1                      1
```

Das VKE ist demnach ein Zwischenspeicher, der entweder '1' oder '0' ist.
Wird eine Verknüpfung neu begonnen (Zeile 1), wird das VKE auf den Wert des Operanden ('0' oder '1') gesetzt. Bei den nachfolgenden Verknüpfungen (Zeile 2 und Zeile 3) wird der Operand mit dem VKE verknüpft.
Dies wird solange durchgeführt, bis das VKE einem Operanden zugewiesen wird (Zeile 4) oder exakter ausgedrückt, bis ein VKE-begrenzender Befehl bearbeitet wird.
In Zeile 4 wird das VKE dem Operanden A0.0 zugewiesen, d.h. der Ausgang A0.0 wird auf den Wert des VKE gesetzt.

VKE-Begrenzung
Nachdem das VKE zugewiesen worden ist, wird das VKE begrenzt und es kann eine neue Verknüpfung begonnen werden.
VKE-begrenzende Befehle sind z.B. Zuweisungen (= A0.0, =M0.0) oder Setz- und Rücksetzbefehle (S A0.0, R A0.0).
Wenn eine neue Verknüpfung gestartet wird, spricht man auch von einer **Erstabfrage**. Das VKE wird auf den Wert des Operanden gesetzt, egal ob es sich um eine UND oder eine ODER- Verknüpfung handelt.
Die nachfolgenden Beispiele machen dies deutlich.

Verknüpfungsoperationen

Beispiel:

Diese zwei Beispiele verhalten sich <u>exakt gleich</u>, da nach der Zuweisung (= M3.0) das VKE begrenzt wird. Das VKE wird dadurch bei der nächsten Verknüpfung auf den Wert des Operanden (E0.1) gesetzt, unabhängig von der Verknüpfung.

```
...              ...
=   M 3.0        =   M 3.0
U   E 0.1        O   E 0.1
U   E 0.2        U   E 0.2
=   A 0.0        =   A 0.0
```

Diese zwei Beispiele verhalten sich <u>exakt gleich</u>, da nach der Zuweisung (= M3.0) das VKE begrenzt wird. Das VKE wird dadurch bei der nächsten Verknüpfung auf den Wert des **invertierten** Operanden (E0.1) gesetzt, unabhängig von der Verknüpfung.

```
...              ...
=   M 3.0        =   M 3.0
UN  E 0.1        ON  E 0.1
U   E 0.2        U   E 0.2
=   A 0.0        =   A 0.0
```

VKE begrenzende Operationen:

In dieser Tabelle sind alle Operationen aufgelistet, die das VKE begrenzen.
Der Vollständigkeit wegen sind auch die Operationen aufgelistet, die evtl. noch nicht bekannt sind.

VKE- begrenzende Operation	Beispiele
Zuweisungen	= M0.0, = A0.0, ...
Klammerauf- Befehle	U(, O(, X(, UN(, ON(, XN(
Setz- und Rücksetzbefehle	S M0.0, S A10.0, R T1, R A 30.1
Zeitoperationen	SE T1, SA T10, ...
Zähloperationen	ZV Z1, ZR Z1, ...
Sprungbefehle	SPA M001, SPN M002, ...
Rücksprungbefehle	BE, BEB, BEA

8.8 Gemischte UND/ODER- Funktionen ohne Klammerbefehle

In den bisherigen Abschnitten sind nur reine UND oder reine ODER- Verknüpfungen vorgestellt worden.
Um eine beliebige Bedingung aufstellen zu können, ist es aber häufig notwendig, die Grundverknüpfungen miteinander zu kombinieren.
In diesem Abschnitt werden zuerst Beispiele ohne Klammerung gezeigt. Im nächsten Abschnitt wird dann die Klammersetzung beschrieben.

Werden in einer Verknüpfung keine Klammern eingesetzt, gilt folgende Regel:
Eine UND-Verknüpfung wird vor einer ODER- Verknüpfung bearbeitet.
Aus dieser Regel heraus bilden sich folgende zusammengehörige Blöcke.

```
U   E 0.1 }  Block 1
U   E 0.2
O   E 0.3 —  Block 2          A0.0 = [(Block 1 ODER Block2) UND Block3] ODER Block4
U   E 0.4 }  Block 3
U   E 0.5
O   E 0.6 —  Block 4
=   A 0.0
```

Nachfolgend wird das gleiche Beispiel "mit Leben" erfüllt. Es werden verschiedene Eingänge auf '1' geschaltet.
Man kann dies am "Status des Operanden" erkennen.
In der Spalte "VKE" sieht man das Verknüpfungsergebnis.

```
AWL          Status des Operanden        VKE
U   E 0.1           0                     0
U   E 0.2           0                     0
O   E 0.3           0                     0
U   E 0.4           0                     0
U   E 0.5           0                     0
O   E 0.6           1                     1
=   A 0.0           1                     1
```

Bei diesem Beispiel ist nur der Eingang E0.6 '1'.
Da dieser Eingang am Ende ODER-verknüpft ist, ist auch der Ausgang A0.0 '1'.

```
AWL          Status des Operanden        VKE
U   E 0.1           1                     1
U   E 0.2           1                     1
O   E 0.3           0                     1
U   E 0.4           1                     1
U   E 0.5           1                     1
O   E 0.6           0                     1
=   A 0.0           1                     1
```

In diesem Fall sind alle Eingänge auf '1' geschaltet, bei denen eine UND Verknüpfung vorliegt.
Auch in diesem Fall ist der Ausgang A0.0 auf '1' geschaltet.

Verknüpfungsoperationen

```
AWL           Status des Operanden      VKE
U    E 0.1         1                     1
U    E 0.2         1                     1
O    E 0.3         0                     1
U    E 0.4         1                     1
U    E 0.5         0                     0
O    E 0.6         0                     0
=    A 0.0         0                     0
```

Hier ist der Ausgang A0.0 ausgeschaltet, weil der Eingang E0.5 '0' ist.

Um die UND-vor-ODER- Verknüpfungen zu vertiefen, können Sie die Beispiele mit WinSPS-S7 nachvollziehen.

8.8.1 Übung: UND/ODER gemischt

Der Hilfsschütz K1 (A32.0) darf nur einschalten, wenn folgende Bedingung wahr ist:

- Der Eingang E33.0 muß '1' sein.
- Der Eingang E33.1 muß '0' sein.
- Der Eingang E33.2 muß '1' sein.

Der Hilfschütz soll unabhängig davon auch einschalten, wenn der Eingang E33.5 oder der Eingang E33.6 '1' ist.

Aufgaben:

☑ Schreiben der Anweisungsliste (AWL)
☑ Übertragen des Programms in den Simulator
☑ Testen des Programms

Verknüpfungsoperationen

8.9 Klammerbefehle

In diesem Abschnitt werden die Klammerbefehle erläutert.
Mit den Klammerbefehlen können Sie die gewünschte Reihenfolge der Verknüpfungen festlegen.

S7<->S5

Anmerkung für S5-Anwender:
Die Klammerbefehle sind in STEP7 gegenüber STEP5 um folgende Befehle erweitert worden:

- UN(Negierte UND-Klammer
- ON(Negierte ODER-Klammer
- X(EXKLUSIV-ODER-Klammer
- XN(Negierte EXKLUSIV-ODER-Klammer

Wichtige Hinweise zu den Klammerbefehlen:

- Es müssen genauso viele Klammern geschlossen werden, wie geöffnet wurden.
- Eine Verknüpfung mit Klammern darf nicht über Netzwerkgrenzen hinausgehen.
- Innerhalb einer Klammer sollte man keine Sprungmarken plazieren, da sonst das Ergebnis nicht nachvollziehbar ist.
- Klammern dürfen auch verschachtelt sein. Die maximale Klammerverschachtelung muß im Gerätehandbuch des jeweiligen AGs nachgelesen werden.
- **Ein Klammer-Auf- Befehl ist immer VKE-begrenzend, d.h. es fängt eine neue Verknüpfung an.**
- **Ein Klammer-Zu-Befehl ist <u>nicht</u> VKE-begrenzend, da die Klammer-Zu-Operation als Zwischenspeicher verwendet wird.**

Folgende Befehle stehen für die Klammersetzung zur Verfügung:

Operation	Erklärung
U(	UND-Klammer aufmachen
O(	ODER-Klammer aufmachen
X(	EXKLUSIV-ODER-Klammer aufmachen
UN(	UND-Klammer aufmachen (negiert)
ON(	ODER-Klammer aufmachen (negiert)
XN(	EXKLUSIV-ODER-Klammer aufmachen (negiert)
)	Klammer schließen

Verknüpfungsoperationen

Beispiel:
Folgende Schaltung soll in eine AWL umgesetzt werden:

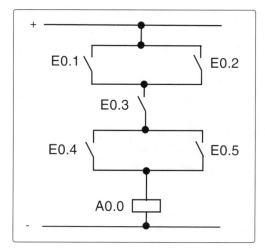

Bild: Schützschaltung

Lösung:

```
U (
 O    E 0.1  } Block 1
 O    E 0.2
 )
 U    E 0.3  — Block 2        A0.0 = Block 1 UND Block2 UND Block3
 U (
 O    E 0.4  } Block 3
 O    E 0.5
 )
 =    A 0.0
```

Die Klammerung der ODER-Verknüpfungen bewirkt, daß die ODER-Verknüpfung vor der UND-Verknüpfung bearbeitet wird.
Innerhalb der Klammer fängt eine neue Verknüpfung an, da der Klammer-Auf-Befehl VKE-begrenzend ist.
Der Klammer-Zu-Befehl ist <u>nicht</u> VKE-begrenzend. Deshalb kann nach einem Klammer-Zu-Befehl das Ergebnis der Klammer weiter verknüpft werden.

Innerhalb einer Klammer kann wieder eine Klammer geöffnet werden. Dies ist aber nicht so übersichtlich wie einfache Klammern und ist deshalb zu vermeiden.
Es können auch beliebige Zuweisungen bzw. Setzbefehle innerhalb einer Klammer programmiert werden.

8.9.1 Übung: Klammerbefehle

Folgende logische Verknüpfung ist in AWL umzusetzten.
Bitte beachten: Der Ausgang A0.0 ist <u>negiert</u> zugewiesen.

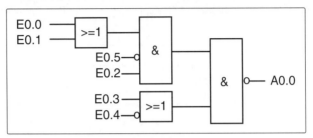

Bild: Schützschaltung

Aufgaben:
- ☑ Schreiben der Anweisungsliste
- ☑ Übertragen des Programms in den Simulator
- ☑ Testen des Programms

Verknüpfungsoperationen

8.10 Alternative zu den Klammerbefehlen

Alternativ zu den Klammerbefehlen kann man auch einzelne Blöcke mit einem Hilfsmerker zusammenfassen.
Dies würde bei dem schon bekannten Beispiel folgendermaßen aussehen:

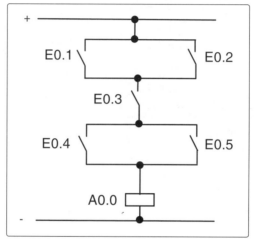

Bild: Schützschaltung

AWL:
```
O    E 0.1
O    E 0.2
=    M 0.1        Hilfsmerker 1
O    E 0.4
O    E 0.5
=    M 0.2        Hilfsmerker 2

U    M 0.1
U    E 0.3
U    M 0.2
=    A 0.0
```

Im ersten Teil der AWL werden die Hilfsmerker M0.1 und M0.2 zugewiesen und im zweiten Teil der AWL werden diese Merker dann verknüpft.

Wenn man die Bedingung mit einfachen Klammern definieren kann, sollte man keine Hilfsmerker verwenden, da die Anzahl der Merker in STEP®7 je nach AG-Typ begrenzt ist.

Hinweis:
Bei S7 sollte man anstatt Merker temporäre Lokaldaten verwenden, damit der Baustein nicht versehentlich Merker verwendet, die an einer anderen Stelle im SPS-Programm bereits benutzt wurden.

Verknüpfungsoperationen

8.11 ODER-Verknüpfung von UND-Verknüpfungen

Möchte man einen Block aus UND-Verknüpfungen mit ODER verknüpfen, dann kann man den Befehl "O" verwenden.
Eine Klammerung ist nicht notwendig, da eine UND-Verknüpfung vor einer ODER-Verknüpfung bearbeitet wird.

Beispiel:
Folgende Schützschaltung soll in AWL umgesetzt werden:

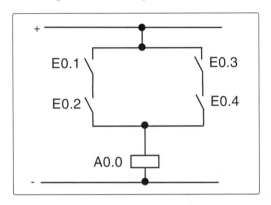

Lösung:
```
U   E 0.1
U   E 0.2
O
U   E 0.3
U   E 0.4
=   A 0.0
```

Der Oder-Befehl ist ein separater STEP®7-Befehl.
Die Funktionsweise des ODER-Befehls kann man sich so vorstellen:
An der Stelle, an welcher der ODER-Befehl programmiert wird, bearbeitet das AG einen ODER-Klammer- Auf- Befehl. Wenn ein VKE-begrenzender Befehl (z.B. "= A0.0", "SE T1", "SA0.0") oder ein weiterer ODER-Befehl ("O(", "OM4.4") bearbeitet wird, dann wird die ODER- Klammer wieder geschlossen.

Verknüpfungsoperationen

8.12 Setz- Rücksetzbefehle

Mit einem Setzbefehl kann man Binäroperanden auf '1' setzen. Dieser bleibt dann solange auf '1', bis er wieder zurückgesetzt wird.

Mit einem Rücksetzbefehl kann man Binäroperanden auf '0' setzen. Dieser bleibt dann solange auf '0', bis er wieder gesetzt wird.

Diese Befehle werden auch Speicher genannt, da diese den Zustand des Operanden speichern.

Beispiel:
```
U   E 0.1
S   A 0.1         Ausgang A0.1 setzen
U   E 0.2
R   A 0.1         Ausgang A0.1 rücksetzen
```

Wenn der Eingang E0.1 '1' ist, wird der Ausgang A0.1 ebenfalls auf '1' gesetzt. Wird anschließend der Eingang E0.1 wieder '0', dann bleibt der Ausgang A0.1 auf '1'. Der Zustand des Ausganges wird **gespeichert**.

Erst wenn der Eingang E0.2 den Signalzustand '1' hat, wird der Ausgang A0.1 wieder zurückgesetzt.

Setz- und Rücksetzdominanz:

Es kann im obigen Beispiel auch vorkommen, daß beide Eingänge den Signalzustand '1' haben. In diesem Fall wird der Ausgang A0.1 zuerst gesetzt und anschließend wieder zurückgesetzt. Der Ausgang kann in diesem Fall nicht gesetzt werden, weil der Rücksetzbefehl <u>nach dem</u> Setzbefehl programmiert wurde.

Der Programmierer kann damit entscheiden, was passieren soll, wenn der Setz- und Rücksetzeingang gleichzeitig auf '1' sind:

> Wenn der Ausgang gesetzt werden soll, falls beide Eingänge '1' sind, so muß der Setzbefehl nach dem Rücksetzbefehl stehen **(Setzdominanz)**.
>
> Wenn der Ausgang zurückgesetzt werden soll, falls beide Eingänge '1' sind, so muß der Rücksetzbefehl nach dem Setzbefehl stehen **(Rücksetz- dominanz)**.

Verknüpfungsoperationen

Symboldarstellung des Speichers:

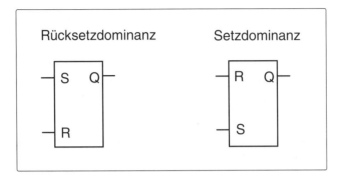

Bei einem rücksetzdominanten Speicher steht der Rücksetzeingang unterhalb des Setzeinganges.
Bei einem setzdominanten Speicher steht der Setzeingang unterhalb des Rücksetzeinganges.

Aufbau eines Speichers mit logischen Verknüpfungen:
Ein Speicher kann auch mit den logischen Verknüpfungen aufgebaut werden, wobei die Funktionsweise verdeutlicht wird:

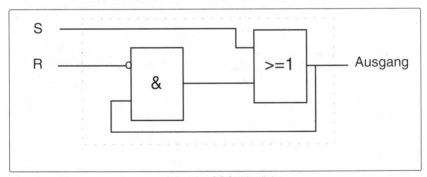

Aufbau eines S-R-Speichergliedes

Die AWL könnte man wie folgt schreiben, wenn E0.1 der Setzeingang und E0.2 der Rücksetzeingang ist.

Verknüpfungsoperationen

Als Ausgang wird "A0.0" verwendet.

```
U    E 0.1
O(
UN   E 0.2
U    A 0.0
)
=    A 0.0
```

Andere Setzbefehle

Es gibt noch andere Setzbefehle, die in Verbindung mit Zeiten und Zählern verwendet werden. Diese werden in den jeweiligen Kapiteln beschrieben.

Um unnötige Fehlerquellen zu vermeiden, sollte man folgende Regeln einhalten:

- Wenn ein Operand gesetzt wird, so muß er auch wieder zurückgesetzt werden.
- Setz- und Rücksetzbefehl für einen bestimmten Operanden sollten im gleichen Netzwerk oder im nächsten Netzwerk stehen.
  Also nicht im ersten Netzwerk den Operanden setzen und im 10. Netzwerk den Operanden wieder zurücksetzen.
- Wurde ein Operand mit dem Setzbefehl beeinflußt, dann sollte der gleiche Operand nicht nochmals an einer anderen Stelle gesetzt oder zugewiesen werden.

8.12.1 Übung: Speicher

Eine Meldeleuchte soll von drei Stellen ein- und ausgeschaltet werden.
Wird ein EIN- und ein AUS-Schalter gleichzeitig betätigt, dann soll die Lampe eingeschaltet werden.

Zuweisungstabelle:

Betriebsmittel	SPS-Operand
S1: Taster EIN (Platz 1)	E0.1
S2: Taster AUS (Platz 1)	E0.2
S3: Taster EIN (Platz 2)	E0.3
S4: Taster AUS (Platz 2)	E0.4
S5: Taster EIN (Platz 3)	E0.5
S6: Taster AUS (Platz 3)	E0.6
H1: Lampe	A0.0

Aufgaben:

☑ Schreiben der Anweisungsliste
☑ Übertragen des Programms in den Simulator
☑ Testen des Programms

9 LINEARE UND STRUKTURIERTE PROGRAMMIERUNG

Die Programmiersprache STEP®7 stellt zwei Möglichkeiten des Programmaufbaus zur Verfügung. Zum einen die **lineare Programmierung**, welche bei kleineren Programmen zum Einsatz kommt und zum anderen die **strukturierte Programmierung**, welche bei größeren Programmen die Programmanalyse erleichtert und die Lesbarkeit deutlich erhöht.

Beide Formen sollen in diesem Abschnitt vorgestellt werden.

9.1 Lineare Programmierung

Aufgabenbeschreibung

Die Form der linearen Programmierung soll mit Hilfe eines kleinen SPS-Programms erläutert werden. Das SPS-Programm hat dabei folgende Aufgabe zu erfüllen:

Sobald 3 Taster betätigt sind, soll eine Lampe leuchten. Die Betriebsmittel sind folgendermaßen an die SPS angeschlossen:

Betriebsmittel	SPS-Operand
Taster S1, Schließer	E0.0
Taster S2, Schließer	E0.1
Taster S3, Schließer	E0.2
Lampe H1	A1.0

Die Taster sind als Schließer ausgelegt, somit hat der entsprechende Eingang bei Betätigung den Status '1'.

Starten der Programmiersoftware WinSPS-S7

Da das Buch neben der Programmiersprache STEP®7 auch praktische Erfahrung beim Erstellen eines SPS-Programms und dem Umgang mit einer S7-CPU vermitteln soll, wird das Beispielprogramm mit WinSPS-S7 programmiert und in der Software-SPS simuliert.
Da es sich um das erste SPS-Programm mit WinSPS-S7 handelt, werden die einzelnen Schritte genauestens erklärt. Sollten über die Erklärungen hinaus, Fragen zu WinSPS-S7 offen sein, so kann versucht werden, diese mit der Online-Hilfe innerhalb des Programms zu beantworten. WinSPS-S7 verfügt über eine sog. kontextbezogene Hilfe, d.h. beim Betätigen der Taste [F1] wird eine der Situation entsprechende Hilfeseite geöffnet, falls dies möglich ist.

Lineare und strukturierte Programmierung

Es wird davon ausgegangen, daß WinSPS-S7 auf dem Rechner installiert ist. Sollte dies nicht der Fall sein, so können Hinweise zur Installation im Anhang des Buches zu Rate gezogen werden.
Ist die Installation bereits erfolgt, so kann WinSPS-S7 über den nachfolgend dargestellten Icon gestartet werden.

Bild: Icon von WinSPS-S7

Durch einen Doppelklick wird das Programm gestartet. Der Desktop stellt sich nach dieser Aktion wie folgt dar:

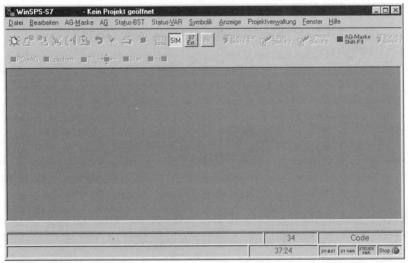

Bild: Desktop nach dem Starten von WinSPS-S7

Im oberen Teil des Fensters von WinSPS-S7 befinden sich die Menüpunkte und darunter die sog. Mausbuttons, mit denen häufig zu verwendende Menüpunkte schnell zu erreichen sind.
Bewegt man den Mauszeiger über einen solchen Mausbutton und verweilt eine kurze Zeit, so wird eine Kurzbeschreibung über die Funktion des Mausbuttons sichtbar.

Bild: Hilfe zu Mausbutton

Lineare und strukturierte Programmierung

In der obigen Darstellung verweilte der Mauszeiger über dem Mausbutton "Projekt öffnen".

Erzeugen eines Projekts

Um das SPS-Programm erstellen zu können, muß zunächst ein Projekt geöffnet werden. Ein Projekt besteht aus einem Projektverzeichnis mit dem Namen des Projektes. In diesem Verzeichnis sind alle Projektrelevanten Daten abgelegt, auch das SPS-Programm.

Um ein neues Projekt zu erzeugen, betätigt man den Menüpunkt "Datei->Projekt öffnen". Daraufhin erscheint ein Dialog, auf dem der Pfad für das neue Projekt eingestellt werden kann. Des weiteren ist der Name des Projektes anzugeben. Im Beispiel soll das Projekt den Namen "Linear" tragen.

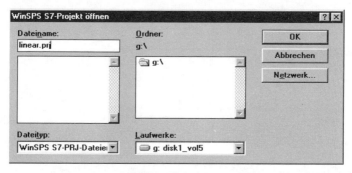

Bild: Dialog "Projekt öffnen"

Sind die nötigen Einstellungen getätigt, so kann der Dialog über den Button "OK" bestätigt werden. Es erscheint eine Abfrage, ob das neue Projekt anzulegen ist, diese Abfrage ist mit "Ja" zu beantworten. Daraufhin wird das Projekt "Linear" an dem eingestellten Pfad angelegt.

Lineare und strukturierte Programmierung

Erzeugen des Bausteins OB1

Bei der linearen Programmierung wird das gesamte SPS-Programm in den Baustein OB1 geschrieben. Der Organisationsbaustein OB1 ist der sog. zyklusgetriggerte Baustein innerhalb der CPU. Die bedeutet, der OB1 wird automatisch vom Betriebssystem der CPU aufgerufen.
Da es sich um ein neues Projekt handelt, ist der Baustein OB1 noch nicht vorhanden, d.h. er muß neu erzeugt werden. Dazu betätigt man den Menüpunkt "Projektverwaltung->Neuen Baustein erzeugen". Daraufhin erscheint der Dialog "Baustein erzeugen" auf dem der Name des zu erzeugenden Bausteins eingegeben werden kann (siehe Bild).

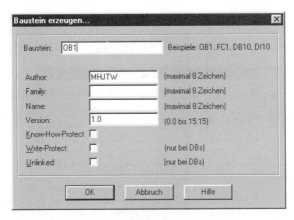

Bild: Dialog "Baustein erzeugen"

Die weiteren Eingabemöglichkeiten auf dem Dialog werden zu einem späteren Zeitpunkt besprochen, momentan sind diese nicht relevant.
Durch Drücken des Buttons "OK" wird der Dialog geschlossen und der Editor des Bausteins OB1 auf dem Desktop angezeigt.
Im oberen Teil des Editors ist der Name des Bausteins und der Titel angegeben. Darunter befinden sich unter anderem Angaben zum Autor und der Versionsnummer des Bausteins. Nachfolgend ist dies zu sehen.

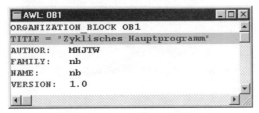

Bild: Editor des OB1 mit Titel und Autorangabe

STEP®7-Crashkurs

Lineare und strukturierte Programmierung

Unter diesen Angaben befinden sich die Bausteinparameter des OBs. Es handelt sich dabei um temporäre Parameter, die sog. Startinformationen des OBs. Diese Parameter müssen eine Länge von mind. 20 Bytes haben.

Das eigentliche SPS-Programm wird ab dem Schlüsselwort "BEGIN" eingegeben. Das Schlüsselwort "END_ORGANIZATION_BLOCK" symbolisiert das Ende des SPS-Programms. Unterhalb des Schlüsselwortes "BEGIN" ist eine farbig hervorgehobene Zeile zu sehen. In dieser Zeile befindet sich das Schlüsselwort "NETWORK", d.h. es handelt sich um den Anfang eines Netzwerkes. Ein Netzwerk kann zur Unterteilung des SPS-Programms in logische Programmteile innerhalb eines Bausteins verwendet werden. Diese Unterteilung ist durch die farbige Hervorhebung auch optisch gegeben.

In der nächsten Zeile kann der Titel für dieses Netzwerk angegeben werden, dieser ist hinter dem Schlüsselwort "TITLE =" zu plazieren. Der Titel kann beispielsweise eine Beschreibung des SPS-Programms innerhalb des Netzwerkes darstellen.

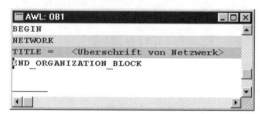

Bild: Netzwerk des OB1

Unterhalb des Titels für das Netzwerk, kann das SPS-Programm eingegeben werden. Dazu ist zunächst eine Leerzeile einzufügen. Um dies zu erreichen, stellt man einfach den Cursor auf die erste Spalte der Zeile mit dem Eintrag "END_ORGANIZATION_BLOCK" und betätigt die Taste [RETURN]. Daraufhin wird die Leerzeile eingefügt.

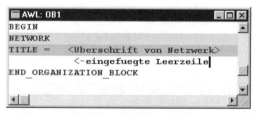

Bild: Editor mit eingefügter Leerzeile

Jetzt beginnt die Eingabe des eigentlichen SPS-Programmes.

Lineare und strukturierte Programmierung

Bei der Programmeingabe muß nicht auf Groß-/Kleinschreibung geachtet werden. Es muß nur ein Leerzeichen zwischen Operation und Operand stehen. Dies ist bei STEP®7 im Gegensatz zu STEP®5 notwendig, um eine hundertprozentige Erkennung des Befehls zu gewährleisten. Nachfolgend ist die Eingabe des ersten Befehls zu sehen.

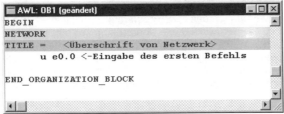

Bild: Eingabe des Befehls

Nachdem die Eingabe in der oben dargestellten Weise erfolgt ist, wird die Befehlszeile mit der Taste [RETURN] abgeschlossen. Nach Betätigung der Taste wird die Befehlszeile formatiert und der Cursor in die nächste Zeile gesetzt. Sollte sich ein Fehler in der Befehlszeile befinden, so wird diese farbig hervorgehoben und die Fehlerursache am unteren Fensterrand von WinSPS-S7 angezeigt.
Nach der Formatierung hat der Editor folgendes Aussehen:

Bild: Befehl nach Abschluß der Zeile

In dieser Weise werden nun die weiteren Befehle eingegeben. Das vollständige SPS-Programm ist in der unteren Darstellung zu sehen:

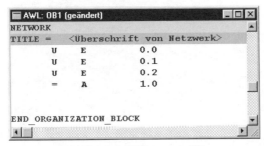

Bild: Vollständiges SPS-Programm im OB1

STEP®7-Crashkurs

Nachdem das SPS-Programm erstellt ist, wird der Inhalt des Editors mit Hilfe des Menüpunktes "Datei->Aktuellen Baustein speichern" abgespeichert.

Zusammenstellen der grafischen SPS

Nun soll getestet werden, ob das SPS-Programm so funktioniert, wie dies in der Aufgabenstellung gefordert wird. Diese Überprüfung soll mit Hilfe der integrierten Software-SPS von WinSPS-S7 erfolgen. Da WinSPS-S7 eine reale CPU mit den gleichen Menüpunkten bedient, wie die integrierte Software-SPS, muß WinSPS-S7 auf den Simulatormodus eingestellt werden. Mit den nachfolgend dargestellten Mausbuttons kann die Umschaltung Simulatormodus und Betrieb mit einer realen CPU vorgenommen werden.

Bild: Links Mausbutton für Simulatorbetrieb, rechts für Betrieb mit realer S7-CPU

Zum Test des Programms muß der linke Mausbutton mit der Aufschrift "SIM" betätigt sein. Dann beziehen sich die AG-Funktionen auf die integrierte Software-SPS.

Der Programmtest soll mit Hilfe der AG-Maske durchgeführt werden. Bei der AG-Maske handelt es sich um ein grafisches AG der Reihe S7-300. Dieses AG ist zunächst mit den nötigen Baugruppen zu bestücken. Dazu betätigt man den Menüpunkt "Anzeige->AG-Maske-Simulation". Daraufhin erscheint ein Fenster, in welchem eine CPU der Reihe S7-300 zu sehen ist. In der Aufgabenstellung werden drei Eingänge verwendet. Somit wird die SPS mit einer 8er Eingangsbaugruppe bestückt. Dazu betätigt man den Menüpunkt "AG-Maske->Eingangsbaugruppen->8er E-Baugruppe einfügen". Nach dieser Aktion wird eine Eingangsbaugruppe neben der CPU plaziert. Im oberen Bereich der Baugruppe ist die Aufschrift "EB0" zu sehen. Dies bedeutet, daß diese Baugruppe die Eingänge E0.0 bis E0.7 repräsentiert. Zur besseren Übersicht sollen die benötigten Bits auf der Baugruppe beschriftet werden. Dazu führt man einen Doppelklick auf der Bezeichnung "EB0" aus. Daraufhin erscheint der Dialog "Digitale Baugruppe einstellen". Im oberen Bereich des Dialogs kann die Baugruppenadresse angeben werden.

Da hierbei bereits die Adresse Null angeben ist, muß dies nicht verändert werden. Darunter befinden sich Beschriftungsfelder für die einzelnen Bits auf der Baugruppe. Diese werden wie folgt ausgefüllt:

Bild: Dialog mit beschrifteten Eingängen

Nun bestätigt man den Dialog über den Button "OK". Daraufhin stellt sich die AG-Maske wie folgt dar:

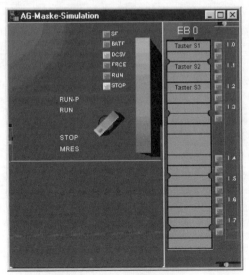

Bild: AG-Maske mit Eingangsbaugruppe

Lineare und strukturierte Programmierung

Die Lampe in der Aufgabenstellung ist an einen Ausgang angeschlossen. Somit wird auch eine Ausgangsbaugruppe benötigt. Um diese zu erhalten, betätigt man den Menüpunkt "AG-Maske->Ausgangsbaugruppen->8er A-Baugruppe einfügen". Daraufhin wird neben der CPU eine Ausgangsbaugruppe mit 8 digitalen Ausgängen plaziert. Diese Baugruppe soll nun zunächst eine Stelle nach rechts verschoben werden. Dazu stellt man den Mauszeiger über die Bezeichnung "AB0", betätigt die linke Maustaste und hält diese gedrückt. Daraufhin verändert der Mauszeiger sein Aussehen. Dieser hat das Erscheinungsbild von 4 Pfeilen, welche in alle vier Himmelsrichtungen zeigen. Nun verschiebt man den Mauszeiger, bei weiterhin gedrückter linker Maustaste, über die Bezeichnung "EB0" der Eingangsbaugruppe und läßt die linke Maustaste los. Als Folge davon wird die Ausgangsbaugruppe auf die Position der Eingangsbaugruppe gesetzt.
In der Aufgabenstellung ist die Lampe an dem Ausgang A1.0 angeschlossen, somit muß die Ausgangsbaugruppe die Adresse 1 erhalten, damit diese die Ausgänge A1.0 bis A1.7 repräsentiert. Dazu doppelklickt man auf der Bezeichnung AB0, worauf sich der schon bekannte Dialog "Digitale Baugruppen einstellen" öffnet. Auf diesem Dialog wird als Baugruppenadresse die Zahl "1" eingegeben und im Beschriftungsfeld des Bits "0" der Text "Lampe".
Nach Betätigung des Buttons "OK" hat die AG-Maske folgendes Aussehen:

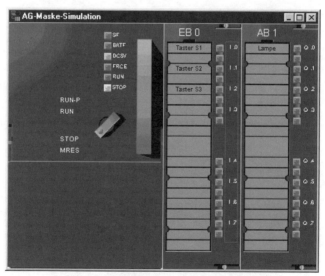

Bild: AG-Maske mit Eingangs- und Ausgangsbaugruppe

Will man die Darstellung der AG-Maske in der Größe verändern, so zieht man einfach das Fenster wie ein normales Windows-Fenster auf. Die Darstellung wird dann der Fenstergröße angepaßt, d.h. die AG-Maske kann stufenlos skaliert werden.

Lineare und strukturierte Programmierung

Übertragen des SPS-Programms

Nun da die SPS für unseren Test zusammengestellt ist, muß der Baustein OB1 in die CPU übertragen werden. Dazu betätigt man den Menüpunkt "AG->Mehrere Bausteine übertragen". Es erscheint der Dialog "PC->AG", auf dem alle Bausteine des momentanen Projektes aufgelistet sind. In diesem Fall ist dies nur der Baustein OB1. Dieser kann nun mit Hilfe der Maus oder Tastatur in der Listbox selektiert werden. Bei Betätigung des Button "Übertragen", wird der Baustein an das AG gesendet.
Die durchgeführte Aktion wird dabei auf einem Dialog protokolliert, dieser hat folgendes Aussehen:

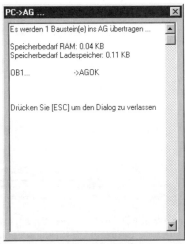

Bild: Protokolldialog

Dem Dialog kann entnommen werden, daß der OB1 erfolgreich übertragen wurde, er ist nach der Aktion über die Taste [ESC] zu schließen.
Es soll nun kontrolliert werden, ob der Baustein wirklich im Arbeitsspeicher der CPU vorhanden ist.
Dazu betätigt man den Menüpunkt "AG->Baugruppenzustand". Es erscheint der Dialog "Baugruppenzustand", welcher aus mehreren Dialogseiten besteht. Im Register "Allgemein" werden allgemeine Informationen über die angeschlossene CPU angegeben. So beispielsweise die möglichen Operandenbereiche, die Anzahl der programmierbaren Bausteintypen, die Bezeichnung der angeschlossenen CPU usw.

STEP®7-Crashkurs

Lineare und strukturierte Programmierung

In diesem Fall ist das Register "Bausteine" interessant, da kontrolliert werden soll, ob der Baustein OB1 vorhanden ist. Aus diesem Grund betätigt man das Register "Baustein". Der Dialog hat daraufhin folgendes Aussehen:

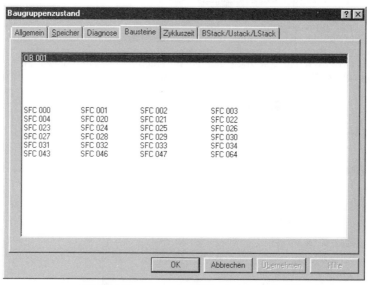

Bild: Dialog "Baugruppenzustand" mit den Bausteinen in der CPU

Auf der Dialogseite sind alle in der CPU befindlichen Bausteine aufgelistet. Darunter befindet sich auch der übertragene Baustein OB1. Bei den anderen Bausteinen handelt es sich um sog. integrierte Bausteine, die standardmäßig in der CPU (hier Software-SPS) vorhanden sind.
Somit ist sichergestellt, daß der Baustein OB1 in der CPU vorhanden ist.

Betriebsart der CPU umschalten und Simulation des SPS-Programms

Zwar befindet sich der programmierte Baustein in der CPU, aber die Befehle des Bausteins werden nicht bearbeitet, da sich die CPU in der Betriebsart "STOP" befindet. Damit die Befehle bearbeitet werden, muß die Betriebsart auf "RUN" umgeschaltet werden. Dazu betätigt man den Menüpunkt "AG->Betriebszustand". Daraufhin erscheint der Dialog "Betriebszustand". Auf diesem Dialog betätigt man den Button "Wiederanlauf" und schließt den Dialog über den Button "Schließen".
Daß sich die Software-SPS im Zustand "RUN" befindet, kann am rechten unteren Fensterrand von WinSPS-S7 abgelesen werden. Dabei zeigt sich folgendes Bild:

Bild: Anzeige Software-SPS ist im Betriebszustand "RUN"

STEP®7-Crashkurs

Lineare und strukturierte Programmierung

Der AG-Maske kann ebenfalls entnommen werden, ob sich die Software-SPS in RUN oder STOP befindet. Diese Information kann man der CPU-Baugruppe entnehmen, bei der die LED "RUN" aufleuchtet. Ist die Software-SPS im Zustand "STOP", so leuchtet die LED "STOP".

Hinweis:

Um eine reale S7-CPU in den Betriebszustand "RUN" zu versetzen, muß zuvor sichergestellt sein, daß sich der Betriebsartenschalter der CPU in der Stellung RUN oder RUN-P befindet. Der Betriebsartenschalter befindet sich auf der CPU-Baugruppe und hat folgendes Aussehen:

Bild: Betriebsartenschalter einer S7-CPU

In welcher Stellung sich der Schalter befindet, wird beim Betrieb mit einer realen CPU, im unteren Bereich des Dialogs "Betriebszustand" dargestellt.

Nun da das SPS-Programm in der CPU bearbeitet wird, kann dieses mit Hilfe der AG-Maske ausgetestet werden. Laut Aufgabenstellung soll die Lampe leuchten, sobald die Taster S1, S2 und S3 betätigt sind. In diesem Fall haben die Eingänge E0.0, E0.1 und E0.2 den Status '1', d. h. an diesen Eingängen liegt eine Spannung an.

Dies wird in der AG-Maske damit simuliert, daß die Bits 0, 1, und 2 auf der Eingangsbaugruppe "EB0" umgeschaltet werden. Dies erreicht man mit Hilfe der Maus, durch Anklicken der entsprechenden LED oder über die Tastatur durch Betätigung der Zifferntasten 0 bis 7. Dabei wird z.B. bei Betätigung der Taste [1], das Bit "1" umgeschaltet.
Im Beispiel klickt man die LEDs mit der Nummer 0, 1 und 2 auf der Baugruppe "EB0" an, so daß diese leuchten. Somit wird simuliert, daß an den Eingängen eine Spannung ansteht.
Daraufhin leuchtet auch der Ausgang A0.0 der Ausgangsbaugruppe "AB0" auf, so wie es in der Aufgabenstellung verlangt wird.
Im nachfolgenden Bild ist dies zu erkennen:

Lineare und strukturierte Programmierung

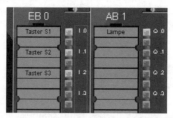

Bild: Ausschnitt der AG-Maske mit gesetzten Eingängen

Klickt man nun abermals mit der Maus auf die LED des Eingangs E0.0, so erlischt die dem Eingang zugehörige LED, d.h. der Eingang wird im SPS-Programm mit dem Status '0' verarbeitet. Folgerichtig erlischt auch die LED für den Ausgang A1.0, denn die Lampe an diesem Ausgang soll nur leuchten, wenn alle drei Taster betätigt sind.

Somit ist sichergestellt, daß das SPS-Programm seinen Zweck erfüllt.

Anhand dieses Beispiels wurde die lineare Programmierung vorgestellt. Das erstellte SPS-Programm bezeichnet man als linear, da es nur im OB1 programmiert wurde. Bei einem kleinen Programm ist dies mit keinen Nachteilen verbunden.

In der unteren Grafik ist die Arbeitsweise der CPU bei der linearen Programmierung dargestellt.

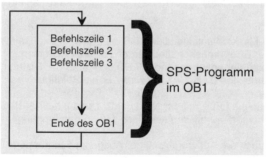

Bild lineare Programmierung

Bei komplexen Anlagen sollte allerdings das SPS-Programm in Teilprobleme zerlegt und diese dann in gesonderten Bausteinen ausprogrammiert werden. Dazu werden im nachfolgenden Kapitel die Instrumentarien vorgestellt.

9.2 Strukturierte Programmierung

Bei der strukturierten Programmierung wird ein STEP®7- Programm in einzelne Bausteine aufgeteilt. Einen Baustein kann man sich als Ansammlung von Befehlen vorstellen, welche ein bestimmtes Teilproblem lösen. Man kann sie deshalb auch als Unterprogramme bezeichnen. Diese Bausteine werden von dem Organisationsbaustein OB1 verwaltet. Dies bedeutet, von diesem Baustein aus wird in die einzelnen Unterprogramme verzweigt. Das eigentliche Steuerungsprogramm ist in Funktionen (FC) oder in Funktionsbausteinen (FB) untergebracht.

Zum besseren Verständnis werden zunächst die einzelnen Bausteinarten vorgestellt. Bei den Erklärungen wird dabei auf Sachverhalte eingegangen, die bis dato noch nicht erklärt wurden. Diese Sachverhalte werden zu einem späteren Zeitpunkt in eigenständigen Kapiteln angesprochen und erläutert.

Anschließend wird auf Befehle eingegangen, welche man bei der strukturierten Programmierung benötigt, um in die einzelnen Unterprogramme zu verzweigen.

9.2.1 Organisationsbausteine (OB)

Bei der linearen Programmierung wurde bereits der OB1 verwendet. Bei diesem Baustein handelt es sich um den sog. zyklusgetriggerten Baustein (freier Zyklus), d.h. der Baustein wird automatisch vom Betriebssystem aufgerufen.
Der Baustein OB1 stellt die Wurzel des SPS-Programms dar, von ihm aus wird in die einzelnen Bausteine verzweigt. Wurde das SPS-Programm im OB1 vollständig bearbeitet, so beginnt der Prozessor nach einer sog. Betriebssystemroutine wieder mit dem ersten Befehl im OB1. Der Baustein wird also solange aufgerufen, wie sich die CPU im Betriebszustand RUN befindet.

Beim Aufruf eines OBs wird dieser vom Betriebssystem mit sog. Startinformationen versorgt. Diese Startinformationen werden in den temporären Lokaldaten des OBs abgelegt. Die Informationen haben eine Länge von 20 Bytes. Somit müssen bei allen OBs Lokaldaten von mind. 20 Bytes reserviert sein. Diese Reservierung wird dem SPS-Programmierer meist von der Programmiersoftware abgenommen. Wird beispielsweise der Baustein OB1 in einem WinSPS-S7-Projekt neu erzeugt, so werden die Variablen automatisch von WinSPS-S7 angelegt.

Neben dem OB1 gibt es noch weitere OBs. Jeder Organisationsbaustein ist einer Prioritätsklasse zugeordnet, von denen 28 vorhanden sind. Durch die Prioritätsklasse wird festgelegt, welcher OB vom Betriebssystem aufgerufen wird, sobald mehrere Ereignisse eintreten. Die Prioritätsklasse legt ebenfalls fest, ob ein gerade bearbeiteter OB unterbrochen wird, um ein weiteres Ereignis zu bedienen. Sollen mehrere OBs zeitgleich zur Ausführung kommen, wobei die OBs der gleichen Prioritätsklasse angehören, so werden die einzelnen Bausteine sequentiell (hintereinander) bearbeitet.

Lineare und strukturierte Programmierung

Die Prioritätsklassen für die einzelnen Organisationsbausteine können vom Anwender vorgegeben werden, mit Ausnahme der OBs 1, 121 und 122.
Bei den OBs 121 und 122 handelt es sich um Bausteine, welche vom Betriebssystem aufgerufen werden, sobald ein Programmierfehler (OB121) oder ein Zugriffsfehler (OB122) aufgetreten ist. Die OBs gehören dabei der Prioritätsklasse an, in welcher der Fehler auftrat.
In der nachfolgenden Tabelle, werden die Organisationsbausteine von S7 aufgelistet, wobei die voreingestellten Prioritätsklassen mit angegeben sind.

Baustein	Prioritätsklasse
OB1 (zyklische Programmbearbeitung)	1
OB10 - OB 17 (Uhrzeitalarme)	2
OB20 - OB23 (Verzögerungsalarme)	3 - 6
OB30 - OB38 (Weckalarme)	7 - 15
OB40 - OB47 (Prozeßalarme)	16 - 23
OB50 - OB51 (Kommunikationsalarme)	24
OB60 (Mehrprozessoralarm)	25
OB80 - OB87 (Asynchrone Fehler)	26
OB100 - OB101 (Anlauf)	27
OB121 - OB122 (Sychronfehler)	Gleiche Priorität wie auftretender Fehler

S7<->S5

Im Unterschied zu STEP®5, haben die Anlauf-OBs bei STEP®7 die Nummer 100 und 101. Dabei wird der Baustein OB100 bei Neustart und der OB101 bei einem Wiederanlauf aufgerufen.
Ein weiterer Unterschied zu STEP®5 besteht darin, daß in OBs der gesamte Befehlsvorrat von STEP®7 zur Verfügung steht, einschließlich Sprungbefehlen zu Marken.

9.2.2 Die Funktion (FC)

Eine Funktion stellt ein Unterprogramm dar. Eine FC kann Formalparameter besitzen, die beim Aufruf der Funktion mit Aktualparametern zu versorgen sind.
Formalparameter sind Werte oder Operanden, die innerhalb des SPS-Programms der Funktion verarbeitet werden. Bei einer Funktion müssen alle Formalparameter mit Aktualparametern versorgt werden.
Eine Funktion kann einen Funktionswert zurückliefern, kann allerdings darüber hinaus, weitere sog. Ausgangsparameter besitzen.
Funktionen werden immer dann verwendet, wenn keine statische Daten (dazu mehr im Abschnitt "Funktionsbausteine") zur Ausführung benötigt werden.

S7<->S5

Funktionen sind vergleichbar mit Funktionsbausteinen bei S5.

9.2.3 Der Funktionsbaustein (FB)

Im Gegensatz zu Funktionen haben Funktionsbausteine die Möglichkeit, Daten zu speichern. Diese Fähigkeit wird durch einen Datenbaustein erreicht, welcher dem Aufruf (der Instanz) eines Funktionsbausteins zugeordnet ist. Ein solcher Datenbaustein wird als Instanz-DB bezeichnet. Ein Instanz-DB besitzt die gleiche Datenstruktur, wie der ihm zugeordnete FB, d.h. in diesem werden die Parameter des FBs abgelegt. Die Inhalte der Parameter sind somit bis zur nächsten Bearbeitung des FBs zwischengespeichert.
Das Versorgen von Formaloperanden mit Aktualparametern ist nicht zwingend. Ein nicht versorgter Eingangsparameter wird z.B. mit dem Wert im Instanz-DB vorbelegt.
Ein Funktionsbaustein kann sog. statische Variablen besitzen, welche innerhalb des FBs definiert werden können und ebenfalls im Instanz-DB abgelegt sind. Auf diese Werte kann dann beim nächsten Aufruf, mit dem gleichen Instanz-DB, wiederum zugegriffen werden.
Da ein Instanz-DB nur eine spezielle Form eines Datenbausteins darstellt, ist es auch möglich, außerhalb des FBs auf dessen Daten zuzugreifen.

Wird ein Funktionsbaustein aus einem anderen Funktionsbaustein heraus aufgerufen, so besteht die Möglichkeit, daß der aufgerufene FB seine Daten im Instanz-DB des aufrufenden FBs ablegt. Genauer gesagt, in den statischen Lokaldaten. Dies wird als Lokalinstanz bezeichnet.

Lineare und strukturierte Programmierung

9.2.4 Der Datenbaustein (DB)

In einem Datenbaustein werden Daten abgelegt. Der Baustein enthält somit keine STEP®7-Befehle. Unter STEP®7 werden zwei Typen von Datenbausteinen unterschieden. Es sind dies der "normale" Globaldatenbaustein, mit einer vom Programmierer festgelegten Datenstruktur und der Instanz-DB, welcher die Datenstruktur des Funktionsbausteins besitzt, dem er zugeordnet ist.

Ein Datenbaustein kann mit einem Schreibschutz versehen werden, um zu verhindern, daß auf die Inhalte des Datenbausteins schreibend zugegriffen wird.

Auf Datenbausteine wird in einem gesonderten Kapitel explizit eingegangen.

S7<->S5

Der STEP®5-Programmierer hat eine Besonderheit zu beachten:
Im Gegensatz zu STEP®5, sind die Datenbausteine bei STEP®7 byteorientiert. Dies bedeutet, die einzelnen Datenwörter überschneiden sich, wie bei den Operandenbereichen Eingänge, Ausgänge und Merker.
Beispiel:
Das Datenwort 0 besteht aus den Datenbytes 0 und 1, wobei das Datenbyte 0 das HiByte repräsentiert. Das Datenwort 1 besteht aus den Datenbytes 1 und 2, wobei das Datenbyte 1 das HiByte repräsentiert.
Man sollte somit auch bei Datenwörtern nur geradzahlige Adressen verwenden, um Überschneidungen zu vermeiden.

9.2.5 Systemfunktionen (SFC) und Systemfunktionsbausteine (SFB)

Bei den Systembausteinen SFC und SFB handelt es sich um Bausteine, die dem STEP®7-Programmierer eine bestimmte Funktionalität bieten. Diese Bausteine können vom Anwender nur aufgerufen werden. Es besteht nicht die Möglichkeit, die Bausteine selbst zu programmieren.

S7<->S5

Die Systembausteine von STEP®7 sind vergleichbar mit den in STEP®5 vorhandenen integrierten Funktionsbausteinen, welche ebenfalls nur aufgerufen werden können. Da es sich bei den integrierten Funktionen und Funktionsbausteinen um einen eigenständigen Bausteintyp handelt, muß der SPS-Programmierer nicht darauf achten, daß bestimmte Bausteinnummern durch integrierte Funktionen oder Funktionsbausteine bereits vergeben sind.

Lineare und strukturierte Programmierung

9.2.6 Der Systemdatenbaustein (SDB)

Auch die Systemdatenbausteine können vom Anwender nicht erstellt werden. Diese Bausteine werden von der Programmiersoftware erzeugt, um die Konfigurationsdaten einer Baugruppe darin abzulegen. Für den Anwender besteht keine Möglichkeit, direkt auf die Daten eines SDBs zuzugreifen.

9.2.7 Maximale Anzahl der Anwenderbausteine

Die Bausteinarten FC, FB und DB können bis zur Zahl 65535 adressiert werden. Allerdings handelt es sich dabei um die theoretische Grenze. Die praktische Grenze wird von dem verwendeten CPU-Typ festgelegt und diese liegt bei weitem niedriger. Wird z.B. die CPU 412 der S7-Reihe verwendet, so bestehen folgende Grenzen:

Bausteintyp	Anzahl
Max. Anzahl FCs	256
Max. Anzahl FBs	256
Max. Anzahl DBs	511

Welche Grenze bei dem jeweils verwendeten CPU-Typ besteht, kann beispielsweise dem AG-Handbuch entnommen werden. Eine weitere Möglichkeit besteht darin, die Funktion "Baugruppenzustand" auszuführen. Auf der Dialogseite der allgemeinen Daten, kann die Information abgelesen werden. Nachfolgend ist die Dialogseite bei WinSPS-S7 zu sehen, die Informationen wurden dabei von der CPU S7-312 IFM angefordert.

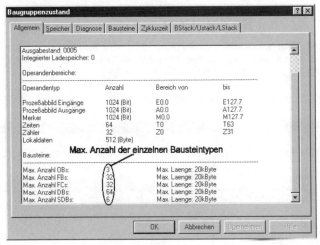

Bild: Baugruppenzustand, allgemeine Daten

STEP®7-Crashkurs

Lineare und strukturierte Programmierung

Auf dem Bild ist zu erkennen, daß z.B. die max. Anzahl der programmierbaren FCs bei 32 liegt. Somit ist die Funktion FC31, die letzte zu adressierende Funktion bei dieser CPU.

9.2.8 Aufruf einer FC

STEP®7 bietet drei Befehle um eine FC aufzurufen. Es sind dies:

- CALL FCn: Unbedingter Aufruf einer Funktion mit der Nummer n. Die Aktualparameter werden nach dem Aufruf angegeben. Unbedingter Aufruf bedeutet, daß die Verzweigung nicht vom Verküpfungsergebnis (VKE) abhängig ist.

- UC FCn: Unbedingter Aufruf einer Funktion mit der Nummer n. Die aufgerufene Funktion darf keine Bausteinparameter besitzen. Der Aufruf ist nicht vom VKE abhängig.

- CC FCn: Bedingter Aufruf einer Funktion mit der Nummer n. Die aufgerufene Funktion darf keine Bausteinparameter besitzen. Der Aufruf der Funktion erfolgt nur, wenn das VKE den Status '1' hat, eine zuvor gestellte Bedingung also wahr ist.

Mit Hilfe dieser drei Befehle kann in eine FC verzweigt werden. Besitzt die FC keine Formalparameter, so ist auch ein bedingter Aufruf möglich (Befehl "CC"). Bei einer Funktion mit Formalparameter gibt es keinen Befehl für einen bedingten Aufruf. Hierbei muß der Befehl "CALL" verwendet werden. Will man eine Funktion mit Formalparameter bedingt aufrufen, so ist dies nur mit Hilfe eines Sprungbefehls zu realisieren.

Beispiel zu dem Befehl "UC":

In einem SPS-Programm soll in die Funktion FC1 aus dem Baustein OB1 über einen unbedingten Aufruf verzweigt werden. Innerhalb der Funktion FC1 soll die Funktion FC2 aufgerufen werden.

Nachfolgend sind die Befehle in den einzelnen Bausteinen zu sehen.

Bild: Unbedingter Aufruf der Funktion FC1

S7<->S5

Der Befehl "UC" kann mit dem Befehl "SPA" bei STEP®5 verglichen werden, mit dem ebenfalls unbedingt in einen Baustein verzweigt werden kann.

Lineare und strukturierte Programmierung

Bild: Unbedingter Aufruf der Funktion FC2

In der folgenden Grafik wird die Arbeitsweise der CPU dargestellt.

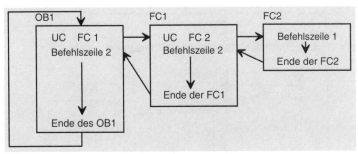

Bild: Funktionsweise

Sobald die CPU auf den Befehl "UC FC1" trifft, wird vom OB1 in die Funktion FC1 verzweigt, d.h. es wird als nächstes der erste Befehl in der Funktion FC1 ausgeführt. Dies ist der Befehl "UC FC2", somit wird die Funktion FC2 aufgerufen und deren Befehlszeilen bearbeitet. Wurden die Befehle innerhalb der FC2 abgearbeitet und trifft die CPU auf den letzten Befehl der FC2, so wird in die FC1 zurückgesprungen und zwar auf den nächsten Befehl hinter dem Aufruf der FC2.
Trifft die CPU auf den letzten Befehl der FC1, so wird die Programmbearbeitung im OB1 fortgesetzt und zwar mit dem nächsten Befehl hinter dem Aufruf der Funktion FC1.
Diese Arbeitsweise wird wiederholt, solange sich die CPU im Betriebszustand RUN befindet.

S7<->S5

Der Befehl "CC" ist vergleichbar mit dem Befehl "SPB" bei STEP®5, mit dem ebenfalls bedingt in einen Baustein verzweigt werden kann. Allerdings war es bei STEP®5 auch möglich einen FB mit Formalparametern bedingt aufzurufen, dies ist bei STEP®7 mit einem Befehl nicht möglich.

Lineare und strukturierte Programmierung

Beispiel zu dem Befehl "CC":

Die Funktion FC1 soll aus dem OB1 heraus aufgerufen werden. Allerdings soll der Aufruf nur ausgeführt werden, wenn der Eingang E0.0 den Status '1' hat.
Folgende Befehlszeilen im OB1 sind dazu notwendig:

Bild: Bedingter Aufruf der FC1

In der unteren Grafik wird die Arbeitsweise der CPU veranschaulicht.

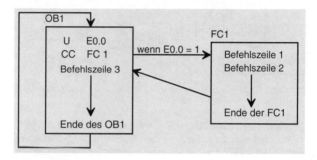

Verhalten, wenn der Eingang E0.0=0:
Hat der Eingang E0.0 den Status '0', so wird der Sprung in die Funktion FC1 nicht ausgeführt. Die CPU bearbeitet dann sofort die Befehlszeile 3 im Baustein OB1.

Verhalten, wenn der Eingang E0.0=1:
Hat der Eingang E0.0 den Status '1', dann wird der Sprung in den FC1 beim Befehl "CC FC1" ausgeführt. Es werden dann die Befehlszeilen in der FC1 bearbeitet. Nach der letzten Befehlszeile wird in den Baustein OB1 zurückgekehrt. Anschließend bearbeitet die CPU die Befehlszeile hinter dem Aufruf der FC1.

Der Befehl "CALL"

Mit Hilfe des Befehls "CALL", kann ebenso wie mit dem Befehl "UC", ein unbedingter Aufruf eines Bausteins realisiert werden. Allerdings **muß** der Befehl "CALL" verwendet werden, wenn dem Baustein Parameter zu übergeben sind. In diesem Fall darf der Befehl "UC" nicht programmiert werden.

Auf den Befehl "CALL" wird im weiteren Verlauf des Buches noch näher eingegangen.

9.2.9 Aufruf eines FBs

Wie bei einer FC, stehen dem Anwender auch für den Aufruf eines Funktionsbausteins drei Befehle zur Verfügung:

- CALL FBn, DBm: Unbedingter Aufruf eines Funktionsbausteins mit der Nummer n. Die Aktualparameter werden nach dem Aufruf angegeben. Der angegebene DB ist der sog. Instanz-DB für diesen Aufruf. Im Instanz-DB werden die Daten des FB abgelegt, er dient dem FB als "Gedächtnis". Der Instanz-DB hat die gleiche Datenstruktur wie der FB.

- UC FBn: Unbedingter Aufruf eines FBs mit der Nummer n. Der aufgerufene FB darf keine Formalparameter besitzen.

- CC FBn: Bedingter Aufruf eines FB mit der Nummer n. Der aufgerufene FB darf keine Formalparameter besitzen.

Mit Hilfe dieser drei Befehle kann in ein FB verzweigt werden. Besitzt der FB keine Formalparameter, so ist auch ein bedingter Aufruf möglich (Befehl "CC"). Bei einem Funktionsbaustein mit Formalparameter gibt es keinen Befehl für einen bedingten Aufruf, hierbei muß der Befehl "CALL" verwendet werden. Will man einen Funktionsbaustein mit Formalparameter bedingt aufrufen, so ist dies nur mit Hilfe eines Sprungbefehls zu realisieren.

Die Aufrufe eines Funktionsbausteins mit den Befehlen "UC" und "CC" werden so programmiert, wie der Aufruf einer FC. Deshalb gelten hierbei auch die Beispiele im Zusammenhang mit dem Aufruf einer FC.

Auf den Befehl "CALL" (mit der Angabe eines Instanz-DBs) wird im Kapitel "Funktionsbaustein" explizit eingegangen.

Lineare und strukturierte Programmierung

9.2.10 Befehle, um einen Baustein zu beenden

Die Sprache STEP®7 kennt drei Befehle, um einen Baustein zu beenden und den Rücksprung in den aufrufenden Baustein auszulösen. Dies sind:

- BE: Baustein Ende
- BEA: Baustein-Ende absolut
- BEB: Baustein-Ende bedingt

Nachfolgend werden diese Befehle erklärt.

Der Befehl "BE"

Der Befehl "BE" stellt das Ende eines jeden Code-Bausteins dar. Dies bedeutet, daß dieser Befehl in jedem Bausteintyp, außer dem Datenbaustein, programmiert ist. Die Programmierung muß allerdings nicht vom Anwender vorgenommen werden.
Wird ein neuer Baustein erzeugt, so wird der Befehl "BE" automatisch am Ende des Bausteins eingefügt. Für den Anwender ist dies nicht sichtbar.

In den Beispielen zu den Aufrufen einer Funktion ("UC", "CC") wurde erwähnt, daß die CPU beim letzten Befehl eines Bausteins in den aufrufenden Baustein zurück springt. Dieser Rücksprung wird von dem Befehl "BE" ausgelöst.

S7<->S5

Im Gegensatz zu STEP®5 ist der Befehl "BE" bei STEP®7 nicht sichtbar und muß vom Anwender nicht programmiert werden. Wird der Befehl am Ende des Bausteins programmiert, so hat dies nur den Effekt, daß unnötig Speicherplatz belegt wird.

Lineare und strukturierte Programmierung

Der Befehl "BEA"

Der Befehl "BEA" hat die selben Auswirkungen wie "BE". Er bewirkt den Rücksprung in den aufrufenden Baustein. Der Unterschied zu dem Befehl "BE" besteht darin, daß hinter "BEA" noch weitere STEP®7-Anweisungen stehen dürfen.
Die Anweisungen hinter "BEA" werden nur bearbeitet, wenn die CPU nicht den Befehl "BEA" ausführt. Dies erreicht man dadurch, daß der Befehl übersprungen wird.
Nachfolgend ist eine solche Konstellation dargestellt.

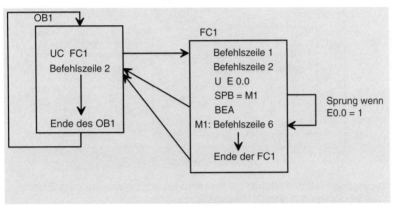

Bild: Der Befehl BEA

In der FC1 ist der Befehl "BEA" programmiert. Vor diesem Befehl steht ein sog. Sprungbefehl ("SPB"). Es handelt sich dabei um einen bedingten Sprung, der in diesem Fall vom Eingang E0.0 abhängig ist. Hat der Eingang E0.0 den Status '1', so wird der Befehl "BEA" nicht bearbeitet, sondern ein Sprung zur Befehlszeile 6 ausgeführt.
Hat der Eingang E0.0 den Status '0', so ist die Bedingung des Sprungs nicht erfüllt und die CPU bearbeitet den Befehl "BEA". Dies hat zur Folge, daß in den aufrufenden Baustein OB1 zurückgekehrt wird, ohne die weiteren Befehle in der FC1 zu bearbeiten.

Lineare und strukturierte Programmierung

Der Befehl "BEB"

Mit dem Befehl "BEB" kann ebenfalls der Rücksprung zum aufrufenden Baustein veranlaßt werden. Es handelt sich dabei um ein bedingtes Bausteinende, d.h. der Rücksprung wird durchgeführt, wenn das Verknüpfungsergebnis (VKE) den Status '1' hat.

Hinter dem Befehl "BEB" können noch weitere Anweisungen stehen. Im nachfolgenden Beispiel wird der Befehl "BEB" verwendet.

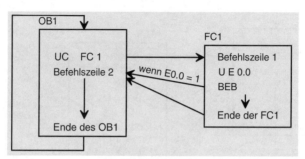

Bild: Der Befehl BEB

Hat der Eingang E0.0 den Status '1', dann wird bei der Bearbeitung des Befehls "BEB" der Rücksprung in den OB1 ausgeführt.

Hat der Eingang E0.0 den Status '0', so werden die Anweisungen hinter dem Befehl "BEB" bearbeitet.

9.2.11 Beispiel zur strukturierten Programmierung

Nachdem die Grund-Befehle zur Ausführung der strukturierten Programmierung bekannt sind, soll nun ein Beispielprogramm folgen.

Auf einem Band soll die Größe von transportierten Kisten durch Lampen signalisiert werden. Die Größe der Kisten wird dabei von vertikal angebrachten Sensoren erfaßt. Nachfolgend ist die Anordnung zu sehen:

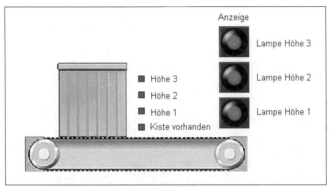

Bild: Anlagenschema mit SPS-VISU gezeichnet

Das Band ist nicht Bestandteil der Aufgabe.

Die Betriebsmittel sind folgendermaßen an die SPS angeschlossen:

Operand	Bedeutung
E0.0	Sensor Kiste vorhanden
E0.1	Sensor "Höhe 1"
E0.2	Sensor "Höhe 2"
E0.3	Sensor "Höhe 3"
A1.0	Lampe "Höhe 1"
A1.1	Lampe "Höhe 2"
A1.2	Lampe "Höhe 3"

Das SPS-Programm soll in der Funktion FC1 programmiert werden. Diese Funktion ist im OB1 absolut aufzurufen.

Lineare und strukturierte Programmierung

Programmierung der FC1

Die Programmierung wird mit WinSPS-S7 durchgeführt. Dazu muß zunächst ein neues Projekt geöffnet werden. Dies erreicht man über den Menüpunkt "Datei->Projekt öffnen". Auf dem sich zeigenden Dialog wird der Pfad ausgewählt, bei dem das Projekt angelegt werden soll. Der Name des Projekts lautet "Strukt1". Über den Button "OK" werden die Einstellungen des Dialogs bestätigt.
Es folgt eine Abfrage, ob das angegebene Projekt am eingestellten Pfad neu erzeugt werden soll. Dies wird mit "Ja" beantwortet.

Nun muß die Funktion FC1 neu erzeugt werden. Dazu betätigt man den Menüpunkt "Projektverwaltung->Neuen Baustein erzeugen". Es erscheint der Dialog "Baustein erzeugen" auf der der Name "FC1" eingetragen wird.

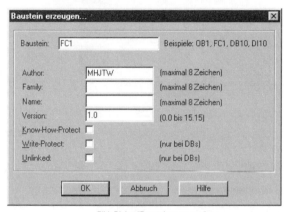

Bild: Dialog "Baustein erzeugen"

Auf dem Dialog kann ebenfalls ein Name für den Autor angegeben werden, dies erfolgt im Feld "Author".
Im Feld "Family" kann ein Gruppenname vergeben werden, z.B. wenn Bausteine mit ähnlichen Funktionsweisen erstellt werden. Hinter "Name" kann ein Kurzname für den Baustein vergeben werden und schließlich ist die Angabe einer Versionsnummer möglich.
Die darunter befindlichen Einstellungsmöglichkeiten, werden zu einem späteren Zeitpunkt erläutert.

Durch Betätigung des Buttons "OK" wird der Dialog geschlossen und auf dem Desktop ist der Editor der Funktion FC1 zu sehen. Dieser Editor kann folgendes Aussehen haben:

Lineare und strukturierte Programmierung

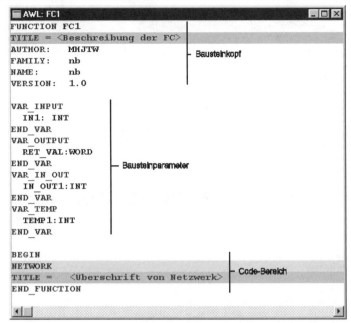

Bild: Editor der FC1

In der obigen Darstellung sind auch die einzelnen Bereiche der Funktion benannt. Diese sollen zunächst kurz angesprochen werden.

Bausteinkopf:
Im Bausteinkopf befindet sich zunächst die Angabe zum Bausteintyp (z.B. "FUNCTION FC1"). Darunter kann ein Titel für den Baustein angegeben werden. Dieser Text ist hinter dem Schlüsselwort "TITLE =" zu plazieren.
Nun folgen die Angaben, welche auf dem Dialog "Baustein erzeugen" getätigt wurden, so z.B. die Angabe des Autors.

Bausteinparameter:
Hier sind die Bausteinparameter der FC aufgeführt. Es handelt sich dabei um eine Standardvorgabe, mit den einzelnen Deklarationsbereichen. Auf die Bausteinparameter wird in einem gesonderten Kapitel eingegangen. In diesem Beispiel haben die Parameter keine Relevanz.

Lineare und strukturierte Programmierung

Code-Bereich:
Durch das Schlüsselwort "BEGIN" wird der Code-Bereich eingeleitet. Ab dieser Position steht das SPS-Programm. Der Code-Bereich beginnt mit dem ersten Netzwerk. Die Netzwerküberschrift ist hinter dem Schlüsselwort "TITLE =" anzugeben. Das Schlüsselwort "END_FUNCTION" stellt das Ende des Code-Bereichs dar, dahinter dürfen keine Befehle angeordnet sein.

Im Beispiel sind keine Bausteinparameter notwendig, aus diesem Grund werden die standardmäßig vorgegebenen Parameter aus dem Editor gelöscht. Dazu stellt man den Cursor an die Zeile "VAR_INPUT" und betätigt die Tasten [STRG] + [Y]. Daraufhin wird die Zeile gelöscht. In gleicher Weise löscht man nun die weiteren Zeilen bis zum Anfang des Code-Bereichs (Schlüsselwort "BEGIN"). Der Editor hat somit folgendes Aussehen:

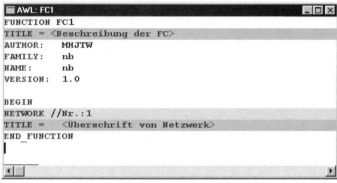

Bild: Editor mit gelöschten Bausteinparametern

Nun wird der Editor über die Tasten [STRG] + [S] abgespeichert.
Das Löschen der Bausteinparameter wurde deshalb durchgeführt, da sonst beim Aufruf der Funktion diese Formalparameter mit Aktualparameter zu versorgen sind. Dies ist unnötig, wenn keine Parameter innerhalb der Funktion verarbeitet werden.

Jetzt beginnt die Eingabe des SPS-Programms im Code-Bereich der Funktion. Dazu wird zunächst eine Leerzeile in den Code-Bereich eingefügt. Dies erreicht man dadurch, daß der Cursor in die erste Spalte der Zeile mit dem Schlüsselwort "END_FUNCTION" plaziert wird, dann betätigt man die Taste [RETURN]. Daraufhin wird eine Leerzeile eingefügt.
Im momentanen Netzwerk soll das Programm für die Lampe "Höhe 1" erstellt werden. Aus diesem Grund wird dies als Titel für das Netzwerk angegeben. Die Eingabe erfolgt hinter dem Schlüsselwort "TITLE". Der dort bereits befindliche Text kann über die Taste [ENTF] beseitigt werden. Nachfolgend ist dies zu sehen:

Lineare und strukturierte Programmierung

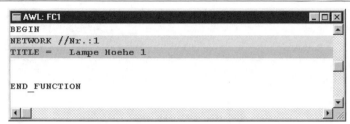

Bild: Netzwerk mit angegebenem Titel

Jetzt folgt die Programmeingabe, wobei der Übersichtlichkeit wegen, die einzelnen Befehlszeilen mit einem Kommentar versehen werden. Ein Kommentar wird über die beiden Zeichen "//" eingeleitet. Diese Zeichen können einfach hinter dem Befehl eingegeben werden, gefolgt von dem gewünschten Kommentar (siehe Bild).

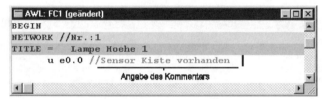

Bild: Befehl mit AWL-Kommentar

Bestätigt man die Befehlszeile mit der Taste [RETURN], dann wird der Befehl formatiert und der Kommentar in die richtige Spalte gesetzt.
Das vollständige Programm des Netzwerks ist nachfolgend zu sehen.

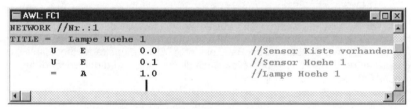

Bild: Programm im Netzwerk 1

Nun folgt das Programm für den Ausgang A1.1, an dem die Lampe für die Höhe 2 angeschlossen ist. Das Programm soll ebenfalls in einem Netzwerk gekapselt sein. Um ein neues Netzwerk in den Editor einzufügen, stellt man den Cursor zunächst in die Zeile, in welche das Netzwerk einzufügen ist und betätigt anschließend den Menüpunkt "Bearbeiten->Neues Netzwerk einfügen". Der Menüpunkt kann ebenfalls über die Tasten [STRG] + [R] ausgelöst werden.

Lineare und strukturierte Programmierung

Der Titel des Netzwerks soll "Lampe Hoehe 2" lauten. Das Programm hat folgendes Aussehen:

```
AWL: FC1                                                    _ □ ×
NETWORK  //Nr.:2
TITLE=        Lampe Hoehe 2
     U     E         0.0           //Sensor Kiste vorhanden
     U     E         0.1           //Sensor Hoehe 1
     U     E         0.2           //Sensor Hoehe 2
     =     A         1.1           //Lampe Hoehe 2
```

Bild: Programm für Lampe "Hoehe 2"

Schließlich noch das Programm für die Lampe "Hoehe 3", dazu wird ebenfalls ein neues Netzwerk über die Tasten [STRG] + [R] angelegt. Im Bild sind die Anweisungen wiedergegeben:

```
AWL: FC1                                                    _ □ ×
NETWORK  //Nr.:3
TITLE=        Lampe Hoehe 3
     U     E         0.0           //Sensor Kiste vorhanden
     U     E         0.1           //Sensor Hoehe 1
     U     E         0.2           //Sensor Hoehe 2
     U     E         0.3           //Sensor Hoehe 3
     =     A         1.2           //Lampe Hoehe 3
```

Bild: Programm für Lampe "Hoehe 3"

Nachdem das letzte Netzwerk erstellt wurde, wird der Baustein über die Tasten [STRG] + [S] abgespeichert.

Die Funktion FC1 ist im Baustein OB1 absolut aufzurufen. Da der OB1 noch nicht vorhanden ist, wird der Menüpunkt "Projektverwaltung->Baustein erzeugen" ausgeführt. Auf dem Dialog wird als Bausteinname "OB1" eingetragen und die Eingabe über den Button "OK" bestätigt. Nach dieser Aktion wird der Editor des Bausteins OB1 auf dem Desktop geöffnet.

Im Code-Bereich des Bausteins wird der Aufruf der FC1 programmiert. Dies soll ein unbedingter bzw. absoluter Aufruf sein, weshalb der Befehl "UC" zu programmieren ist. Nachfolgend ist dies zu sehen.

Lineare und strukturierte Programmierung

Bild: Aufruf der FC1 über den Befehl "UC"

Der Baustein wird über die Tasten [STRG] + [S] gespeichert.

Nun da beide Bausteine programmiert sind, soll die Funktion des SPS-Programms in der Software-SPS getestet werden. Dabei muß WinSPS-S7 auf den Simulatormodus eingestellt sein. Ob dies der Fall ist, erkennt man an den nachfolgend dargestellten Mausbuttons.

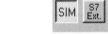

Bild: Mausbuttons wenn WinSPS-S7 im Simulatorbetrieb

Ist der Button "SIM" gedrückt, so arbeitet WinSPS-S7 mit der integrierten Software-SPS.
Zunächst müssen die beiden Bausteine in die CPU übertragen werden. Dazu betätigt man den Menüpunkt "AG->Bausteine senden". Daraufhin erscheint der Dialog "PC->AG", auf dem alle Bausteine des Projekts aufgelistet sind. In diesem Fall sind dies die beiden Bausteine OB1 und FC1. Unterhalb der Liste befindet sich ein Markierungsfeld, mit dessen Hilfe die beiden Bausteine selektiert werden können. Ebenso ist das Markieren über die Maus oder die Tastatur möglich.

Bild: Dialog "PC->AG" mit selektierten Bausteinen

Lineare und strukturierte Programmierung

Der Button "Übertragen" startet die Aktion, wobei sich der Dialog schließt und eine Information über den Ablauf des Vorgangs angezeigt wird. Dieser Informations-Dialog kann über die Taste [ESC] geschlossen werden.

Damit das SPS-Programm in der CPU bearbeitet wird, muß sich diese im Zustand RUN befinden. Die Umschaltung in diesen Betriebszustand erreicht man über den Menüpunkt "AG->Betriebszustand". Es erscheint der Dialog "Betriebszustand", auf dem sich unter anderem der Button "Wiederanlauf" befindet. Durch Betätigung dieses Buttons wird die CPU in den Betriebszustand RUN versetzt.

Der Test des SPS-Programms soll mit Hilfe des Bausteinstatus erfolgen. Im Bausteinstatus wird der Baustein in der CPU angezeigt und man kann sich zu jeder Befehlszeile eine Statusinformation anzeigen lassen.
Über den Menüpunkt "Anzeige->Bausteinstatus" wird das Fenster "Status-Baustein" aufgerufen. Dieses stellt sich folgendermaßen dar:

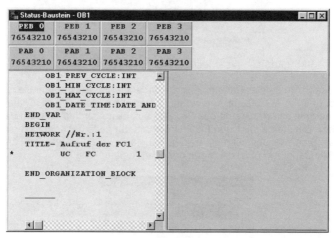

Bild: Fenster Status-Baustein mit OB1

Innerhalb des linken Fensterteils ist der Baustein OB1 in der CPU zu sehen. Der rechte Teil des Fensters ist momentan leer, darin werden die Statusinformationen zu jeder Befehlszeile angezeigt, sobald der Statusbetrieb aktiviert wurde.
Im oberen Teil des Fensters befinden sich die sog. PEB, PAB-Fenster. Mit diesen Fenstern hat man die Möglichkeit, während der Simulation, Eingänge an der SPS umzuschalten, ähnlich wie bei der AG-Maske-Simulation. Anhand der Überschrift eines solchen Fensters kann man erkennen, welche Bits beeinflußbar sind. So repräsentiert das Fenster mit der Überschrift "PEB 0" (Peripherie-Eingangsbyte 0) die Eingänge E0.0 bis E0.7. Das Umschalten eines Eingangs erfolgt mit Hilfe der Maus oder der Tastatur.

Lineare und strukturierte Programmierung

Will man einen Eingang mit Hilfe der Maus umschalten, so klickt man einfach die entsprechende Ziffer auf dem PEB-Fenster an. Der Eingang wird dabei innerhalb der Simulation mit dem Status '1' verarbeitet, wenn die Ziffer farbig hervorgehoben ist. Nachfolgend ist das Fenster "PEB 0" zu sehen, wobei der Eingang E0.2 auf den Status '1' umgeschaltet wurde.

Bild: PEB-Fenster mit umgeschaltetem Eingang E0.2

Will man die Umschaltung mit Hilfe der Tastatur bewerkstelligen, so betätigt man einfach eine der Ziffern auf der Tatstatur. Beispielsweise die Taste [2] für das Eingangsbit 2. Dabei wird das PEB-Fenster beeinflußt, welches momentan den Eingabefokus besitzt. Dies erkennt man daran, daß die Überschrift des Fensters farbig hervorgehoben ist (siehe oberes Bild). Diesen Eingabefokus kann man über die Pfeiltasten [<-] und [->] horizontal verschieben.
In der Zeile unter den PEB-Fenstern, befinden sich die PAB-Fenster. Diese zeigen den Status von Ausgängen an. So wird z.B. im Fenster mit der Überschrift "PAB 0" das Ausgangsbyte 0 also die Bits A0.0 bis A0.7 angezeigt. Hat ein Ausgang den Status '1', so wird die entsprechende Ziffer farbig hervorgehoben. Ausgänge können nicht über die Maus oder die Tastatur beeinflußt werden, diese werden vom SPS-Programm verändert.

Das Programm innerhalb des OB1 ist nicht sehr interessant, da es nur aus dem Aufruf der FC1 besteht. Das eigentliche Steuerungsprogramm ist in der FC1 untergebracht. Aus diesem Grund soll die FC1 in das Status-Fenster geladen werden. Dies erreicht man am schnellsten dadurch, daß man den Cursor auf den Befehl "UC FC1" setzt und anschließend die Tasten [STRG] + [RETURN] betätigt. Daraufhin wird ein Kontextmenü sichtbar, auf dem unter anderem der Menüpunkt "FC 1 öffnen" zu sehen ist. Bei Betätigung dieses Menüpunktes wird die FC1 in das Fenster geladen.

Jetzt soll der Statusbetrieb gestartet werden, dazu betätigt man den Menüpunkt "Status-BST->Beobachten Ein/Aus", oder die Tasten [STRG] + [F7]. Daraufhin werden hinter den Befehlszeilen der FC1 die Statusinformationen angezeigt.

Es soll nun simuliert werden, daß eine Kiste der Höhe 1 die Sensoren durchläuft. In diesem Fall haben die Eingänge E0.0 und E0.1 den Status '1'. Aus diesem Grund werden die Bits 0 und 1 auf dem Fenster "PEB 0" über die Maus oder die Tastatur auf '1' gesetzt.
In der folgenden Darstellung des Status-Fensters wurden diese Einstellungen vorgenommen.

Lineare und strukturierte Programmierung

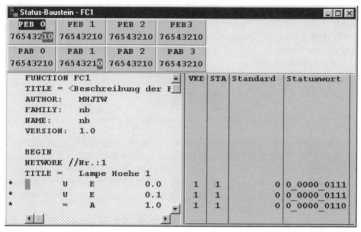

Bild: Fenster "Status-Baustein"

Im Bild ist zu erkennen, daß der Ausgang A1.0 (im Fenster "PAB 1" die Ziffer 0) den Status '1' hat. An diesem Ausgang ist laut Aufgabenstellung die Lampe für die Höhe 1 angeschlossen, die somit leuchtet. Im Baustein selbst kann ebenfalls abgelesen werden, daß der Ausgang den Status '1' besitzt. Dies erkennt man in der Spalte "STA" der Statusinformation und zwar in der Zeile mit dem Befehl "= A1.0". Das Kürzel "STA" steht für Status, es wird dabei der Status des jeweils in der Befehlszeile verwendeten Operanden wiedergegeben.
In der Spalte "VKE" wird das Verküpfungsergebnis der jeweiligen Zeile angezeigt, die Spalten "Standard" und "Statuswort" sind in diesem Beispiel nicht relevant.

Man kann nun durch Umschalten der einzelnen Eingänge das SPS-Programm in seiner Funktion testen. Schaltet man beispielsweise den Eingang E0.2 auf '1' so wechselt auch der Ausgang A1.1 auf diesen Zustand, da in diesem Fall eine Kiste mit der Höhe 2 die Sensoren durchläuft.
Will man sich den Status der Befehlszeilen im Netzwerk 2 betrachten, scrollt man einfach den Cursor innerhalb des Statusfensters nach unten, bis dieses Netzwerk sichtbar ist. Es ist dabei zu beachten, daß der Status immer ab der momentanen Cursorposition angefordert und angezeigt wird.

Man spricht von einer strukturierten Programmierung, wenn das SPS-Programm in mehrere Bausteine unterteilt ist. In einem kleinen SPS-Programm sind die Vorteile noch nicht offensichtlich. Stellt man sich allerdings ein größeres Programm vor, und geht davon aus, daß das erstellte Programm nur ein kleiner Teil der Gesamtanlage ist, so kann man die Vorteile erkennen. Ist beispielsweise ein Fehler vorhanden, der diesen Programmteil betrifft, so kann man die Analyse gezielt in der FC1 vornehmen, denn dort stehen die interessanten Befehlszeilen. Gleiches gilt bei Programmerweiterungen, in diesem Fall können die Modifikationen ebenfalls gezielt in der FC1 vorgenommen werden.

100 STEP®7-Crashkurs

10 DATENTYPEN IN STEP®7

Mit Hilfe von Datentypen kann die Größe und der interne Aufbau einer Variablen festgelegt werden. Eine Variable ist ein Operand dem ein Datentyp zugeordnet ist, beispielsweise der Eingang E10.3 mit dem Datentyp BOOL.
Innerhalb von Bausteinen können ebenfalls Variablen angelegt werden. Diese kann man als bausteinlokale Variable bezeichnen, zu denen sowohl die eigentlichen Bausteinparameter, als auch die temporären und statischen Lokaldaten gehören. Die Bausteinparameter werden im Kapitel "Bausteinparameter" explizit behandelt.

Um die Ausführungen dieses Kapitels verständlicher zu machen, sollen zunächst die Begriffe Bit, Byte, Wort und Doppelwort erläutert werden.

Bit:

Ein Bit ist die kleinste darstellbare Informationseinheit. Ein Bit kann nur die Zustände '1' oder '0' annehmen. Spricht man z.B. den Eingang E0.0 über den Befehl "U E0.0" an, so handelt es sich um eine Bit-Operation.

Byte:

Ein Byte besteht aus 8 aufeinanderfolgenden Bits. Das Eingangsbyte EB0 besteht beispielsweise aus den Bits E0.0 bis E0.7. Nachfolgend ist dies dargestellt.

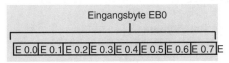

Bild: Byte

Wort:

Ein Wort setzt sich aus 16 nachfolgenden Bits bzw. aus 2 Bytes zusammen (siehe Bild).

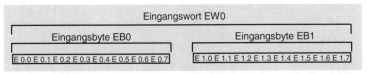

Bild: Wort

Wie zu erkennen ist, besteht das Eingangswort EW0 aus den beiden Eingangsbytes EB0 und EB1. Dies bedeutet wiederum, daß mit dem Eingangswort EW0 die Eingänge E0.0 bis E0.7 und die Eingänge E1.0 bis E1.7 angesprochen werden.

Datentypen in STEP®7

Doppelwort:

Ein Doppelwort besteht aus 32 aufeinanderfolgenden Bits bzw. aus 4 Bytes oder 2 Worten.

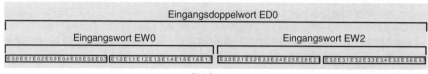

Bild: Doppelwort

Das Eingangsdoppelwort ED0 besteht aus den beiden Eingangsworten EW0 und EW2. In diesen beiden Worten werden die Eingangsbytes EB0, EB1, EB2 und EB3 gekapselt.

Im Anhang befindet sich das Kapitel "Zahlensysteme". Dieses sollte von den Lesern bearbeitet werden, die mit der Thematik der verschiedenen Zahlensysteme noch nicht vertraut sind.

Die Programmiersprache STEP®7 kennt drei Arten von Datentypen. Dies sind:

- **Elementare Datentypen:**
  BOOL, BYTE, CHAR, WORD, INT, DATE, DWORD, DINT, REAL, S5TIME, TIME, TIME_OF_DAY (TOD).

- **Zusammengesetzte Datentypen:**
  DATE_AND_TIME, ARRAY, STRING, STRUCT, UDT.

- **Parametertypen:**
  TIMER, COUNTER, BLOCK_FB, BLOCK_FC, BLOCK_DB, BLOCK_SDB, POINTER, ANY.

Nachfolgend werden die Datentypen dargestellt, Beispiele zu den einzelnen Typen folgen im Kapitel "Bausteinparameter".

Datentypen in STEP®7

10.1 Elementare Datentypen

Elementare Datentypen haben eine maximale Länge von 32-Bit (Doppelwort). Diese Datentypen können als ganzes mit einem STEP®7-Befehl angesprochen (z.B. geladen) werden.
In der nachfolgenden Tabelle sind die elementaren Datentypen mit deren Konstantenschreibweise aufgeführt. Mit den angegebenen Konstanten können die Variablen des jeweiligen Typs vorbelegt werden.

S7<->S5

Für STEP®5-Programmierer sind die vergleichbaren STEP®5-Konstante angegeben (falls vorhanden).

Datentyp	Beschreibung	Breite in Bit	Konstantenbeispiel	Vergleichb. S5-Konstante
BOOL	Einzelnes Bit	1	FALSE (0), TRUE (1)	---
BYTE	Hex-Zahl	8	B#16#A1	---
CHAR	einzelnes ASCII-Zeichen	8	'T'	---
WORD	Vorzeichenlose Zahl, darstellbar in Hex binär als Counter-Wert 2 x 8 Bit	16	W#16#ABCD 2#00110011_11111111 C#128 B#(81, 54)	KC KH KM KZ KY
INT	Integer oder Festpunktzahl	16	-12123 -32768 bis 32767	KF
S5TIME	Zeitwert im S5-Zeitformat	16	S5T#1h10m20s	KT
DATE	Datumsangabe	16	D#1998-04-14	---
DWORD	Vorzeichenlose Zahl, darstellbar in Hex binär 4 x 8 Bit	32	DW#16#1234_5678 2#10011001_10011001_ 10011001_10011001 B#(12, 13, 14, 15)	DH --- ---
DINT	Integer 32-Bit	32	L#35434 -2147483648 bis 2147483647	---
REAL	Gleitpunktzahl	32	12.3 oder 1.230000e+01	KG
TIME	IEC-Zeitformat	32	T#14d20h45m23s123ms	---
TOD	Tageszeit	32	TOD#17:53:17:333	---

10.2 Zusammengesetzte Datentypen

Zusammengesetzte Datentypen haben eine Länge, die 32-Bit überschreitet. Aus diesem Grund kann mit STEP®7-Befehlen nur auf Teile bzw. Komponenten dieser Datentypen zugegriffen werden. In der unteren Tabelle sind diese aufgeführt.

Datentyp	Beschreibung	Konstantenbeispiel
DT	Uhrzeit- und Datumsangabe 64-Bit	DT#98-04-14-12:43:15.921
STRING	Angabe einer ASCII- Zeichenkette mit der max. Länge 254	'Dies ist ein String'
ARRAY	Zusammenfassung von Elementen (Feldern) gleichen Typs, mit max. 6 Dimensionen.	-
STRUCT	Strukturen werden benutzt, um mehrere Komponenten in einem einzigen Überbegriff zusammenzufassen. Dabei können die Komponenten unterschiedlichen Datentypen angehören.	-

10.3 Parametertypen

Parametertypen sind nur in Verbindung mit Bausteinparametern verwendbar, d.h. Operanden dieses Typs können als Aktualparameter verwendet werden. In der folgenden Tabelle werden diese benannt.

Parametertyp	Beschreibung	Beispiel
BLOCK_FC	Funktion	FC20
BLOCK_FB	Funktionsbaustein	FB2
BLOCK_DB	Datenbaustein	DB10
BLOCK_SDB	Systemdatenbaustein	SDB104
TIMER	Zeitfunktion	T12
COUNTER	Zählerfunktion	Z3
POINTER	DB-Zeiger	P#E12.3
ANY	ANY-Zeiger	P#M10.0 BYTE 10

11 LADE- UND TRANSFERBEFEHLE

In diesem Kapitel werden die Lade- und Transferbefehle von STEP®7 vorgestellt. Diese Befehle kommen immer dann zum Einsatz, wenn man mit Byte-, Wort- oder Doppelwortoperanden arbeitet.

11.1 Laden von Bytes

Das Laden von Bytes soll anhand eines Beispiels erläutert werden.

In einem Teil eines SPS-Programms, soll der Zustand der Eingänge E1.0 bis E1.7 in die Merker M10.0 bis M10.7 übertragen werden (siehe Bild).

Bild: Programmausschnitt

Mit dem Befehl "L EB 1" (Lade Eingangsbyte 1) wird die CPU veranlaßt, den Zustand der Eingänge E1.0 bis E1.7 aus dem PAE einzulesen. Diese werden in einem sogenannten Akkumulator zwischengespeichert. Es gibt insgesamt 2 Akkumulatoren, den Akku1 und den Akku2. Diese werden als Zwischenspeicher verwendet, d.h. jede Lade- und Transferoperation wird über die Akkus abgewickelt. Beide Akkumulatoren sind 1 Doppelwort (32 Bit) breit und bestehen aus einem High-Wort- und einem Low-Wort-Teil.
Ab den CPUs der Reihe S7-400 sind 4 Akkus vorhanden, wobei diese Akkus ebenfalls 1 Doppelwort breit sind (also jeweils 32 Bit).
Nachfolgend wird die Arbeitsweise der CPU dargestellt:

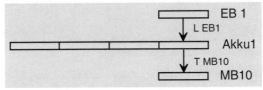

Bild: Arbeitsweise

Beim Laden wird der Wert immer rechtsbündig in den Akku aufgenommen, somit wird beim Laden eines Byteoperanden nur das Low-Wort (das rechte Wort) des Akku1 benutzt.
Der Vollständigkeit wegen sei erwähnt, daß der vorhergehende Inhalt des Akku1 in den Akku2 verschoben wurde. Der vorhergehende Inhalt des Akku2 geht verloren.

Lade- und Transferbefehle

Folgende Operanden können byteweise geladen werden:

Operand	Lade- Befehl	Beschreibung
E	L EB 0 bis L EB 65535	Laden eines Eingangsbytes
A	L AB 0 bis L AB 65535	Laden eines Ausgangsbytes
M	L MB 0 bis L MB 65535	Laden eines Merkerbytes
D	L DBB 0 bis L DBB 65535	Laden eines Bytes aus einem Datenbaustein
PE	L PEB 0 bis L PEB 65535	Laden eines Peripherie-Eingangs-Bytes. Es wird ein Byte direkt aus einer Eingangsbaugruppe geladen.

Bei der max. Byteadresse von 65535 handelt es sich um die theoretische Grenze von STEP®7. In der Realität wird diese Grenze nicht erreicht, beispielsweise kann bei der CPU S7-315 das Merkerbyte MB255 als max. Byteadresse angesprochen werden.

11.2 Laden von Wörtern

Sollen zwei hintereinanderliegende Bytes angesprochen werden, so erreicht man dies durch Laden eines Wortes. Dies soll ebenfalls anhand eines Beispiels erläutert werden.

Beispiel:

Es ist der Inhalt des Merkerwortes MW10 an das Ausgangswort AW0 zu transferieren.

Folgende Befehlszeilen sind dazu notwendig:

Bild: Nötiger Programmteil

Die interne Arbeitsweise der CPU stellt sich folgendermaßen dar:

Lade- und Transferbefehle

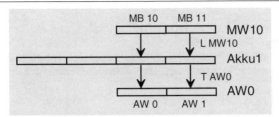

Bild: Arbeitsweise

Das Merkerwort MW10 besteht aus den beiden Merkerbytes MB10 und MB11. Diese werden in den Akku1 geladen. Beim Befehl "T AW0" wird der Inhalt des Akku1 in das Ausgangswort AW0 transferiert. Das Ausgangswort AW0 besteht aus den beiden Ausgangsbytes AB0 und AB1.

Folgende Operanden können wortweise geladen werden:

Operand	Lade- Befehl	Beschreibung
E	L EW 0 bis L EW 65534	Laden eines Eingangswortes
A	L AW 0 bis L AW 65534	Laden eines Ausgangswortes
M	L MW 0 bis L MW 65534	Laden eines Merkerwortes
D	L DBW 0 bis L DBW 65534	Laden eines Datenwortes aus einem Datenbaustein.
PE	L PEW 0 bis L PEW 65534	Laden eines Peripherie-Eingangs-Wortes. Es wird ein Wort direkt aus einer Eingangsbaugruppe geladen.

Bei der max. Wortadresse von 65534 handelt es sich um die theoretische Grenze von STEP®7. In der Realität wird diese Grenze nicht erreicht, beispielsweise kann bei der CPU S7-315 das Merkerwort MW254 als max. Wortadresse angesprochen werden.

11.3 Laden von Doppelwörtern

Sollen zwei hintereinanderliegende Worte angesprochen werden, so erreicht man dies durch Laden eines Doppelwortes. Nachfolgendes Beispiel soll dies erläutern.

Beispiel:

Es ist der Inhalt des Eingangsdoppelwortes ED2 an das Merkerdoppelwort MD20 zu transferieren.

Folgende Befehlszeilen sind dazu notwendig:

Bild: Laden und transferieren von Doppelwörtern

In der folgenden Grafik wird der Vorgang dargestellt.

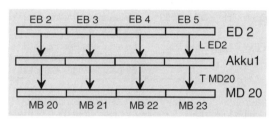

Bild: Arbeitsweise

Das Eingangsdoppelwort ED2 besteht aus den Eingangsbytes EB2, EB3, EB4 und EB5. Deren Inhalt wird in den Akku1 geladen. Mit dem Transferbefehl wird der Inhalt des Akku1 in das Merkerdoppelwort MD20 transferiert. Bei diesem Vorgang werden die Merkerbytes MB20, MB21, MB22 und MB23 beschrieben.

11.4 Anmerkung zu Wortoperationen

In STEP®7 sind alle Operanden byteorientiert. Dies hat zur Folge, daß z.B. bei Wortoperationen zwei Bytes verwendet werden. Somit setzt sich beispielsweise ein Eingangswort aus einem High-Byte und einem Low-Byte zusammen. Daraus resultiert die Gefahr der Doppelverwendung von Bytes.

Beispiel:
Man beachte folgende Befehlszeilen

```
L    EW    10        //Laden des EW10
T    MW    20        //Transfer nach MW20
L    EW    12        //Laden des EW12
T    MW    21        //Transfer nach MW21
```

Bei näherem Hinsehen fällt auf, daß sich die beiden verwendeten Merkerwörter überschneiden. Das Merkerwort MW20 besteht aus den beiden Bytes 20 und 21, wobei das Byte 21 das Low-Byte darstellt. Das Merkerwort MW21 besteht aus den Bytes 21 und 22, wobei das Byte 21 das High-Byte ist. Somit wird in beiden Merkerwörtern das Merkerbyte MB21 verwendet.

Um dieser Problematik zu entgehen, sollte man nur geradzahlige Wörter adressieren. Dies bedeutet, man verwendet das Merkerwort MW20 und dahinter das Merkerwort MW22. Befolgt man diese Regel, dann sind Überschneidungen von Wort-Operanden ausgeschlossen.

Eine weitere Gefahr besteht darin, daß man einzelne Bytes verwendet, welche schon in Wort-Operanden eingebunden sind.

Beispiel:

```
L    EW    30        //Laden des EW30
T    MW    22        //Transfer nach MW22
L    EB    12        //Laden des EB12
T    MB    23        //Transfer nach MB23
```

Daß Merkerwort MW22 besteht aus den beiden Bytes MB22 und MB23. Das Merkerbyte MB23 wird allerdings auch direkt angesprochen, nämlich in der letzten Befehlszeile.
Diese doppelte Verwendung wird auch nicht durch die Verwendung von geradzahligen Worten ausgeschlossen. Hierbei muß der Programmierer Sorgfalt walten lassen. Des weiteren muß beachtet werden, daß die einzelnen Bits nicht durch Bit-Operationen verändert werden.

Lade- und Transferbefehle

11.5 Laden von Konstanten

Im Kapitel "Datentypen" wurde bei den elementaren Datentypen angemerkt, daß die Konstanten der einzelnen Darstellungsarten direkt über Lade-Befehle geladen werden können. In der Tabelle wurden Beispiele der Konstantenschreibweise zu jedem elementaren Datentyp angegeben.
Nachfolgend soll nun nochmals auf die Konstanten der einzelnen Datentypen eingegangen werden. Dabei wird für jeden Datentyp ein kleines Beispiel gezeigt. Eine Ausnahme bildet der Datentyp BOOL, welcher nicht geladen werden kann, da dieser nur 1 Bit breit ist.

BYTE

Der Datentyp BYTE besteht aus 8 Bits.
In den nachfolgenden Befehlszeilen wird eine Byte-Konstante verwendet.

```
L    B#16#AA                //Laden der Byte-Konstanten
T    MB   12                //Transfer nach MB12
```

Es wird dabei die hexadezimale Zahl 'AA' geladen und in das Merkerbyte MB12 transferiert. Die Zeichen "B#16#" sind dabei die Kennung dafür, daß es sich um eine Hex-Zahl mit 2 Stellen handelt.

CHAR

Der Datentyp CHAR ist ebenfalls 8 Bit (1 Byte) breit. Mit diesem Datentyp kann ein einzelnes ASCII-Zeichen dargestellt werden. Es ist ebenfalls möglich mehrere Zeichen gleichzeitig zu laden, wenn beispielsweise Wort- oder Doppelwortoperanden vorbelegt werden sollen.

```
L    'A'                    //Laden eines einzelnen Zeichens
T    AB   0                 //Transfer in ein Byte-Operand
```

Im obigen Beispiel wird der ASCII-Code für das Zeichen 'A' geladen und in das Ausgangsbyte AB0 transferiert.
Es ist ebenso möglich, ein Wort bzw. Doppelwort mit dem Datentyp CHAR vorzubelegen. Nachfolgende Befehlszeilen verdeutlichen dies:

```
L    'AB'                   //Laden von 2 Zeichen
T    MW   12                //Transfer in ein Wort-Operand

L    'ABCD'                 //Laden von 4 Zeichen
T    MD   12                //Transfer in ein Doppelwort-Operand
```

INT

Der Datentyp INT ist 16 Bit (1 Wort) breit. Der Zahlenbereich erstreckt sich von -32768 bis 32767.
In den nachfolgenden gezeigten Befehlszeilen wird ein Wortoperand mit einer INT-Zahl vorbelegt.

```
L    2230                //Laden der Zahl 2230
T    AW    10            //Transfer ins AW10
```

WORD

Der Datentyp WORD ist 16 Bit (1 Wort) breit. Nachfolgend wird eine Hex-Konstante geladen und in einen Wortoperanden transferiert.

```
L    W#16#AB12           //Laden der Hex-Zahl AB12
T    MW    12            //Transfer in MW12
```

Die Zeichen "W#16#" sind die Kennung für eine 16 Bit Konstante im hexadezimalen Zahlensystem.

DINT

Bei dem Datentyp DINT handelt es sich um einen 32 Bit breiten Typ. Der Zahlenbereich erstreckt sich von -2147483648 bis 2147483647.
Die Kennung für diesen Zahlenbereich sind die Zeichen "L#". In den nachfolgenden Befehlszeilen wird eine DINT-Konstante geladen und an einen Doppelwortoperanden transferiert.

```
L    L#3453600           //Laden einer DINT-Konstanten
T    AD    2             //Transfer ins AD2
```

DWORD

Der Datentyp DWORD ist ebenfalls 32 Bit breit. Die Kennung für das Laden einer DWORD-Konstanten im Hex-Format lautet "DW#16#". In den folgenden Befehlszeilen wird eine solche Konstante geladen.

```
L    DW#16#AAAABBBB      //Laden einer DWORD-Konstanten
T    MD    30            //Transfer ins MD30
```

REAL

Bei dem Datentyp Real handelt es sich um eine Gleitpunktzahl die 32 Bit breit ist. Eine Konstante dieses Typs kann als eine Dezimalzahl mit Kommastelle oder in expotentieller Darstellung eingegeben werden. Die Eingabe wird aber immer in die expotentielle Darstellung gewandelt.

```
L    1.245600e+01        //Laden der Zahl 12.456
T    MD    20            //Transfer ins MD20
```

Lade- und Transferbefehle

S5TIME

Mit Hilfe des Datentyps S5TIME kann ein Zeitwert im S5-Format geladen werden. Die Kennung dieses Datentyps besteht aus den Zeichen "S5T#" oder "S5TIME#". Der Datentyp ist 16 Bit breit und kann beispielsweise zum Setzen eines Timers auf einen Konstanten Zeitwert verwendet werden. Nachfolgend wird eine S5TIME-Konstante in einen Wortoperand transferiert.

```
L    S5T#3M20S                //Laden der Zeit 3 Minuten 20 Sek.
T    MW    10                 //Transfer ins MW10
```

Eine Eingabe kann mit der Angabe von Stunden (H), Minuten (M), Sekunden (S) und Millisekunden (MS) erfolgen. Intern wird diese Angabe in eine Zeitbasis und einen Zeitfaktor gewandelt. Es gibt insgesamt 4 Basisangaben, die Werte sind:

- 10 ms
- 100 ms
- 1 s
- 10 s

Dabei wandelt der Editor, die vom Anwender angegebene Zeit automatisch in die bestmögliche Basis.

Die max. Zeitangabe beträgt 2 Stunden 46 Minuten und 30 Sekunden.

TIME

Der Datentyp TIME stellt einen Zeitwert im IEC-Format dar. Der Datentyp ist 32 Bit breit. Die Eingabe erfolgt durch Angabe von Tagen (T), Stunden (H), Minuten (M), Sekunden (S) und Millisekunden (MS). Dabei müssen nicht alle Angaben erfolgen, es ist beispielsweise möglich, nur die Tage und Minuten anzugeben. Intern wird die Angabe in Millisekunden abgelegt und als vorzeichenbehaftete Integerzahl gewertet. Somit sind auch negative Angaben möglich.
Die Kennung für den Datentyp besteht aus den Zeichen "T#" oder "TIME#".

Nachfolgend werden TIME-Konstanten geladen:

```
L    T#2D3M20S                //Laden der TIME-Konstanten
T    MD    12                 //Transfer ins MD12
L    T#-24D3M20S              //Laden einer negativen Konstanten
T    MD    20                 //Transfer ins MD20
```

Der Wertebereich des Datentyps erstreckt sich von T#-24D20H31M23S648MS bis T#24D20H31M23S647MS.

TIME OF DAY

Der Datentyp TIME OF DAY ist die Angabe einer Tageszeit. Der Datentyp ist 32 Bit breit. Die Eingabe erfolgt durch eine Uhrzeitangabe, wobei die Stunden, Minuten, Sekunden jeweils durch das Zeichen ":" getrennt sind. Die Angabe der Millisekunden

erfolgt hinter der Sekundenangabe, getrennt durch einen Punkt. Diese Angabe ist nicht zwingend.
Intern enthält das Doppelwort die Anzahl der Millisekunden seit dem Zeitpunkt 0:00 Uhr.

```
L    TOD#12:23:45.0       //Laden der TOD-Konstanten
T    AD      12           //Transfer ins AD12
```

Die Kennung des Datentyps besteht aus den Zeichen "TOD#" oder "TIME_OF_DAY#".

12 BAUSTEINPARAMETER

Mit Hilfe von Bausteinparametern können einem Baustein Werte oder Operanden übergeben werden, die innerhalb des Bausteins zu verarbeiten sind. Des weiteren können Bausteinparameter dazu dienen, Werte an den aufrufenden Baustein zurück zu liefern.

Mit Bausteinparametern ist es ebenso möglich, Funktionen oder Funktionsbausteine so zu programmieren, daß diese in unterschiedlichen SPS-Projekten zum Einsatz kommen können.

Die Thematik soll mit Hilfe eines kleinen Beispiels erläutert werden.

12.1 Beispiel zu Bausteinparametern

Es soll eine Schützschaltung in ein SPS-Programm umgesetzt werden. Es handelt sich dabei um eine Wendeschützschaltung, wobei die Drehrichtungsumkehr nur über den Taster "Aus" möglich sein soll.

Das SPS-Programm für diese Schaltung ist in der FC1 zu programmieren, dabei ist die Programmierung so vorzunehmen, daß der Baustein auch in anderen Projekten eingesetzt werden kann. Der anderweitige Einsatz des Bausteins soll auch dann möglich sein, wenn die Ein-, Ausgangsbelegung von der momentanen Aufgabenstellung abweicht.

Die Betriebsmittel sind folgendermaßen an die SPS angeschlossen:

Operand	Bedeutung
E0.0	Taster S1, Öffner
E0.1	Taster S2, Schließer
E0.2	Taster S3, Schließer
A1.0	Schütz K1, Rechtslauf
A1.1	Schütz K2, Linkslauf

Bausteinparameter

Nachfolgend ist die Schützschaltung zu sehen:

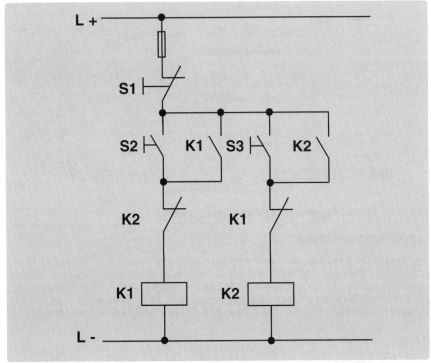

Bild: Schützschaltung

Dieses Beispiel soll mit Hilfe von WinSPS-S7 ausprogrammiert werden. Zunächst wird ein neues Projekt angelegt, das Projekt soll den Namen "Param1" erhalten. Dazu betätigt man den Menüpunkt "Datei->Projekt öffnen". Auf dem sich zeigenden Dialog kann der Pfad für das neue Projekt und der Name eingegeben werden. Nach den getätigten Einstellungen wird der Dialog über den Button "OK" bestätigt. Die anschließend folgende Abfrage wird mit "Ja" beantwortet.

Nun soll die Funktion FC1 erzeugt werden, in welche das Hauptprogramm zu schreiben ist. Dazu betätigt man den Menüpunkt "Projektverwaltung->Neuen Baustein erzeugen". Auf dem Dialog "Baustein erzeugen" wird der Bausteinname "FC1" angegeben. Anschließend bestätigt man den Dialog über den Button "OK".
Als Folge davon, wird auf dem Desktop der Editor der Funktion FC1 angezeigt. Standardmäßig sind bei dieser neu erzeugten Funktion alle Deklarationsbereiche für die Bausteinparameter angegeben.
In der nachfolgenden Darstellung sind diese zu erkennen.

Bausteinparameter

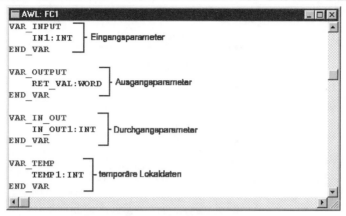

Bild: FC1 mit Bausteinparametern

12.1.1 Benennung der Deklarationsbereiche

Eingangsparameter:

Der Bereich der Eingangsparameter beginnt mit dem Schlüsselwort "VAR_INPUT". Eingangsparameter werden dazu verwendet, Werte an den Baustein zu übergeben, welche innerhalb des Bausteins nur lesend verarbeitet werden. Wird schreibend auf einen solchen Parameter zugegriffen, so kann vom SPS-Programmierer nur schwer festgestellt werden, ob dies Auswirkungen auf den übergebenen Parameter hat.

Ausgangsparameter:

Der Deklarationsteil für die Ausgangsparameter wird über das Schlüsselwort "VAR_OUTPUT" eingeleitet. Ausgangsparameter dienen dazu, Werte aus einem Baustein heraus, an den aufrufenden Baustein zurückzugeben. Ausgangsparameter sollten nur schreibend beeinflußt werden.

Durchgangsparameter:

Der Bereich der Durchgangsparameter beginnt mit dem Schlüsselwort "VAR_IN_OUT". Durchgangsparameter können innerhalb des Bausteins sowohl lesend als auch schreibend beeinflußt werden. Diese Parameterart wird somit verwendet, wenn der Wert eines übergebenen Operanden für den Programmablauf im Baustein auszuwerten ist und des weiteren innerhalb des Bausteins verändert werden soll.

Bausteinparameter

Temporäre Lokaldaten:

Der Deklarationsbereich für die temporären Lokaldaten wird über das Schlüsselwort "VAR_TEMP" eingeleitet. In diesem Bereich kann der SPS-Programmierer Variablen anlegen, die beispielsweise Zwischenergebnisse innerhalb des Bausteins speichern. Diese Variablen sind Bausteinlokal, d.h. diese haben nur innerhalb des Bausteins, in dem diese deklariert sind, Gültigkeit. Der Inhalt der Variablen geht bei Beendigung des Bausteins ebenfalls verloren.
Die Variablen in den temporären Lokaldaten werden nicht vom aufrufenden Baustein übergeben.
Anmerkung:
Es ist zu beachten, daß die Anzahl der Lokaldatenbytes begrenzt ist. Dabei wird der zur Verfügung stehende Speicher auf die einzelnen Prioritätsklassen aufgeteilt. In der S7-300er Serie sind dies 256 Bytes pro Prioritätsklasse, bei den CPUs der Reihe S7-400 kann die Größe eingestellt werden.

Statische Lokaldaten:

Die Statischen Lokaldaten sind im Editor der FC1 nicht zu sehen, da diese nur bei FBs möglich sind. Der Bereich der statischen Lokaldaten wird über das Schlüsselwort "VAR" eingeleitet.
Diese Daten werden im Instanz-DB des Funktionsbausteines abgelegt und zwischengespeichert. Auf deren Wert kann dann beim nächsten Aufruf (mit dem gleichen Instanz-DB) wieder zugegriffen werden. Auf die statischen Lokaldaten wird bei der Erklärung der Funktionsbausteine und Instanz-DBs näher eingegangen.

12.1.2 Zuordnung der Parameter zu den Deklarationsbereichen

Jetzt sollen die für die Funktion benötigten Bausteinparameter festgelegt werden. Da die Funktion universell einsetzbar sein soll, müssen alle Absolutoperanden an diese übergeben werden. Denn in einer anderen Anlage kann beispielsweise der Taster "Aus" am Eingang E10.0 angeschlossen sein.
Des weiteren muß entschieden werden, welchem Deklarationsbereich diese Parameter zuzuordnen sind.
Die Taster werden innerhalb der Funktion nur lesend verarbeitet. Aus diesem Grund handelt es sich dabei um klassische Vertreter von Eingangsparametern.
Die Schütze K1 und K2 werden lesend verarbeitet, deren Status wird allerdings ebenfalls verändert. Somit fallen diese der Kategorie der Durchgangsparameter zu.

Abschließend gilt es zu entscheiden, welchem Datentyp die Parameter angehören sollen. Dies ist in diesem Fall einfach, da es sich sämtlichst um Bitoperanden handelt. Diese erhalten alle den Datentyp BOOL.

Bausteinparameter

12.1.3 Programmierung der Bausteinparameter

Jetzt sollen die Parameter programmiert werden. Die standardmäßig vorgegebenen Bausteinparameter werden gelöscht. Um eine Zeile zu löschen betätigt man einfach die Tasten [STRG] + [Y]. Wurde eine Zeile aus versehen gelöscht, so kann diese Aktion über den Menüpunkt "Bearbeiten->Rückgängig" wieder revidiert werden. Es handelt sich dabei um eine sog. Undo-Funktion.
Nach dem Löschen der standardmäßigen Parameter, hat der Deklarationsteil der Funktion folgendes Aussehen:

Bild: FC1 ohne Bausteinparameter

Nun sind die Parameter für die Taster S1, S2 und S3 anzulegen. Diese sind Eingangsparameter, somit werden diese hinter dem Schlüsselwort VAR_INPUT deklariert.
Um hinter dem Schlüsselwort VAR_INPUT eine Leerzeile einzufügen, stellt man den Cursor hinter das letzte Zeichen des Schlüsselwortes und betätigt die Taste [RETURN]. Nun kann der Name des Parameters eingegeben werden. Dieser darf aus max. 24 Zeichen bestehen, wobei keine Umlaute oder Sonderzeichen enthalten sein dürfen. Hinter dem Namen wird das Zeichen ":" eingegeben (siehe Bild).

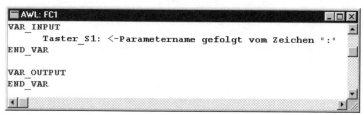

Bild: Angabe des Parameternamens

Bausteinparameter

Hinter dem Zeichen ":" muß nun der Datentyp angegeben werden. Das Eintippen des Datentyps kann man sich allerdings sparen, indem man einfach die Taste [RETURN] betätigt. Daraufhin erscheint der nachfolgend dargestellte Dialog:

Bild: Dialog mit Auflistung der Datentypen

Auf diesem Dialog befindet sich eine Liste aller Datentypen. Man kann nun aus dieser Liste den gewünschten Datentyp selektieren (in diesem Fall BOOL). Bei Betätigung der Taste [RETURN] wird dieser in den Editor kopiert.
Der Editor hat nach dieser Aktion folgenden Inhalt:

```
AWL: FC1
VAR_INPUT
    Taster_S1:BOOL <-Parameter mit Datentyp aus der Liste
END_VAR

VAR_OUTPUT
END_VAR
```

Bild: Parameter mit Datentyp

Es ist natürlich ebenso möglich, den Datentyp von Hand einzugeben. Dabei muß nicht auf Groß-/Kleinschreibung geachtet werden. Diese Schreibarbeit sollte man sich allerdings sparen.
In gleicher Weise werden nun die weiteren Eingangsparameter eingegeben, im nächsten Bild ist dies zu sehen:

```
AWL: FC1
VAR_INPUT
    Taster_S1:BOOL
    Taster_S2:BOOL
    Taster_S3:BOOL
END_VAR

VAR_OUTPUT
```

Bild: Editor mit den benötigten Eingangsparametern

Bausteinparameter

Nach den Eingangsparametern müssen nun noch die benötigten Durchgangsparameter deklariert werden. Der Deklarationsbereich wird dabei über das Schlüsselwort VAR_IN_OUT eingeleitet. Die Eingabe erfolgt in gleicher Weise wie zuvor gezeigt. Nachfolgend sind die Parameter dargestellt.

Bild: Durchgangsparameter des Beispiels

Anschließend wird der Baustein über die Tasten [STRG] + [S] gespeichert.

Jetzt beginnt die Programmierung des eigentlichen SPS-Programms. Dabei wird an den Stellen, an welchen normalerweise die Absolutoperanden E0.0 usw. stehen würden, die Namen der Bausteinparameter geschrieben.

Der Code-Bereich beginnt mit dem Schlüsselwort BEGIN. Dahinter steht das Netzwerk 1. Als Titel wird dabei "Rechtslauf K1" angegeben. Bei Abschluß der Zeile wird auch gleich eine Leerzeile im Code-Bereich eingefügt.

Der erste Befehl im Netzwerk 1 ist eine Abfrage des Tasters S1. Bei diesem Befehl wird anstatt des Absolutoperanden E0.0, der Bausteinparameter "Taster_S1" programmiert. Um einen Bausteinparameter anzusprechen, muß hinter der Operation das Zeichen "#" angegeben werden (siehe Bild).

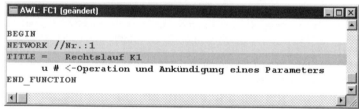

Bild: Operation mit Parameter

Bausteinparameter

Nach dem Zeichen "#" folgt nun der Parametername. Die Eingabe des Parameternamens kann man sich ebenfalls ersparen, indem man einfach die Taste [RETURN] betätigt. Daraufhin erscheint folgender Dialog:

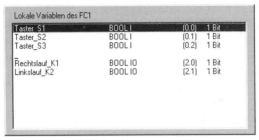

Bild: Dialog mit Parametern der FC1

Auf diesem Dialog werden alle Parameter der FC1 aufgelistet. Neben dem Parameternamen ist der Datentyp, der Deklarationsbereich und die Breite des Parameters angegeben.
Man kann nun den gewünschten Parameter aus der Liste selektieren, und anschließend die Taste [RETURN] betätigen. Daraufhin wird der Parametername in den Editor kopiert und somit die Befehlszeile vervollständigt (siehe Bild).

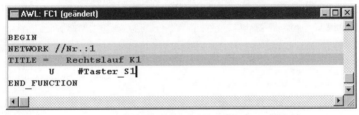

Bild: Vollständiger Befehl mit Parameter

Wird der FC1 beim Aufruf über den Befehl "CALL" für den Parameter "Taster_S1" der Eingang E0.0 übergeben, so ist der Befehl gleichbedeutend mit der Befehlszeile "U E0.0". Das bedeutet, der Parametername ist lediglich ein Platzhalter für den an die FC1 übergebenen Operanden.

In gleicher Weise kann nun das gesamte Programm für den Schütz K1 eingegeben werden.

Bausteinparameter

Im folgenden Bild ist das Netzwerk dargestellt.

```
AWL: FC1                                        _ □ ×
BEGIN
NETWORK  //Nr.:1
TITLE  =    Rechtslauf K1
     U      #Taster_S1
     U(
     O      #Taster_S2
     O      #Rechtslauf_K1
     )
     UN     #Linkslauf_K2
     =      #Rechtslauf_K1
```

Bild: Programm für Schütz K1

Das Programm für den Linkslauf ist in einem separaten Netzwerk zu programmieren. Um ein neues Netzwerk im Editor zu öffnen, stellt man den Cursor an die Zeile in welcher dieses angelegt werden soll. Anschließend betätigt man die Tasten [STRG] + [R] oder den Menüpunkt "Bearbeiten->Neues Netzwerk einfügen".
Das SPS-Programm wird dann in gleicher Weise wie im vorherigen Netzwerk eingegeben. Nachfolgend ist dies zu sehen.

```
AWL: FC1                                        _ □ ×
NETWORK  //Nr.:2
TITLE= Linkslauf K2

     U      #Taster_S1
     U(
     O      #Taster_S3
     O      #Linkslauf_K2
     )
     UN     #Rechtslauf_K1
     =      #Linkslauf_K2
```

Bild: Programm für Schütz K2

Der Baustein kann nun über die Tasten [STRG] + [S] abgespeichert werden.

Betrachtet man sich das SPS-Programm in der FC1 so fällt auf, daß darin kein Absolutoperand verwendet wird. In allen Operationen mit Operanden, werden anstatt der Operanden, die Bausteinparameter als Platzhalter verwendet. Dies sind die besten Voraussetzungen dafür, daß die Funktion auch in anderen Projekten eingesetzt werden kann.

Bausteinparameter

Die Programmierung der FC1 ist somit abgeschlossen. Als nächstes ist der Baustein OB1 zu erzeugen, von welchem aus die FC1 aufgerufen wird.
Um den Baustein zu erzeugen, betätigt man die Tasten [STRG] + [N]. Daraufhin erscheint der Dialog "Baustein erzeugen", auf dem der Bausteinname "OB1" eingegeben wird. Nach Betätigung von "OK" wird der Baustein erzeugt und dessen Editor auf dem Desktop angezeigt.

Im Code-Teil des OB1 ist nun der Aufruf der FC1 zu programmieren. Da die FC Bausteinparameter besitzt, muß für diesen Aufruf der Befehl "CALL" verwendet werden. Wie schon bekannt ist, darf der Befehl "UC" nur Bausteine aufrufen, die keine Bausteinparameter besitzen.
Der Befehl wird folgendermaßen eingegeben:

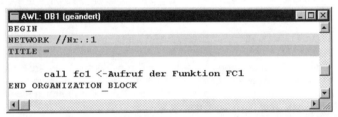

Bild: Aufruf der FC1

Nachdem der Befehl eingegeben wurde, bestätigt man die Befehlszeile mit der Taste [RETURN]. Daraufhin wird die Eingabe formatiert und die Bausteinparameter der Funktion aufgelistet.

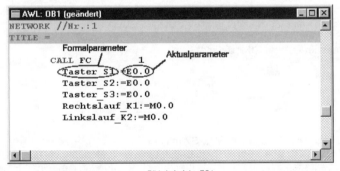

Bild: Aufruf der FC1

Im obigen Bild sind die Begriffe "Formalparameter" und "Aktualparameter" aufgeführt. Die Formalparameter sind die Platzhalter innerhalb des Bausteins. Diesen Formalparameter werden Aktualparameter übergeben. Dies sind die Operanden bzw. Werte, die bei diesem Aufruf hinter den Platzhalter stehen. Momentan werden an der Stelle der Aktualparameter, Standardoperanden für den jeweiligen Datentyp ausgegeben.

STEP®7-Crashkurs

Bausteinparameter

Diese Standardoperanden müssen nun durch die gewünschten Operanden ersetzt werden. Im Beispiel bedeutet dies, daß für den Formalparameter "Taster_S1" der Aktualparameter "E 0.0" anzugeben ist. Für die anderen Formalparameter sind ebenfalls die für dieses Beispiel benannten Aktualparameter anzugeben. Nachfolgend ist dies zu sehen:

```
AWL: OB1                                                    _ □ ×
TITLE =

        CALL FC      1
          Taster_S1:=E0.0           //Am E0.0 ist S1 angeschlossen
          Taster_S2:=E0.1           //Am E0.1 ist S2 angeschlossen
          Taster_S3:=E0.2           //Am E0.2 ist S3 angeschlossen
          Rechtslauf_K1:=A1.0       //Am A1.0 ist K1 angeschlossen
          Linkslauf_K2:=A1.1        //Am A1.1 ist K2 angeschlossen
```

Bild: Aufruf FC1 mit den richtigen Aktualparametern

Somit arbeitet die Funktion FC1 intern mit den für dieses Beispiel vorgegebenen Operanden. Soll die FC1 in einem anderen Projekt eingesetzt werden, in dem die Betriebsmittel andere Adressen haben, so sind beim Aufruf der Funktion lediglich die veränderten Aktualparameter anzugeben.
Es ist ebenso möglich die Funktion im gleichen SPS-Programm mit unterschiedlichen Operanden arbeiten zu lassen.

Das SPS-Programm für den Baustein OB1 ist somit ebenfalls fertiggestellt. Der Baustein wird über die Tasten [STRG] + [S] gespeichert.

Nun soll die Funktion des Programms getestet werden. Dazu wird die Software-SPS von WinSPS-S7 benutzt. Nachfolgend sind die Mausbuttons abgebildet, die anzeigen, ob WinSPS-S7 mit dem internen Simulator oder einer realen S7-CPU arbeitet. Für den Test muß der Button "SIM" betätigt sein.

Bild: Mausbuttons mit Einstellung "Simulator"

Nun da sichergestellt ist, daß WinSPS-S7 mit der Software-SPS arbeitet, werden die Bausteine in die CPU übertragen. Dazu betätigt man den Menüpunkt "AG->Mehrere Bausteine übertragen". Auf dem sich zeigenden Dialog können die beiden Bausteine OB1 und FC1 selektiert und durch Betätigung des Buttons "Übertragen", die Aktion gestartet werden.

Bausteinparameter

Damit das SPS-Programm bearbeitet wird, ist die CPU in den Zustand RUN zu versetzen. Dazu wählt man den Menüpunkt "AG->Betriebszustand" oder betätigt die Tasten [STRG] + [I]. Auf dem Dialog "Betriebszustand" kann durch Betätigung des Buttons "Wiederanlauf" die CPU in RUN versetzt werden.

Der Test des SPS-Programms soll mit Hilfe des Bausteinstatus erfolgen. Um diesen sichtbar zu machen, betätigt man den Menüpunkt "Anzeigen->Baustein-Status". Daraufhin wird das Fenster "Status Baustein" mit dem Baustein OB1 angezeigt. Die Statusanzeige kann nun über die Tasten [STRG] + [F7] gestartet werden, der Cursor muß sich dabei in der Zeile mit dem Befehl "CALL FC1" befinden.
Nachfolgend ist dies dargestellt:

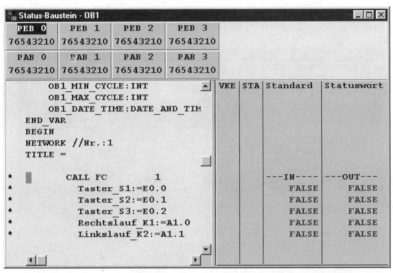

Bild: Status Baustein vom Aufruf der FC1

Im Bild ist zu erkennen, daß hinter den Aktualparametern deren Status angegeben ist. Der Status wird dabei in "IN" und "OUT" unterschieden. Dies bedeutet, in der Spalte "IN" ist der Status des Aktualparameters zum Zeitpunkt des Aufrufs der Funktion angegeben. In der Spalte "OUT" ist der Status zu sehen, nachdem die Funktion bearbeitet wurde.
In der obigen Darstellung haben alle Aktualparameter den Status "FALSE" also '0'. Dies ist korrekt, da keiner der Eingänge auf '1' geschaltet wurde und somit die Ausgänge für die Schütze ebenfalls auf Null bleiben, da die Einschaltbedingungen nicht erfüllt waren.

Bausteinparameter

Es soll nun der Rechtslauf simuliert werden. Dazu muß der Eingang E0.0 den Status '1' haben, denn an diesem Eingang ist der Taster S1 angeschlossen, welcher als Öffner ausgelegt ist. Dies erreicht man dadurch, daß man im PEB-Fenster "PEB 0" die Ziffer "0" anklickt. Diese wird daraufhin farbig dargestellt, als Zeichen dafür, daß der Eingang im SPS-Programm mit dem Status '1' verarbeitet wird.
In der Statusanzeige kann dies ebenfalls beobachtet werden. Dazu betrachtet man die Zeile, in welcher der Eingang E0.0 als Aktualparameter an die Funktion FC1 übergeben wird.
Der Rechtslauf wird nun mit Hilfe des Tasters S2 gestartet. Dieser Taster ist am Eingang E0.1 angeschlossen. Somit klickt man die Ziffer "1" im PEB-Fenster "PEB 0" an. Sobald die Ziffer farbig hervorgehoben wird, ist diese nochmals anzuklicken, um den Eingang wieder auf Null zu setzen. Denn es handelt sich ja um einen Taster, der nur bei Betätigung den Eingang E0.1 auf den Status '1' setzt.
Nachfolgend ist diese Situation im Bausteinstatus zu sehen:

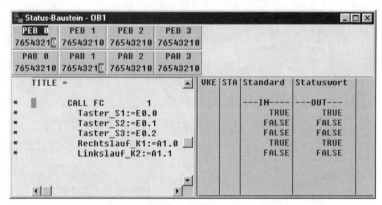

Bild: Status bei Rechtslauf

Im Bild ist zu erkennen, daß der Ausgang A1.0 den Status '1' besitzt. Dies kann beispielsweise anhand der Statusinformationen in der Zeile, in welcher der Ausgang A1.0 als Aktualparameter übergeben wird, abgelesen werden. Dort wird als Status der Wert "TRUE" also '1' angezeigt. Ebenso ist dies beim Betrachten des PAB-Fensters "PAB 1" zu sehen, denn dort ist die Ziffer "0" farbig hervorgehoben.

Es soll nun das Programm in der Funktion FC1 betrachtet werden. Um in die Funktion zu wechseln, stellt man den Cursor zunächst auf die Befehlszeile, in welcher die FC aufgerufen wird. Dann betätigt man die Tasten [STRG] + [RETURN].

Bausteinparameter

Daraufhin erscheint ein sog. Kontextmenü mit folgendem Aussehen:

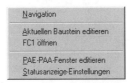

Bild: Kontextmenü mit Eintrag zum Öffnen der FC1

Innerhalb des Kontextmenüs befindet sich der Eintrag "FC1 öffnen". Selektiert man diesen Menüpunkt, so wird die FC1 in das Statusfenster geladen.
Es soll nun der Linkslauf eingeschaltet werden. Dabei ist zu beachten, daß die Umschaltung nur möglich ist, wenn der Rechtslauf zuvor abgeschaltet wurde. Aus diesem Grund setzt man den Eingang E0.0 kurzzeitig auf den Status '0', indem man die Ziffer "0" auf dem Fenster "PEB 0" anklickt. Danach wird der Eingang wieder auf '1' gesetzt. Als Folge davon hat der Ausgang A1.0 nun den Status '0', d.h. der Rechtslauf wurde abgeschaltet.

Der Linkslauf ist im Netzwerk 2 der FC1 ausprogrammiert. Deshalb wird der Cursor auf die erste Befehlszeile im Netzwerk 2 gesetzt. Nun schaltet man den Linkslauf ein, indem der Eingang E0.2 auf '1' gesetzt wird. Dies erreicht man durch Anklicken der Ziffer "2" im Fenster "PEB 0". Innerhalb des Bausteinstatus kann man erkennen, daß nun die Bedingung für den Schütz K2 erfüllt ist. Aus diesem Grund wechselt der Ausgang A1.1 auf den Status '1'.
Anschließend wird der Eingang durch nochmaliges Anklicken wieder auf '0' gesetzt.
Im nachfolgenden Bild ist dies zu sehen:

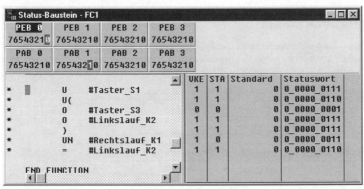

Bild: Bausteinstatus bei Linkslauf

Nach dem Test kann der Statusbetrieb durch Betätigung der Tasten [STRG] + [F7] beendet und das Fenster "Status-Baustein" geschlossen werden.

STEP®7-Crashkurs

12.2 Verarbeitung von Formalparametern

Im letzten Beispiel kamen Bausteinparameter des Datentyps BOOL zur Anwendung. Dabei wurden die Formalparameter innerhalb des Bausteins so verarbeitet, als ob es sich um Absolutoperanden handelt. In diesem Abschnitt soll nun gezeigt werden, in welche Operationen die Formalparameter der einzelnen Datentypen eingebunden werden können.

12.2.1 Zugriff auf Formalparameter des Datentyps BOOL

Eingangsparameter

Ein Formalparameter des Datentyps BOOL, welcher als Eingangsparameter deklariert ist, kann in folgenden Operationen eingebunden werden. Es wird dabei angenommen, daß der Parameter die Bezeichnung "Name_Param" trägt.

Operation	Beschreibung
U #Name_Param	UND-Verknüpfung
UN #Name_Param	UND-Verknüpfung negiert
O #Name_Param	ODER-Verknüpfung
ON #Name_Param	ODER-Verknüpfung negiert
X #Name_Param	Exklusiv-ODER-Verknüpfung
XN #Name_Param	Exklusiv-ODER-Verknüpfung negiert

Ausgangsparameter

Ein Formalparameter des Datentyps BOOL, welcher als Ausgangsparameter deklariert ist, kann in folgenden Operationen eingebunden werden. Es wird dabei angenommen, daß der Parameter die Bezeichnung "Name_Param" trägt.

Operation	Beschreibung
S #Name_Param	Setzen des Parameters
R #Name_Param	Rücksetzen des Parameters
= #Name_Param	Zuweisung an den Parameter

Durchgangsparameter

Ein Formalparameter des Datentyps BOOL, der als durchgangsparameter deklariert ist, kann in folgenden Operationen eingebunden werden. Es wird dabei angenommen, daß der Parameter die Bezeichnung "Name_Param" trägt.

Operation	Beschreibung
U #Name_Param	UND-Verknüpfung
UN #Name_Param	UND-Verknüpfung negiert
O #Name_Param	ODER-Verknüpfung
ON #Name_Param	ODER-Verknüpfung negiert
X #Name_Param	Exklusiv-ODER-Verknüpfung
XN #Name_Param	Exklusiv-ODER-Verknüpfung negiert
S #Name_Param	Setzen des Parameters
R #Name_Param	Rücksetzen des Parameters
= #Name_Param	Zuweisung an den Parameter
FP #Name_Param	positive Flankenauswertung
FN #Name_Param	negative Flankenauswertung

Wie zu erkennen ist, kann ein Durchgangsparameter in allen Operationen für Eingangs- und Ausgangsparameter eingesetzt werden. Zusätzlich ist auch die Einbindung in Flanken-Operationen möglich.

12.2.2 Schreibzugriff auf einen BOOL-Eingangsparameter

In der Tabelle mit den Operationen, in denen ein Eingangsparameter vom Datentyp BOOL eingebunden werden kann, erscheinen nicht die Zugriffsbefehle Setzen, Rücksetzen oder die Zuweisung. Dies ist darin begründet, daß ein Schreibzugriff auf einen Eingangsparameter vermieden werden sollte. Allerdings ist der Zugriff nicht verboten und er wird auch bei der Eingabe des Befehls nicht als Fehler erkannt. Das folgende Beispiel soll zeigen, warum der SPS-Programmierer sich trotzdem an diese Regel halten sollte.

Im folgenden SPS-Programm wird innerhalb einer FC1 der Eingangsparameter "IN1" auf '0' gesetzt.

Bausteinparameter

Dabei wird der Befehl "CLR" verwendet, welcher das VKE auf den Wert '0' setzt. Diese Null wird dann dem Eingangsparameter zugewiesen, d.h. der Parameter hat nach der Operation den Status '0' (siehe Bild).

```
AWL: FC1
AUTHOR:   MHJTW
FAMILY:   nb
NAME:     nb
VERSION:  1.0

VAR_INPUT
    IN1:BOOL
END_VAR
BEGIN
NETWORK //Nr.:1
TITLE = <Überschrift von Netzwerk>
      CLR                        //Das VKE auf Null setzen
    = #IN1                       //Dem Eingangsparameter zuweisen
END_FUNCTION
```

Bild: FC1

Nun das Programm im OB1.

```
AWL: OB1
BEGIN
NETWORK //Nr.:1
TITLE =
      SET                        //VKE auf '1' setzen
    = DB1.DBX    0.0             //Datenbit im DB zuweisen

      CALL FC    1               //Aufruf der FC1
          IN1:=DB1.DBX0.0        //Übergabe des Datenbits

      U   DB1.DBX  0.0           //Abfrage des Datenbits
    =     A        0.0           //Zuweisung an Ausgang
END_ORGANIZATION_BLOCK
```

Bild: OB1

Innerhalb des OBs wird mit Hilfe des Befehls "SET" das VKE auf den Wert '1' gesetzt. Es handelt sich dabei um das Gegenstück zum Befehl "CLR", welcher in der FC1 verwendet wurde.
Danach folgt eine Zuweisung in ein Datenbit eines Datenbausteins, somit wird dieses Bit auf '1' gesetzt. Anschließend folgt der Aufruf der FC1, wobei das Datenbit als Aktualparameter übergeben wird. Nach dem Aufruf wird dem Ausgang A0.0 der Status des Datenbits zugewiesen.

Bausteinparameter

Dieses SPS-Programm soll nun im Bausteinstatus betrachtet werden. Nachfolgend ist dies zu sehen:

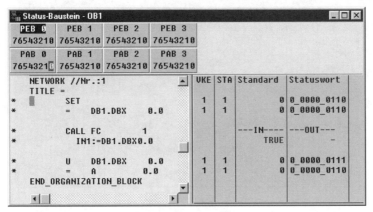

Bild: Bausteinstatus OB1

Man erkennt, daß das Datenbit nach dem Aufruf der FC1 den Status '1' behält, obwohl dieses in der Funktion auf Null gesetzt wird. Als Folge davon hat der Ausgang A0.0 den Status '1'.

Das Verhalten ist so, wie erwartet: Wenn ein Eingangsparameter einer Funktion, innerhalb der Funktion verändert wird, dann sollte dies keine Auswirkungen im aufrufenden Baustein haben. Denn bei der Übergabe eines Eingangsparameters sollte nur der Wert eines Operanden übergeben werden und nicht der Operand selbst.

Leider kann man sich bei STEP®7 nicht darauf verlassen, daß ein Operand, der als Eingangsparameter an eine Funktion übergeben und in dieser verändert wird, trotzdem seinen Wert behält. Im nächsten Beispiel wird dies gezeigt. Dabei handelt es sich um das gleiche SPS-Programm wie im vorausgegangenen Beispiel, nur wird diesmal anstatt eines Datenbits, ein Merker übergeben. Das Programm innerhalb der FC1 bleibt unverändert. Nachfolgend ist der modifizierte OB1 zu sehen.

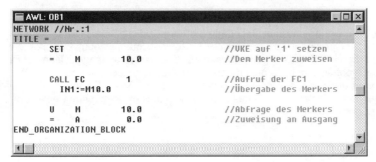

Bild: OB1 bei Übergabe des Merkers

STEP®7-Crashkurs   131

Bausteinparameter

Nun soll dieses SPS-Programm im Bausteinstatus betrachtet werden.

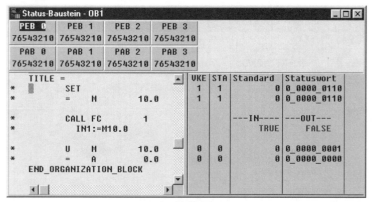

Bild: Status OB1

Beim Betrachten des Bausteinstatus fällt sofort ein Unterschied auf. Der Ausgang A0.0 hat nicht den Status '1', sondern '0'. Ein Grund den Status etwas genauer zu betrachten.
Am Anfang des OB1 wird der Merker auf den Status '1' gesetzt. Nun folgt die Übergabe an die Funktion. An der Statusanzeige in der Übergabezeile ist zu erkennen, daß der Merker mit dem Status '1' übergeben wird. Des weiteren ist zu erkennen, daß bei der Abfrage des Merkers, in der Befehlszeile darunter, dieser den Status '0' hat. Somit wurde der Merker innerhalb der Funktion auf Null gesetzt und dabei wurde der Operand selbst, ebenfalls verändert.
Dies steht im Gegensatz zum letzten Beispiel, in welchem das Datenbit den Status '1' beibehalten hat.
Daraus ist zu ersehen, daß sich der Programmierer nicht darauf verlassen kann, daß beim Verändern eines Eingangsparameter, der als Aktualparameter übergebene Operand unverändert bleibt.
Deshalb sollte man sich genauestens an die Programmierregel halten, einen Eingangsparameter nur in Leseoperationen einzubinden.

Die Ursache dafür, warum das Verhalten bezüglich der Eingangsparameter bei STEP®7 nicht einheitlich ist, besteht darin, daß der Compiler von STEP®7 bei der Übergabe für Operanden unterschiedliche Maschinencodes erzeugt. Der erzeugte Maschinencode ist dabei vom übergebenen Operandentyp abhängig. Denn der Befehl "CALL" besteht nicht nur aus den für den SPS-Programmierer sichtbaren Befehl, sondern aus einer ganzen Reihe von Befehlen, die dem Anwender verborgen bleiben. Der Aufruf einer Funktion oder eines Funktionsbausteines, kann ohne weiteres aus mehreren hundert Befehlen bestehen.

12.2.3 Zugriff auf Formalparameter mit digitalen Datentypen

Zu den digitalen Datentypen zählen alle Datentypen, die eine Breite von 8, 16 oder 32 Bit besitzen und somit über Lade- und Transferoperationen angesprochen werden können.
Zu diesen Datentypen gehören:
BYTE, CHAR, WORD, INT, DWORD, DINT, REAL, S5TIME, TIME, DATE und TIME_OF_DAY.

Eingangsparameter

Handelt es sich um einen Eingangsparameter mit einem digitalen Datentyp, so kann der Formalparameter in eine Lade-Operation eingebunden werden. Also z.B. in nachfolgend dargestellter Form

```
L    #Name_Param
```

Ausgangsparameter

Ein Ausgangsparameter mit einem digitalen Datentyp kann in einer Transfer-Operation verwendet werden, um den Wert des Formalparameters zu verändern. Nachfolgend ist eine solche Operation dargestellt:

```
T    #Name_Param
```

Durchgangsparameter

Ein Formalparameter mit einem digitalen Datentyp und als Durchgangsparameter deklariert, kann sowohl lesend als auch schreibend verarbeitet werden. Aus diesem Grund besteht die Möglichkeit, einen solchen Parameter sowohl in Lade- als auch in Transferoperationen einzubinden.

Bausteinparameter

12.2.4 Beispiel zu Parameter mit einem digitalem Datentyp

Im folgenden SPS-Programm soll an eine Funktion zwei Zahlenwerte mit dem Datentyp INT übergeben werden. Innerhalb der Funktion sind diese Zahlenwerte zu addieren und an einen Ausgangsparameter weiterzugeben.

Nachfolgend ist das Programm in der Funktion zu sehen:

```
AWL: FC10
TITLE = <Beschreibung der FC>
AUTHOR:   MHJTW
FAMILY:   nb
NAME:     nb
VERSION:  1.0

VAR_INPUT
    Zahl_1:INT
    Zahl_2:INT
END_VAR
VAR_OUTPUT
    Summe:INT
END_VAR
BEGIN
NETWORK //Nr.:1
TITLE =  <Überschrift von Netzwerk>
       L    #Zahl_1          //Wert des ersten Parameters laden
       L    #Zahl_2          //Wert des zweiten Parameters laden
       +I                    //INT-Zahlen addieren
       T    #Summe           //Ergebnis in Ausgangsparameter transf.
END_FUNCTION
```

Bild: SPS-Programm in der FC10

Innerhalb des Programms werden zunächst die beiden Zahlenwerte der Eingangsparameter geladen. Anschließend werden diese Werte mit dem Befehl "+I" addiert. Das Ergebnis der Addition wird in den Ausgangsparameter transferiert.
Die Funktion wird im OB1 aufgerufen.

```
AWL: OB1
NETWORK //Nr.:1
TITLE =
       L      0              //Laden der Zahl 0
       T      MW     0       //Transfer ins MW0

       CALL FC       10
            Zahl_1:=12
            Zahl_2:=13
            Summe:=MW0

END_ORGANIZATION_BLOCK
```

Bild: SPS-Programm im OB1

Bausteinparameter

Zu Beginn des OB1 wird die Zahl Null in das Merkerwort MW0 transferiert. Dann erfolgt der Aufruf der FC10. Als Aktualparameter werden dabei die beiden Konstanten 12 und 13 an die Eingangsparameter übergeben. Als Aktualparameter für den Formalparameter "Summe" wird das Merkerwort MW0 eingetragen.
Dieses SPS-Programm erzeugt in der CPU folgende Statusausgabe:

```
Status-Baustein - OB1                                        _ □ ×
PEB 0    PEB 1    PEB 2    PEB 3
76543210 76543210 76543210 76543210
PAB 0    PAB 1    PAB 2    PAB 3
76543210 76543210 76543210 76543210

    NETWORK //Nr.:1           ▲    UKE STA Standard  Statuswort
    TITLE =
*     L     0                       0   1      0   0_0000_0100
*     T    MW          0            0   1      0   0_0000_0100
*
*     CALL FC         10                     ---IN---   ---OUT---
*        Zahl_1:=12
*        Zahl_2:=13
*        Summe:=MW0                                   0 0000 0019
                              ▼
```

Bild: Status des OB1

An der Statusanzeige ist zu erkennen, daß das Merkerwort MW0 mit dem Wert Null an die Funktion FC10 übergeben wird. Nach der Bearbeitung der Funktion hat das Merkerwort den Inhalt 0019 in Hex. Diese Hex-Zahl entspricht der dezimalen Zahl 25 und somit der Summe aus 12 und 13.
Bei dieser Statusanzeige wäre die Ausgabe der Zahlen im dezimalen Zahlenformat vorteilhaft. Um dies zu erreichen, betätigt man den Menüpunkt "Status-BST->Status-BST Einstellungen". Daraufhin erscheint der Dialog "Einstellungen zum Bausteinstatusfenster". Mit Hilfe dieses Dialogs kann eingestellt werden, welche Informationen beim Bausteinstatus anzuzeigen sind. Im unteren Bereich des Dialogs befindet sich das Feld "Akku-Darstellung". Dieses kann aufgeklappt werden. In der sich zeigenden Liste sind die möglichen Darstellungsformen der Akkus aufgelistet. In dieser Liste befindet sich auch der Eintrag "DEZ". Wird dieser selektiert, so werden die Akku-Inhalte im dezimalen Zahlensystem dargestellt. Die Einstellungen des Dialogs werden mit Betätigung des Button "OK" übernommen. Anschließend ist der Inhalt des MW0 im Fenster "Status-Baustein" dezimal dargestellt.
Mit dieser Einstellung soll nun auch der Status innerhalb der FC10 betrachtet werden. Dazu stellt man den Cursor zunächst auf die Zeile mit dem Aufruf der FC und betätigt die Tasten [STRG] + [RETURN]. Im erscheinenden Kontextmenü wird der Menüpunkt "FC10 öffnen" ausgelöst. Daraufhin ist die FC10 im Status zu sehen.

STEP®7-Crashkurs

Bausteinparameter

PEB 0	PEB 1	PEB 2	PEB 3
76543210	76543210	76543210	76543210
PAB 0	PAB 1	PAB 2	PAB 3
76543210	76543210	76543210	76543210

```
NETWORK //Nr.:1
TITLE = <Überschrift vor                  UKE STA Standard   Statuswort
      L      #Zahl_1                       0   1    12       0_0000_0100
      L      #Zahl_2                       0   1    13       0_0000_0100
      +I                                   0   1    25       0_1000_0100
      T      #Summe                        0   1    25       0_1000_0100
END FUNCTION
```

Bild: Status der FC10, mit dezimaler Darstellung des Akku1

An der Statusanzeige kann der Rechenvorgang beobachtet werden. Zunächst wird die Zahl 12 geladen, anschließend die Zahl 13, wobei der Inhalt des Akku1 zuvor in den Akku2 verschoben wird (Akku2 wird nicht angezeigt). Nun folgt die Addition, wobei das Ergebnis (25) im Akku1 steht. Dieser Inhalt wird dann in den Ausgangsparameter transferiert.

12.2.5 Zugriff auf Formalparameter mit zusammengesetzten Datentypen

Auf Parameter mit zusammengesetzten Datentypen kann nicht direkt über STEP®7-Befehle zugegriffen werden. Zu dieser Art von Datentypen gehören: DATE_AND_TIME, STRING, ARRAY und STRUCT.

Ist ein Parameter vom Datentyp ARRAY oder STRUCT, dann ist allerdings der Zugriff auf Komponenten dieser Parameter möglich, sofern die Komponenten elementare Datentypen sind.

Deklaration eines Arrays

Ein Array ist eine Zusammenfassung von Elementen (Feldern) gleichen Typs, mit max. 6 Dimensionen. Die Gesamtanzahl der Felder darf nicht größer als 65535 sein, wobei die einzelnen Bereiche durch INT-Zahlen angegeben werden. Somit kann sich ein Bereich zwischen -32768 bis 32767 bewegen. Die Deklaration eines Arrays hat folgende Syntax:

```
Array_Name: ARRAY [Min¹ .. Max¹, Min² .. Max², Min³ .. Max³,
                   Min⁴ .. Max⁴, Min⁵ .. Max⁵, Min⁶ .. Max⁶]
            of Datentypangabe
```

Die Array-Felder können jeden Datentyp annehmen außer den Datentyp ARRAY.

Beispiel:

Es soll ein Array mit der Bezeichnung "Werte1" mit einem Bereich von -10 bis 10 deklariert werden. Die Felder sollen vom Datentyp INT sein.

Die Deklaration hat folgendes Aussehen:

```
Werte1:ARRAY [-10..10] of INT
```

Beispiel:

Es soll ein Array mit der Bezeichnung "Tabelle" mit 2 Dimensionen angelegt werden. Die erste Dimension soll einen Bereich von 0 bis 30, die zweite Dimension einen Bereich von 0 bis 5 haben. Der Datentyp der Felder soll BYTE sein.

Die Deklaration hat folgendes Aussehen:

```
Tabelle:ARRAY [0..30, 0..5] of BYTE
```

12.2.6 Beispiel zu Parameter mit Datentyp Array

In einem SPS-Programm sollen die INT-Felder eines Arrays summiert und das Ergebnis im letzten Feld abgelegt werden. Das Summieren soll innerhalb einer FC vorgenommen werden, wobei das Array als Bausteinparameter zu übergeben ist. Die FC wird vom OB1 aus aufgerufen. Das Array soll in den Lokaldaten des OB1 deklariert und im Code-Bereich vorbelegt werden.
Das Array soll die Bezeichnung "Summ" haben und eine Dimension mit dem Bereich 1 bis 3 besitzen.

```
AWL: OB1
    OB1_MAX_CYCLE:INT           //Maximum cycle time of OB1 (millise
    OB1_DATE_TIME:DATE_AND_TIME //Date and time OB1 started

    Summ:ARRAY [1..3] of INT    //zu uebergebendes Array
END_VAR
BEGIN
NETWORK //Nr.:1
TITLE =
    L    1                      //Laden der Zahl 1
    T    #Summ[1]                //Transfer in das Feld 1
    L    2                      //Laden der Zahl 2
    T    #Summ[2]                //Transfer in das Feld 2

    CALL FC    2
        FC_Summ:=#Summ          //Uebergabe des Arrays

    L    #Summ[3]                //Laden der Summe
END ORGANIZATION BLOCK
```

Bild: OB1

Bausteinparameter

Das Array wurde in den temporären Lokaldaten des OB1 angelegt. Im Code-Bereich werden die Felder 1 und 2 mit INT-Werten vorbelegt. Dabei ist zu sehen, daß die Felder mit "normalen" Transfer-Operationen beschrieben werden.
Anschließend folgt der Aufruf der FC, wobei das Array übergeben wird. Nach dem Aufruf wird der Wert des 3. Feldes des Arrays geladen, in welchem die Summe der beiden Felder 1 und 2 als Wert eingetragen sein muß.

Nachfolgend ist das Programm innerhalb der FC dargestellt:

```
AWL: FC2
VAR_IN_OUT
    FC_Summ:ARRAY [1..3] of INT   //Array als Durchgangsparameter
END_VAR
BEGIN
NETWORK //Nr.:1
TITLE = <Überschrift von Netzwerk>
    L   #FC_Summ[1]               //Laden Wert Feld 1
    L   #FC_Summ[2]               //Laden Wert Feld 2
    +I                            //Addieren
    T   #FC_Summ[3]               //Summe in Feld 3
END_FUNCTION
```

Bild: FC2

In der FC2 ist das Array als Durchgangsparameter deklariert, da auf die Elemente sowohl lesend als auch schreibend zugegriffen wird. Wichtig ist, daß das Array den gleichen Datentyp und die gleichen Bereiche wie das zu übergebende Array besitzt. Dies bedeutet, das Array welches als Aktualparameter übergeben wird, muß den gleichen Aufbau wie das Array in den Bausteinparametern haben.

Im Code-Bereich werden die beiden Werte der Felder 1 und 2 geladen und addiert. Das Ergebnis wird in das Feld 3 transferiert.

Das SPS-Programm soll nun im Bausteinstatus betrachtet werden, somit müssen die Bausteine in die CPU übertragen und die CPU in den Betriebszustand RUN geschaltet werden.

Bausteinparameter

Die Statusausgabe des Bausteins OB1 präsentiert sich wie folgt:

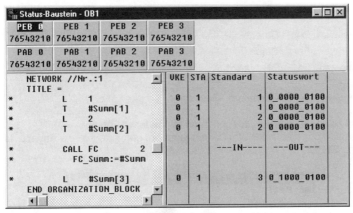

Bild: Status des OB1

Die Akku-Darstellung ist dabei noch auf dezimal eingestellt. Wie zu erkennen ist, werden die beiden ersten Felder mit den Zahlen 1 und 2 belegt. Nach dem Aufruf der FC2 hat das Feld 3 den Inhalt "3", was der Summe der Felder 1 und 2 entspricht.

Allgemeines zum Datentyp ARRAY

Die einzelnen Felder eines Arrays können gemäß ihrem Datentyp verwendet werden.
So ist es beispielsweise möglich, die Felder eines Arrays mit dem Datentyp BOOL in Binäroperationen einzubinden.
Dies bedeutet wiederum, daß die Felder eines Arrays nicht direkt angesprochen werden können, wenn diese als Datentyp einen zusammengesetzten Datentyp (z.B. DATE_AND_TIME) besitzen.

12.2.7 Deklaration eines STRUCT

Strukturen werden benutzt, um mehrere Komponenten in einem einzigen Überbegriff zusammenzufassen. Dabei können die Komponenten unterschiedlichen Datentypen angehören. Strukturen können verschachtelt werden, wobei die max. Schachtelungstiefe bei 6 liegt.

Bausteinparameter

Beispiel:

Es soll eine Struktur mit 3 Elementen deklariert werden. Die Elemente sind:

- Messwert_Pos1: Datentyp INT
- Messwert_Pos2: Datentyp INT
- Zeitpunkt: TIME_OF_DAY

Die Struktur soll die Bezeichnung "Messdaten" erhalten.

Zum Deklarieren dieser Struktur geht man folgendermaßen vor:
Zunächst wird der Name der Struktur eingegeben, gefolgt durch die Angabe des Datentyps STRUCT.

```
AWL: FC1
VAR_INPUT
      Messdaten:STRUCT  //Beginn des Structs
```

Bild: Beginn der Struktur

Nun folgen die Elemente der Struktur. Als erstes Element "Messwert_Pos1" mit dem Datentyp INT.

```
AWL: FC1
VAR_INPUT
      Messdaten:STRUCT  //Beginn des Structs
            Messwert_Pos1:INT  //1. Element dieses wird Eingerueckt
```

Bild: Erstes Element der Struktur

Nachdem das erste Element eingegeben und die Zeile formatiert wurde, fällt auf, daß dieses gegenüber dem Beginn der Struktur eingerückt ist. Dies soll verdeutlichen, daß dieses Element in der Struktur gekapselt ist.
Nun werden die anderen beiden Elemente eingegeben (siehe Bild).

```
AWL: FC1
VAR_INPUT
      Messdaten:STRUCT  //Beginn des Structs
            Messwert_Pos1:INT  //1. Element dieses wird Eingerueckt
            Messwert_Pos2:INT  //2. Element
            Zeitpunkt:TIME_OF_DAY //3. Element
```

Bild: Alle 3 Elemente der Struktur

140   STEP®7-Crashkurs

Bausteinparameter

Jetzt sind alle Elemente der Struktur eingegeben. Somit kann diese abgeschlossen werden. Diesen Abschluß bildet das Schlüsselwort "END_STRUCT".

```
AWL: FC1                                                    _ □ ×
VAR_INPUT
    Messdaten:STRUCT //Beginn des Structs
        Messwert_Pos1:INT   //1. Element, dieses wird Eingerueckt
        Messwert_Pos2:INT   //2. Element
        Zeitpunkt:TIME_OF_DAY //3. Element
    end_struct              //Ende des Structs
```

Bild: Abschluß der Struktur

12.2.8 Beispiel zum Datentyp STRUCT

Im folgenden SPS-Programm kommt das STRUCT des letzten Beispiels zur Anwendung, ohne das Element "Zeitpunkt". Die Struktur soll in den Lokaldaten des OB1 deklariert werden.

Anmerkung:
Normalerweise würden die Daten in einem Datenbaustein deklariert werden, damit diese dauerhaft vorhanden sind. Datenbausteine werden allerdings erst in einem späteren Kapitel erläutert.

Nachfolgend ist die Deklaration zu sehen:

Bild: Deklaration des STRUCT

Es ist nun eine FC zu programmieren, in der die Elemente der Struktur mit Werten belegt werden.

Bausteinparameter

Im nachfolgenden Bild ist diese FC zu sehen:

```
AWL: FC1
VAR_OUTPUT
    Messdaten:STRUCT  //Beginn des Struct
        Messwert_Pos1:INT    //1. Element
        Messwert_Pos2:INT    //2. Element
    end_struct        //Ende des Structs
END_VAR

BEGIN
NETWORK //Nr.:1
TITLE = <Überschrift von Netzwerk>
        L    PEW    256              //Laden 1. Messwert
        T    #Messdaten.Messwert_Pos1 //Transfer in den 1. Messwert

        L    PEW    258              //Laden 2. Messwert
        T    #Messdaten.Messwert_Pos2 //Transfer in den 2. Messwert
END_FUNCTION
```

Bild: Programm der FC1

Innerhalb der FC1 werden zwei Peripherie-Eingangsworte gelesen und in das jeweilige Element der Struktur transferiert. Daran ist zu erkennen, wie ein Element einer Struktur anzusprechen ist. Nämlich über die Syntax:

                Strukturname.Elementname

Das Element kann dann so benutzt werden, wie ein Parameter mit dem gleichen Datentyp. Dies bedeutet, daß beispielsweise ein Element mit dem Datentyp BOOL in allen Binäroperationen eingebunden werden kann.

Die FC1 wird nun im OB1 aufgerufen und als Aktualparameter wird die Struktur aus den temporären Lokaldaten übergeben (siehe Bild).

```
AWL: OB1
BEGIN
NETWORK //Nr.:1
TITLE =
        L    0
        T    #Messdaten.Messwert_Pos1    //Vorbelegung des 1. Messwertes
        T    #Messdaten.Messwert_Pos2    //Vorbelegung des 2. Messwertes

        CALL FC    1
            Messdaten:=#Messdaten        //Uebergabe der Struktur

        L    #Messdaten.Messwert_Pos1    //Laden des 1. Messwertes
        L    #Messdaten.Messwert_Pos2    //Laden des 2. Messwertes
END_ORGANIZATION_BLOCK
```

Bild: Programm im OB1

Bausteinparameter

Zu Beginn des OB1 werden die Elemente auf einen definierten Wert (die Zahl 0) gesetzt.

In der FC1 werden die beiden Peripherie-Eingangsworte PEW256 und PEW258 geladen. Es wird davon ausgegangen, daß an diesen Adressen analoge Eingangsbaugruppen angeschlossen sind. Analoge Eingangsbauguppen sind auf einen bestimmten Meßbereich eingestellt. Die von diesen Baugruppen gemessenen Analogwerte werden dann digitalisiert, d.h. in einen INT-Wert gewandelt.
Damit Veränderungen an den Peripherie-Eingangsworten zu erkennen sind, sollen diese mit Hilfe der AG-Maske beeinflußt werden.
Über den Menüpunkt "Anzeige->AG-Maske-Simulation" wird das Fenster "AG-Maske" aufgerufen. Die dargestellte SPS besteht dabei nur aus der CPU-Baugruppe. Es sollen nun zwei analoge Eingangsbaugruppen auf der SPS plaziert werden. Dazu betätigt man den Menüpunkt "AG-Maske->Eingangsbaugruppen->Analoge E-Baugruppe einfügen". Nach dieser Aktion wird eine solche Baugruppe in die AG-Maske eingefügt. Da in diesem Beispiel zwei Baugruppen benötigt werden, wird der Menüpunkt abermals ausgeführt. Daraufhin wird eine weitere Baugruppe neben der CPU plaziert.

Nun sind die Adressen und Meßbereiche auf den Analogbaugruppen einzustellen. Dazu führt man einen Doppelklick auf der Bezeichnung "EW256" der Baugruppe neben der CPU aus. Es erscheint der Dialog "Analoge Baugruppen konfigurieren". Im oberen Teil des Dialogs kann die Adresse angegeben werden. Da diese mit 256 korrekt ist, wird der Wert belassen. In der Mitte des Dialogs befindet sich eine Liste mit den möglichen Meßbereichen. Diese Liste kann aufgeklappt und einer der Meßbereiche selektiert werden. Für dieses Beispiel ist der Meßbereich "0-20mA" einzustellen. Der Dialog hat somit folgendes Aussehen:

Bild: Dialog "Analoge Baugruppen konfigurieren"

STEP®7-Crashkurs

Bausteinparameter

Im unteren Bereich des Dialogs kann die Auflösung (Genauigkeit) eingestellt werden, dieses ist in dem momentanen Beispiel unerheblich, weshalb die vorgegebene Konfiguration belassen wird.
Durch Betätigung des Buttons "OK" werden die Einstellungen auf dem Dialog übernommen.
Nun ist die Einstellung des Meßbereichs und der Adresse der zweiten Baugruppe vorzunehmen. Dazu doppelklickt man auf die Bezeichnung "EW 256" der rechten Baugruppe.
Auf dem Dialog wird die Adresse "258" eingestellt und der Meßbereich "0-20mA" selektiert. Dann kann der Dialog über den Button "OK" bestätigt werden. Die SPS stellt sich nach diesen Aktionen folgendermaßen dar:

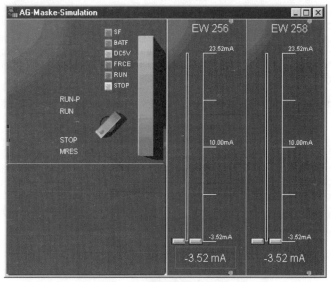

Bild: Fenster "AG-Maske"

Auf den Analogbaugruppen befindet sich ein Schieberegler, mit dem der Analogwert zu beeinflussen ist. Um den Wert zu verändern, klickt man mit der Maus auf den Schieberegler, dabei verändert sich das Aussehen des Mauszeigers in einen Pfeil der nach oben und unten zeigt. Man kann nun bei gedrückter linker Maustaste den Wert an der Baugruppe einstellen.
Nachfolgend ist ein Schieberegler zu sehen:

Bild: Schieberegler

Bausteinparameter

Neben der Maus kann ein Wert auch mit der Tastatur verändert werden, dazu können die vertikalen Pfeiltasten oder die Tasten [Bild Auf] und [Bild Ab] verwendet werden.
Es wird dabei die Baugruppe beeinflußt, welche den Eingabefokus besitzt. Der Eingabefokus wird über ein rotes Rechteck um die Anzeige des Analogwertes, im unteren Bereich der Baugruppe, symbolisiert.
Der Eingabefokus kann über die Taste [TAB] verschoben werden.

Der Test des SPS-Programms erfolgt in der Software-SPS. Dazu werden die Bausteine OB1 und FC1 über den Menüpunkt "AG->Mehrere Bausteine übertragen" in die CPU übertragen. Der Betriebszustand wird mit Hilfe des Menüpunktes "AG->Betriebszustand" in RUN verändert.
Das Fenster "Status-Baustein" wird über den Menüpunkt "Anzeige->Bausteinstatus" aufgerufen und der Statusbetrieb über die Tasten [STRG] + [F7] gestartet.
Um die Fenster "AG-Maske" und "Status-Baustein" optimal bedienen zu können, betätigt man den Menüpunkt "Fenster->Logisch anordnen". Daraufhin werden die Fenster so angeordnet, daß ein optimales Arbeiten möglich ist.

Man kann nun den Analogwert an den Analogbaugruppen verändern. Die Auswirkungen sind dann im Bausteinstatus zu sehen. Insbesondere im OB1, in den Befehlszeilen, in denen die Meßwerte geladen werden.
Nachfolgend ist der Bausteinstatus bei dieser Konstellation zu sehen.

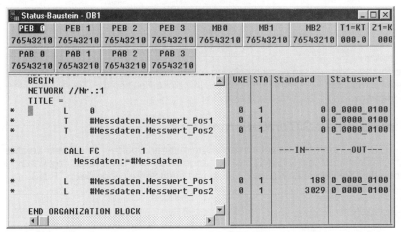

Bild: Status des OB1

Bausteinparameter

12.2.9 Deklaration eines STRING

Der Datentyp STRING ist eine Zeichenkette mit einer max. Länge von 254 Zeichen.
Die Deklaration eines STRING hat folgende Syntax:

```
StringName: STRING [Anzahl_Zeichen]
```

Der Datentyp kann mit STEP®7-Befehlen nicht als ganzes angesprochen werden.
Allerdings besteht die Möglichkeit, die einzelnen Felder (Zeichen) zu bearbeiten.

Beispiel:

Die ersten beiden Zeichen eines STRING sollen mit den Zeichen "A" und "B" vorbelegt werden. Der Parameter trägt die Bezeichnung "MyString".

Nachfolgend sind die dafür nötigen Befehle abgebildet.

```
AWL: OB1 (geändert)
NETWORK //Nr.:1
TITLE =
         L    'A'                    //Laden des Zeichens A
         T    #MyString[1]           //Transfer in das erste Zeichen
         L    'B'                    //Laden des Zeichens B
         T    #MyString[2]           //Transfer in das zweite Zeichen
```

Bild: Programm für dieses Beispiel

Die Buchstaben werden einfach geladen und danach in den Parameter transferiert. Dabei wird in den Klammern angegeben, an welche Position das Zeichen transferiert werden soll.

Aufbau eines STRING-Parameters

Ein STRING-Parameter belegt immer 2 Byte mehr an Speicher, wie dieser Zeichen hat. Dies bedeutet, ein STRING mit der Länge 5 belegt 7 Bytes. Dies liegt daran, daß neben den Zeichen auch die max. Länge und die belegte Länge des STRING abgelegt wird.

Beispiel:

Ein Parameter mit dem Datentyp STRING hat eine max. Länge von 10 Zeichen, d.h. er wurde folgendermaßen deklariert:

```
str:STRING[10]
```

Bausteinparameter

Dieser Parameter wurde mit dem Text "Name" vorbelegt. Der Parameter hat somit folgenden Inhalt:

Byte n	10	max. Länge des STRING
Byte n+1	4	belegte Länge des STRING
Byte n+2	N	Zeichen 1
Byte n+3	a	Zeichen 2
Byte n+4	m	Zeichen 3
Byte n+5	e	Zeichen 4
Byte n+6	0	Zeichen 5
Byte n+7	0	Zeichen 6
Byte n+8	0	Zeichen 7
Byte n+9	0	Zeichen 8
Byte n+10	0	Zeichen 9
Byte n+11	0	Zeichen 10

Der Parameter benötigt somit nicht nur den Speicherplatz für die max. Länge, sondern zusätzlich 2 Byte für die Längenangaben.

12.2.10 Deklaration eines DATE_AND_TIME

Bei dem Datentyp DATE_AND_TIME (kurz DT) handelt es sich um eine Uhrzeit- und Datumsangabe. Diese Angabe hat eine Breite von 64-Bit und kann somit nicht direkt mit STEP®7-Befehlen angesprochen werden. Es ist allerdings möglich, den Datentyp als Aktualparameter weiterzugeben.

Nachfolgend ist der Aufbau des Datentyps dargestellt:

Byte n	Jahr	Angabe des Jahres 0 bis 99
Byte n+1	Monat	Angabe des Monats 1 bis 12
Byte n+2	Tag	Angabe des Tages 1 bis 31
Byte n+3	Stunde	Angabe der Stunde 0 bis 23
Byte n+4	Minute	Angabe der Minuten 0 bis 59
Byte n+5	Sekunde	Angabe der Sekunden 0 bis 59
Byte n+6	Millisekunden	Angabe der Millisekunden 0 bis 999 + Angabe des Wochentages in den letzten 4 Bits.
Byte n+7		

Die letzten 4 Bits im Byte n+7 dienen zur Angabe des Wochentages. Dabei gilt 1 = Sonntag bis 7 = Samstag.

13 GLOBALDATENBAUSTEINE

In einem Datenbaustein werden Daten abgelegt. Der Baustein enthält somit keine STEP®7-Befehle. Unter STEP®7 werden zwei Typen von Datenbausteinen unterschieden. Es sind dies der "normale" Datenbaustein (**Globaldatenbaustein**), mit einer vom Programmierer festgelegten Datenstruktur und dem **Instanz-DB**, welcher die Datenstruktur des Funktionsbausteins besitzt, dem er zugeordnet ist.

In diesem Abschnitt soll der Globaldatenbaustein beschrieben werden. Die Einführung in die Thematik wird anhand eines Beispiels vorgenommen.

13.1 Erstellen eines DB

An einer Anlage werden im 3 Schichtbetrieb Teile produziert. Dabei sollen in einem Datenbaustein folgende Daten pro Schicht abgelegt werden:

- Anzahl gefertigte Teile (INT)
- Schicht-Start (TOD)
- Schicht-Ende (TOD)
- Arbeiterkennung (BYTE)

Die Daten sind in einer Struktur zu kapseln.

Für dieses Beispiel soll der Datenbaustein DB10 in WinSPS-S7 erstellt werden. Dazu erzeugt man zunächst ein neues Projekt, dieses soll den Namen "Daten1" tragen.

Zunächst betätigt man den Menüpunkt "Datei->Projekt öffnen". Auf dem erscheinenden Dialog kann der Pfad und der Name des Projektes eingetragen werden.
Mit Bestätigung des Dialogs über den Button "OK", erfolgt eine Abfrage, ob das Projekt zu erzeugen ist. Diese Abfrage wird mit "Ja" beantwortet.

Nun soll der Datenbaustein DB10 erzeugt werden. Dazu führt man den Menüpunkt "Projektverwaltung->Neuen Baustein erzeugen" aus oder betätigt die Tasten [STRG] + [N]. Daraufhin ist der Dialog "Baustein erzeugen" zu sehen, auf dem der Bausteinname "DB10" im Feld "Baustein" eingegeben wird. Die Einstellungen des Dialogs werden mit dem Button "OK" übernommen. Nun ist der Editor des DB10 auf dem Desktop sichtbar.

Der Editor hat folgendes Aussehen:

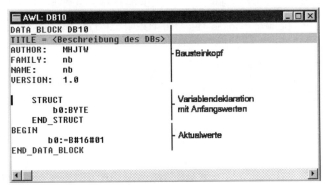

Bild: DB10 wenn neu erzeugt

Ein DB besteht aus drei Bereichen:

Bausteinkopf:

Im Bausteinkopf kann der Titel für den DB angegeben werden. Des weiteren befinden sich dort die Angaben über den Author, Family, Name und die Versionsnummer des Bausteins.

Variablendeklaration mit Anfangswerten:

In diesem Bereich werden die Variablen des Datenbausteins deklariert. Diese Deklaration muß innerhalb des schon vorhandenen STRUCTs vorgenommen werden. Die deklarierten Variablen können mit Anfangswerten versehen werden. Wird dabei kein Wert angegeben, so erhält die Variable als Vorbelegung den Wert Null.

Aktualwerte:

Dieser Bereich wird mit dem Schlüsselwort "BEGIN" eingeleitet und durch das Schlüsselwort "END_DATA_BLOCK" begrenzt. Hier sind die Aktualwerte der einzelnen Variablen des Datenbausteins angegeben. Mit diesen Aktualwerten wird innerhalb des SPS-Programms gearbeitet. Wird eine Variable neu angelegt, so wird der Aktualwert der Variablen auf den angegebenen Anfangswert gesetzt.

Es sollen nun die in der Aufgabe angegebenen Variablen in den DB eingetragen werden. Zunächst wird die standardmäßig vorgegebene Variable "b0" gelöscht. Dazu plaziert man den Cursor in die Zeile "b0:BYTE" und betätigt die Tasten [STRG] + [Y]. Nun stellt man den Cursor hinter die Angabe "STRUCT" und betätigt die Taste [RETURN]. In der eingefügten Leerzeile kann nun die erste Variable eingegeben werden.

Globaldatenbausteine

Die erste Angabe ist das STRUCT für die erste Schicht, dieses soll den Namen "Schicht_1" tragen. Bei der Eingabe geht man genauso vor, wie bei einem normalen Bausteinparameter. Zuerst wird die Bezeichnung angegeben, gefolgt von dem Zeichen ":". Dann betätigt man die Taste [RETURN] damit die Datentypen aufgelistet werden.

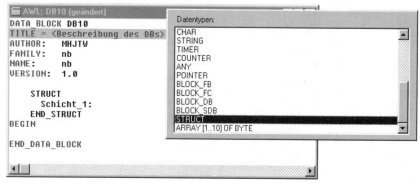

Bild: Eingabe des STRUCTs

Innerhalb der Liste der Datentypen, kann der Eintrag "STRUCT" selektiert werden. Über die Taste [RETURN] wird der Eintrag in den Editor kopiert. Über die Taste [Ende] wird der Cursor in die letzte Spalte der Zeile gesetzt und durch Betätigung der Taste [RETURN] kann diese abgeschlossen werden.
Nun folgt die Eingabe des ersten Elementes der Struktur. Dies ist die Variable für die Anzahl der Teile. Nachfolgend ist die Eingabe getätigt:

Bild: Element der ersten Struktur

In dieser Weise werden auch die beiden weiteren Variablen "Schicht_Start" und "Schicht_Ende" mit dem Datentyp "TIME_OF_DAY" eingegeben.

Bild: Weitere Elemente der Struktur

Globaldatenbausteine

Die nun folgende Variable "Arbeiter_Kennung" soll mit dem Wert '1' vorbelegt werden. Dabei wird die Variable zunächst mit der Bezeichnung und dem Datentyp BYTE eingegeben. Nun folgen die Zeichen ":=".

```
AWL: DB10 (geändert)
        Anzahl_Teile:INT      //Anzahl der Teile
        Schicht_Start:TIME_OF_DAY  //Beginn der Schicht
        Schicht_Ende:TIME_OF_DAY   //Ende der Schicht
        Arbeiter_Kennung:BYTE:= <-Mit Wertangabe
    END STRUCT
```

Bild: Variable mit Einleitung zur Wertangabe

Die Zeichen ":=" symbolisieren, daß eine Wertangabe folgt. Die Syntax der Wertangabe ist vom Datentyp abhängig. Die Variable "Arbeiter_Kennung" hat den Datentyp BYTE, somit muß die Vorbelegung mit einer hexadezimalen Zahl erfolgen, wobei diese 2 Stellen besitzt. Die Eingabe wird dabei vom Editor mit der Konstantenkennung vervollständigt. Somit wird hinter die Zeichen ":=" einfach die Zahl "1" eingegeben und die Zeile mit der Taste [RETURN] bestätigt. Daraufhin formatiert der Editor die Eingabe wie folgt:

```
AWL: DB10 (geändert)
        Schicht_Start:TIME_OF_DAY  //Beginn der Schicht
        Schicht_Ende:TIME_OF_DAY   //Ende der Schicht
        Arbeiter_Kennung:BYTE:=B#16#01 <-Formatiert
    END STRUCT
```

Bild: Formatierter Wert von "Arbeiter_Kennung"

Es ist zu erkennen, daß die Konstantenbezeichnung "B#16#" eingefügt wurde, des weiteren wurde die oberste Stelle der Hex-Zahl eingefügt.

Jetzt sind die Elemente der Struktur vollständig. Somit kann die Struktur über das Schlüsselwort "END_STRUCT" abgeschlossen werden.

```
AWL: DB10 (geändert)
    STRUCT
        Schicht_1:STRUCT //Beginn der Struktur
            Anzahl_Teile:INT   //Anzahl der Teile
            Schicht_Start:TIME_OF_DAY  //Beginn der Schicht
            Schicht_Ende:TIME_OF_DAY   //Ende der Schicht
            Arbeiter_Kennung:BYTE:=B#16#01
        end_struct        //Ende der Struktur
    END_STRUCT
```

Bild: Vollständige Struktur

STEP®7-Crashkurs

Globaldatenbausteine

Das Speichern des Bausteins wird über die Tasten [STRG] + [S] vorgenommen. Nach dem Abspeichern sind im Bereich der Aktualwerte, zwischen den Schlüsselwörtern "BEGIN" und "END_DATA_BLOCK", die Aktualwerte für jede Variable aufgelistet.

```
AWL: DB10
BEGIN
        Schicht_1.Anzahl_Teile:=0
        Schicht_1.Schicht_Start:=TOD#0:0:0.0
        Schicht_1.Schicht_Ende:=TOD#0:0:0.0
        Schicht_1.Arbeiter_Kennung:=B#16#01
END_DATA_BLOCK
```

Bild: Aktualwerte des DBs

Dabei ist zu erkennen, daß alle nicht vorbelegten Variablen mit dem Wert Null referenziert sind. Die Variable "Arbeiter_Kennung" bildet dabei eine Ausnahme, denn diese wurde mit einem Wert vorbelegt, welcher beim ersten Abspeichern nun auch als Aktualwert übernommen wird.

Wichtig dabei ist, daß die Anfangswerte nur beim ersten Abspeichern einer Variablen als Aktualwerte übernommen werden. Würde man den Anfangswert von "Arbeiter_Kennung" nun ändern und den DB abspeichern, so würde der Aktualwert beibehalten.

In einem späteren Beispiel wird darauf noch genauer eingegangen.

Nun sind die anderen beiden Strukturen anzulegen. Da diese den gleichen Aufbau haben, sollen diese aus einer Kopie der bereits erstellten Struktur hervorgehen.

Dazu wird der Cursor in den Deklarationsbereich des DBs plaziert und zwar an den Beginn der Struktur "Schicht_1" in die erste Spalte.

Nun markiert man den Bereich der Struktur, indem die Tasten [UMSCH] + [Pfeil nach unten] betätigt werden. Dabei muß man die Taste [UMSCH] gedrückt halten. Ebenso ist das Markieren mit Hilfe der Maus möglich. Der markierte Bereich wird dabei farbig unterlegt. Nachfolgend ist diese dargestellt.

Bild: Markieren der Struktur

Globaldatenbausteine

Ist der Bereich markiert, so betätigt man den Menüpunkt "Bearbeiten->Kopieren".
Daraufhin wird der markierte Bereich in die Zwischenablage kopiert. Nun plaziert man den Cursor an die Leerzeile unter der markierten Struktur und zwar in die erste Spalte. Durch Betätigung des Menüpunktes "Bearbeiten->Einfügen" wird die Struktur an der momentanen Cursorposition eingefügt (siehe Bild).

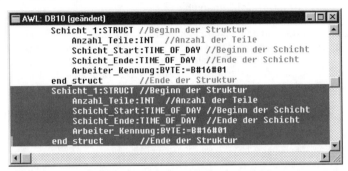

Bild: Struktur eingefügt

Nun ist der Name der eingefügten Struktur in "Schicht_2" abzuändern. Des weiteren wird der Anfangswert der Variablen "Arbeiter_Kennung" auf den Wert "B#16#02" vorbelegt.
Unterhalb der Struktur "Schicht_2" kann jetzt die nächste Struktur eingefügt werden. Da die Struktur "Schicht_1" noch in der Zwischenablage vorhanden ist, kann man dabei einfach den Menüpunkt "Bearbeiten->Einfügen" betätigen. Anschließend wird die Bezeichnung der Struktur in "Schicht_3" abgeändert und der Anfangswert der Variablen "Arbeiter_Kennung" auf "B#16#03" gesetzt.
Nach diesen Aktionen wird der DB über den Menüpunkt "Datei->Aktuellen Baustein speichern" oder die Tasten [STRG] + [S] abgespeichert.
Betrachtet man nun die Angaben im Bereich der Aktualwerte, so erkennt man, daß die Aktualwerte der soeben eingefügten Strukturen dort ebenfalls zu finden sind.

Globaldatenbausteine

13.2 Zugriff auf einen DB

In diesem Abschnitt soll gezeigt werden, wie der Zugriff auf die Daten eines Datenbausteins erfolgt. Dabei wird im weiteren Verlauf auch auf die Daten des bereits erstellten Datenbausteins DB10 zugegriffen.

Bevor auf einen Datenbaustein zugegriffen werden kann, muß dieser "aufgeschlagen" werden. Aufschlagen bedeutet, daß das sog. DB-Register auf den Datenbaustein eingestellt wird. Über dieses DB-Register erfolgen die Zugriffe auf den Datenbaustein. Nachfolgend ist dieser Befehl dargestellt, wobei der Datenbaustein DB10 aufgeschlagen wird.

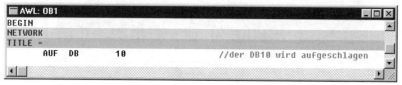

Bild: Der Befehl "AUF"

Wird hinter einer solchen Anweisung beispielsweise auf ein Datenwort zugegriffen, dann bezieht sich dies auf ein Datenwort des DB10. Nachfolgend wird das Datenwort DBW0 geladen.

Bild: Laden des DBW0 aus dem DB10

Die obige Art des Zugriffs birgt eine Gefahr. Wird der Zugriff auf das Datenwort nicht unmittelbar hinter dem Aufschlagen des DBs ausgeführt, so könnte das DB-Register verändert werden. Dabei ist es für den SPS-Programmierer nicht immer ersichtlich, ob eine Veränderung des DB-Registers stattfindet. Denn bei STEP®7 gibt es Befehle, die nicht nur aus der einen für den Programmierer sichtbaren Programmzeile bestehen, sondern aus einer Vielzahl von Befehlen, wobei auch das DB-Register verändert werden kann. Wird dann direkt auf ein Datenwort zugegriffen, könnte dies zu einem Fehler führen, da das DB-Register nicht mehr auf den ursprünglichen DB eingestellt ist.
Um dieser Gefahr zu entgehen, sollte der Zugriff auf die Daten eines Datenbausteins grundsätzlich über einen sog. komplettadressierten Befehl erfolgen (siehe Bild).

Globaldatenbausteine

Bild: komplettadressierter DB-Zugriff

In diesem Fall wird der Datenbaustein in der Befehlszeile mit angegeben. Ein solcher Befehl hat folgende Syntax:

```
[Operation]   [DB-Angabe].[DB-Datum]
```

Dabei wird vor dem Zugriff auf das DB-Datum, zusätzlich der angegebene DB aufgeschlagen. Somit ist sichergestellt, daß das DB-Register korrekt eingestellt ist. In STEP®7 sollte generell diese Art des DB-Zugriffs verwendet werden.

Nachfolgend sind nun die Datenoperanden eines DBs aufgelistet:

Operand	Beschreibung
DBX a.b	Zugriff auf ein Datenbit mit der Byteadresse a und der Bitadresse b
DBB a	Zugriff auf ein Datenbyte mit der Byteadresse a
DBW a	Zugriff auf ein Datenwort mit der Wortadresse a
DBD a	Zugriff auf ein Daten-Doppelwort mit der Adresse a

13.2.1 Zugriff auf ein Datenbit

Datenbits können in allen Binäroperationen eingebunden werden. In der folgenden Tabelle sind die möglichen Befehle aufgelistet.

Operation	Beschreibung
U DBX a.b	UND-Verknüpfung
UN DBX a.b	UND-Verknüpfung negiert
O DBX a.b	ODER-Verknüpfung
ON DBX a.b	ODER-Verknüpfung negiert
X DBX a.b	Exklusiv-ODER-Verknüpfung
XN DBX a.b	Exklusiv-ODER-Verknüpfung negiert
S DBX a.b	Setzen des Parameters
R DBX a.b	Rücksetzen des Parameters
= DBX a.b	Zuweisung an den Parameter
FP DBX a.b	Positive Flankenauswertung
FN DBX a.b	Negative Flankenauswertung

13.2.2 Zugriff auf Datenbyte, Datenwort und Daten-Doppelwort

Will man auf Byte-, Wort- oder Doppelwortdaten eines DBs zugreifen, so ist dies mit Hilfe der digitalen Operationen möglich. Der Zugriff erfolgt somit über die Lade- und Transferoperation.

13.2.3 Zugriff auf die Daten eines DB über die Variablenbezeichnungen

In den vorausgegangenen Beispielen für Zugriffe auf ein Datum eines DBs, wurden die Daten des DBs absolut adressiert. Dies bedeutet, es wurde beispielsweise das Datenwort DBW0 geladen. Die Angabe der Absolutadresse hat aber einen entscheidenden Nachteil. Der SPS-Programmierer muß Wissen, an welcher Adresse innerhalb des DBs, die gewünschte Information steht.
Bei einem DB, dessen Variablen nur elementaren Datentypen angehören, mag dies noch halbwegs praktikabel sein. Bei einem DB mit Arrays und Strukturen ist dies mit Sicherheit nicht mehr der Fall.
Will man beispielsweise im nachfolgenden DB auf den Inhalt der Variablen "Kennung_1" zugreifen, so ist die Adresse nicht ohne weiteres ersichtlich.

```
AWL: DB1 (geändert)
    STRUCT
        Schon_Gemessen:BOOL
        Mess_1:ARRAY [1..5] of REAL
        Kennung_1:INT
    END_STRUCT
BEGIN
    Schon_Gemessen:=FALSE
    Mess_1[1]:=0.000000e+00
    Mess_1[2]:=0.000000e+00
    Mess_1[3]:=0.000000e+00
    Mess_1[4]:=0.000000e+00
    Mess_1[5]:=0.000000e+00
    Kennung_1:=0
END_DATA_BLOCK
```

Bild: Beispiel eines DB

Die Information erhält man mit Hilfe des Menüpunktes "Anzeige->Bausteinvariablen anzeigen". Bei Ausführung erscheint der nachfolgende Dialog, auf dem auch die Adressen der Variablen angegeben werden.

Globaldatenbausteine

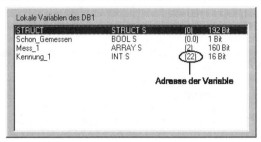

Bild: Bausteinvariablen mit Adressangabe

Dieser Angabe kann man entnehmen, daß das Datenwort DBW22 adressiert werden muß, wenn man den Inhalt der Variablen "Kennung_1" laden möchte.

Wesentlich einfacher gestaltet sich der Zugriff über die Variablenbezeichnung. Dazu geht man folgendermaßen vor. Zunächst programmiert man die Operation und gibt den Datenbaustein an, gefolgt von dem Zeichen ".".

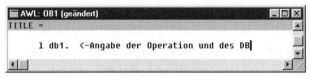

Bild: Operation mit DB-Angabe

Nun betätigt man die Taste [RETURN]. Daraufhin erscheint ein Dialog, auf dem die Variablen des angegebenen DBs aufgelistet sind. In dieser Liste wird nun die Variable "Kennung_1" selektiert und über die Taste [RETURN] bestätigt. Dabei schließt sich der Dialog und die Variable wird in den Befehl eingetragen.

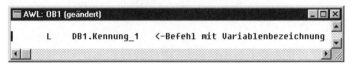

Bild: Vervollständigte Operation

Globaldatenbausteine

Diese Art des Datenbausteinzugriffs mit Hilfe der Variablenbezeichnung hat folgende Vorteile:

- Der SPS-Programmierer muß sich nicht um die Adresse der Variablen innerhalb des DBs kümmern.
- Wird eine Variable innerhalb eines DBs eingefügt, womit sich die Adressen der dahinterliegenden Variablen verändern, so können die Bausteine durch komplettes Compilieren (Menüpunkt "Projektverwaltung->Alle Bausteine neu erzeugen") aktualisiert werden. Bei einer Absolutadressierung ist jeder Zugriff von Hand neu zu programmieren.
- Das SPS-Programm wird lesbarer, da durch sinnfällige Variablennamen sofort erkannt wird, was für ein Datum in der Operation verarbeitet wird.
- Bei der Verwendung einer DB-Variablen als Aktualparameter, wird eine Datentypenkontrolle durchgeführt.

Da man die Bezeichnungen der Variablen nicht von Hand eingeben muß, fällt keine zusätzliche Schreibarbeit an.

Anmerkung:

Im Programmiersystem der Fa. SIEMENS kann auf die Variablennamen von DBs erst zugegriffen werden, wenn dem Datenbaustein ein Symbol zugeordnet wird. Diese symbolische Programmierung wird in einem eigenständigen Kapitel erläutert. WinSPS-S7 unterstützt die Programmierung mit DB-Variablen auch bei ausgeschalteter Symbolik.

Globaldatenbausteine

13.3 Unterschied Anfangswert zu Aktualwert

Eingangs des Kapitels wurde bereits auf die Unterschiede der Anfangswerte und Aktualwerte eines DBs hingewiesen. Dabei wurde auch erwähnt, daß zur Laufzeit nur die Aktualwerte relevant sind. Da es sich dabei um eine wichtige Unterscheidung handelt, soll auf diese Thematik nochmals eingegangen werden.

Im nachfolgenden Bild ist ein DB zu sehen, der aus drei INT-Variablen besteht. Die Variablen sind mit unterschiedlichen Anfangswerten vorbelegt.

```
AWL: DB1 (geändert)
    STRUCT
        var1:INT:=10
        var2:INT:=20  }- Anfangswerte
        var3:INT:=30
    END_STRUCT
BEGIN
        var1:=10
        var2:=20  }- Aktualwerte
        var3:=30
END_DATA_BLOCK
```

Bild: DB1

Auf die Daten des DBs wird im OB1 zugegriffen, dabei handelt es sich um Ladeoperationen.

```
AWL: OB1 (geändert)
NETWORK //Nr.:1
TITLE =
    L    DB1.var1         //Laden Variable 1
    L    DB1.var2         //Laden Variable 2
    L    DB1.var3         //Laden Variable 3
```

Bild: OB1 mit DB-Zugriff

Die Zugriffe erfolgen über die Komplettadressierung, wobei die Variablennamen zur Adressierung verwendet werden.
Die beiden Bausteine werden nun in die CPU übertragen (AG->Mehrere Bausteine übertragen"). Anschließend wird diese in Betriebszustand RUN überführt (AG->Betriebszustand).
Nun soll der Status des Baustein OB1 betrachtet werden. Dazu betätigt man den Menüpunkt "Anzeige->Bausteinstatus". Daraufhin erscheint das Fenster "Status-Baustein" in welchem der OB1 in der CPU angezeigt wird. Nun kann die Statusanzeige über die Tasten [STRG] + [F7] gestartet werden.

STEP®7-Crashkurs   159

Globaldatenbausteine

Nachfolgend ist dies zu sehen:

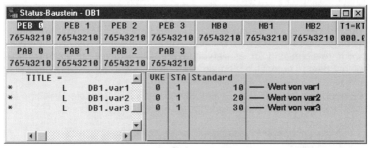

Bild: Status des DB10

Die Werte der einzelnen Variablen entsprechen dem, was man erwarten kann, denn dies sind auch die Anfangswerte und Aktualwerte.

Das Fenster "Status-Baustein" kann über die Tasten [STRG] + [F4] geschlossen werden, nachdem der Statusbetrieb über die Tasten [STRG] + [F7] beendet wurde.

Anmerkung:

Der Editor des Datenbausteins DB1 müßte sich noch auf dem Desktop befinden. Ist dies der Fall, so kann dieser durch Anklicken mit der Maus aktiv gemacht werden. Befindet sich der Editor nicht mehr auf dem Desktop, so betätigt man den Menüpunkt "Projektverwaltung->Bausteine verwalten". Auf dem erscheinenden Dialog, sind im oberen Bereich alle Bausteine des Projektes aufgelistet. Darunter befindet sich auch der DB1. Um diesen zu öffnen, selektiert man den DB in der Liste und betätigt anschließend den Button "Öffnen". Danach kann der Dialog über den Button "Schließen" geschlossen werden.

Im DB1 sollen nun die Anfangswerte verändert werden. Dazu plaziert man den Cursor auf die momentanen Angaben, entfernt diese und trägt die gewünschten Werte ein. Nachfolgend wurde dies durchgeführt.

```
AWL: DB1 (geändert)
    STRUCT
        var1:INT:=100    //Wert auf 100 geändert
        var2:INT:=200    //Wert auf 200 geändert
        var3:INT:=300    //Wert auf 300 geändert
    END_STRUCT
BEGIN
    var1:=10
    var2:=20
    var3:=30
END_DATA_BLOCK
```

Bild: DB mit veränderten Anfangswerten

Globaldatenbausteine

Nach der Änderung wird der DB abgespeichert ([STRG] + [S]).
Nun wird der geänderte DB in die CPU übertragen. Dazu verwendet man den Menüpunkt "AG->Aktuellen Baustein ins AG laden" oder die Tasten [STRG] + [L]. Daraufhin erfolgt eine Abfrage, ob der bereits in der CPU vorhandene DB1 überschrieben werden soll. Dies wird mit "Ja" beantwortet, danach wird der alte Baustein in der CPU überschrieben.
Jetzt soll erneut der Bausteinstatus des OB1 betrachtet werden (Anzeige->Bausteinstatus). Wird das Status-Fenster angezeigt, so betätigt man die Tasten [STRG] + [F7] um den Statusbetrieb zu starten. Dieser stellt sich folgendermaßen dar:

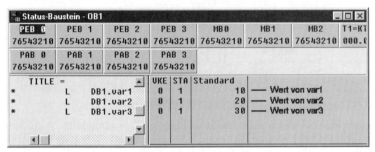

Bild: DB1 mit veränderten Anfangswerten

Die Ausgabe ist mit der letzten identisch, d.h. die Änderung der Anfangswerte hatte keine Auswirkung auf die eigentlichen Werte, die das SPS-Programm verarbeitet.

Der Statusbetrieb wird über die Tasten [STRG] + [F7] beendet und das Fenster "Status-Baustein" geschlossen.
Nun sollen die Aktualwerte des DBs verändert werden. Dazu macht man zunächst den Editor des DBs aktiv, indem dieser auf dem Desktop über die Maus angeklickt wird. Die Aktualwerte sind wie nachfolgend dargestellt zu verändern:

Bild: DB mit veränderten Aktualwerten

Anschließend wird der DB gespeichert.

Globaldatenbausteine

Nun wird der DB in die CPU übertragen. Dazu verwendet man den Menüpunkt "AG->Aktuellen Baustein ins AG laden". Die Abfrage, ob der vorhandene DB zu überschreiben ist, wird mit "Ja" beantwortet.
Jetzt soll erneut der Bausteinstatus betrachtet werden. Über den Menüpunkt "Anzeige->Bausteinstatus" wird das Fenster zur Ansicht gebracht. Der Start des Statusbetriebs erfolgt nach Betätigung der Tasten [STRG] + [F7]. Nachfolgend ist dies zu sehen:

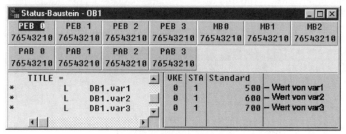

Bild: DB mit veränderten Aktualwerten

Man erkennt, daß beim Laden der Variablen nun die zuvor veränderten Aktualwerte geladen werden. Dies bedeutet, daß nur die Aktualwerte der DB-Variablen innerhalb des SPS-Programms von Bedeutung sind. Die Anfangswerte sind nicht ablaufrelevant.

Nachfolgend sollen nun die Daten des DBs über das SPS-Programm verändert werden. Dazu wird das SPS-Programm im OB1 umgeschrieben. Nach der Änderung hat der OB folgenden Inhalt:

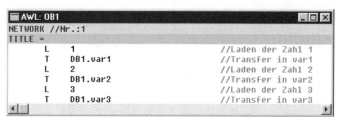

Bild: Veränderter OB1

Dabei werden die einzelnen DB-Variablen mit neuen Werten belegt. Nach der Änderung speichert man den Baustein mit Hilfe der Tasten [STRG] + [S]. Über die Tasten [STRG] + [L] wird der OB1 in die CPU übertragen, wobei die Abfrage, ob der vorhandene Baustein zu überschreiben ist, mit "Ja" bestätigt wird.
Sollte sich die CPU nicht im Betriebszustand RUN befinden, so muß diese mit Hilfe des Menüpunktes "AG->Betriebszustand" in den Zustand überführt werden.

Globaldatenbausteine

Jetzt soll der Baustein DB1 aus der CPU in das Projekt geladen werden. Dazu betätigt man den Menüpunkt "AG->Bausteine empfangen". Nach Auslösen dieses Menüpunktes erscheint der Dialog "AG->PC", auf dem die Bausteine in der CPU zu sehen sind. In dieser Liste befindet sich auch der Datenbaustein DB1. Nachfolgend ist der Dialog dargestellt:

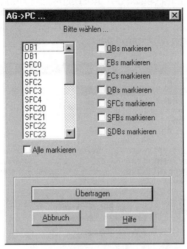

Bild: Dialog "AG->PC"

Man selektiert nun den DB1 über die Maus oder die Tastatur, und startet die Aktion über den Button "Übertragen". Daraufhin erscheint folgende Abfrage:

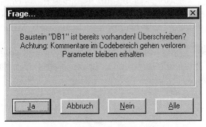

Bild: Abfrage

Diese Abfrage weist darauf hin, daß der Baustein DB1 im Projekt überschrieben wird. Des weiteren kann man der Abfrage entnehmen, daß die Variablennamen der DB-Variablen erhalten bleiben, da die Variablendeklaration identisch ist.
Diese Abfrage wird über den Button "Ja" bestätigt.

STEP®7-Crashkurs

Globaldatenbausteine

Somit wird der DB von der CPU in das Projekt übertragen. Der Vorgang wird auf einem Dialog protokolliert. Diesen Dialog kann man nach Beendigung der Aktion über die Taste [ESC] schließen.
Nun soll der DB1 in einem Editor betrachtet werden. Wenn sich dieser Editor noch nicht auf dem Desktop befindet, so betätigt man den Menüpunkt "Projektverwaltung->Bausteine verwalten". Auf dem sich zeigenden Dialog kann der Baustein DB1 in der Liste selektiert und durch Betätigung des Button "Öffnen", geöffnet werden. Den Dialog verläßt man über den Button "Schließen".
Nachfolgend ist der Baustein DB1 dargestellt:

```
AWL: DB1
DATA_BLOCK DB1
TITLE = <Beschreibung des DBs>
AUTHOR:    MHJTW
FAMILY:    nb
NAME:      nb
VERSION:   1.0
    STRUCT
        var1:INT:=100    //Wert auf 100 geändert
        var2:INT:=200    //Wert auf 200 geändert
        var3:INT:=300    //Wert auf 300 geändert
    END_STRUCT
BEGIN
        var1:=1  ⎤
        var2:=2  ⎬ Die vom SPS-Programm
        var3:=3  ⎦ veränderten Aktualwerte

END_DATA_BLOCK
```

Bild: DB1

Beim Betrachten der Aktualwerte fällt auf, daß diese den Werten entsprechen, die im OB1 in die einzelnen Variablen des Datenbausteines transferiert wurden. Damit steht fest, daß bei einem schreibenden Zugriff auf die Daten eines DBs, dessen Aktualwerte verändert werden. Die Anfangswerte bleiben davon unbeeinflußt.

Die Anfangswerte haben somit nur den Sinn, zu erkennen, welche Startwerte der SPS-Programmierer beim Erstellen des Datenbausteins, den einzelnen Variablen zugedacht hatte.

Globaldatenbausteine

13.3.1 Aktualwerte auf Anfangswerte setzen

Die Anfangswerte von DB-Variablen werden beim ersten Abspeichern der Variablen auch als Aktualwerte übernommen. Im letzten Beispiel wurde gezeigt, daß diese Aktualwerte nachträglich veränderbar sind. Zum einen innerhalb des Editors, durch eintragen eines neuen Wertes, zum anderen innerhalb des SPS-Programms, wenn schreibend auf die Variablen eines Datenbausteins zugegriffen wird.

Will man nun bei einem Datenbaustein, dessen Aktualwerte nicht mehr den Anfangswerten entsprechen, den Ursprungszustand herstellen, so ist dies über den Menüpunkt "Bearbeiten->Aktualwerte auf Anfangswerte setzen" möglich. Dabei muß der Editor des Datenbausteins aktiv sein. Bei Ausführung dieses Menüpunktes, werden alle Aktualwerte der Variablen auf die Anfangswerte gesetzt.
Wird dies bei dem im letzten Beispiel verwendeten DB1 durchgeführt, so hat der Editor nach der Aktion folgendes Aussehen (der Ausgangszustand kann dem letzten Bild entnommen werden):

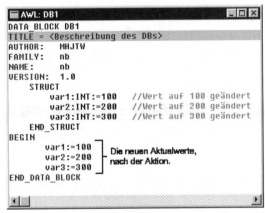

Bild: DB1 nach der Aktion

Bei einem Blick auf die Aktualwerte ist zu erkennen, daß diese den im Deklarationsteil angegebenen Anfangswerten entsprechen. Die alten Aktualwerte wurden beseitigt.

Globaldatenbausteine

13.4 Befehle und Funktionen im Zusammenhang mit Datenbausteinen

In diesem Abschnitt soll auf Befehle eingegangen werden, die in direktem Zusammenhang mit Datenbausteinen stehen. Des weiteren werden Systemfunktionen angesprochen, die ebenfalls zu diesem Themenbereich gehören.

13.4.1 Aufschlagen eines Datenbausteins

Das Aufschlagen eines Datenbausteins wurde schon in vorausgegangenen Beispielen erwähnt. Der dafür zu verwendende STEP®7-Befehl lautet "AUF" und hat folgende Syntax:

```
AUF    DB [DBNummer]
```

Bei Ausführung des Befehls, wird das DB-Register auf den angegebenen DB eingestellt.

Anmerkung:

Der Befehl "AUF DB" ist nur in Ausnahmefällen alleine zu programmieren. Beim Zugriff auf die Daten eines Datenbausteins sollte generell die Möglichkeit der Komplettadressierung genutzt werden (siehe Bild).

Bild: Arten eines DB-Zugriffs

Bei der Komplettadressierung wird verhindert, daß zwischen dem Aufschlagen des Datenbausteins und dem eigentlichen Zugriffsbefehl das DB-Register verändert wird.

Globaldatenbausteine

13.4.2 Länge eines Datenbausteins ermitteln

Mit dem Befehl

```
L    DBLG
```

kann die Länge des momentan aufgeschlagenen Datenbausteins geladen werden.
Die Angabe erfolgt in Anzahl Byte.

Beispiel:

In einem SPS-Programm ist folgender Datenbaustein programmiert:

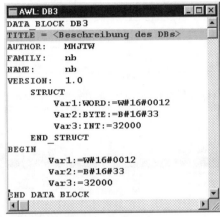

Bild: DB3

Im OB1 des SPS-Programms wird der DB aufgeschlagen und dessen Länge ermittelt.
Nachfolgend ist der Programmteil des OB1 zu sehen:

Bild: Programm im OB1

Die Bausteine befinden sich in der CPU und diese befindet sich im Betriebszustand RUN.
Nun soll der Bausteinstatus des OB1 angezeigt werden. Dies erreicht man über den Menüpunkt "Anzeige->Bausteinstatus". Innerhalb des sich zeigenden Fensters "Status-Baustein" befindet sich der Baustein OB1. Der Statusbetrieb kann daraufhin über die Tasten [STRG] + [F7] gestartet werden. Die Anzeige hat folgendes Aussehen:

Globaldatenbausteine

Bild: Status des OB

Man erkennt, daß die Länge des DB3 mit 6 Bytes angegeben wird. Dies ist auf den ersten Blick **nicht** korrekt, denn der DB besteht aus folgenden Variablen:

Variable	Typ	Länge in Byte
Var1	WORD	2
Var2	BYTE	1
Var3	INT	2

Summe		5

Somit müßte eigentlich eine Länge von 5 Bytes geliefert werden. Der Grund, warum der DB 6 Bytes lang ist, kann der Lage der Variablen innerhalb des DBs entnommen werden.

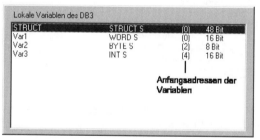

Bild: Info über Variablen des DB3

Auf dem obigen Bild sind die Anfangsadressen der Variablen des DB3 angegeben. Diese Information wird nachfolgend nochmals verdeutlicht.

Globaldatenbausteine

Byteadresse	Variable
0	Var1
1	
2	Var2
3	leer
4	Var3
5	

Dabei ist zu erkennen, daß zwischen den Variablen "Var2" und "Var3" eine Lücke von einem Byte besteht. Diese Lücke kommt zustande, da Variablen mit einer Breite größer einem Byte, immer an Wortgrenzen beginnen. Wortgrenzen sind geradzahlige Byteadressen. Somit beginnt die Variable "Var3" nicht an der Byteadresse 3, da diese ungeradzahlig ist, sondern an der nächsten geradzahligen Byteadresse 4.
Die Byteadresse 3 bleibt somit ungenutzt. Der SPS-Programmierer kann dies allerdings verhindern, indem er nach der Variablen "Var1", die Variable "Var3" deklariert und anschließend die Variable "Var2". Dann würde sich die Belegung folgendermaßen darstellen:

Byteadresse	Variable
0	Var1
1	
2	Var3
3	
4	Var2

Man erkennt, daß hierbei nur 5 Bytes belegt werden, man hat somit 1 Byte an Speicher "gespart".

Möchte man beim Erstellen eines Datenbausteins möglichst sparsam mit dem Speicher umgehen, so sollten alle elementaren Datentypen mit einer Breite > 1 Byte, alle zusammengesetzte Datentypen und alle Parametertypen möglichst hintereinander deklariert werden. Damit ist weitestgehend sichergestellt, daß zwischen der Variablen keine unnötigen Speicherlücken entstehen.

13.4.3 Nummer des aufgeschlagenen Datenbausteins ermitteln

Der Befehl "L   DBNO" lädt die Nummer des momentan aufgeschlagenen Datenbausteins.

Beispiel:

In einem Baustein befindet sich folgendes SPS-Programm:

Bild: SPS-Programm des Beispiels

Dabei wird mit Hilfe der Komplettadressierung auf die Variable "Var1" des Datenbausteins DB3 zugegriffen. Der geladene Wert wird anschließend an das Merkerwort MW10 transferiert. Dann folgt der Befehl, welcher die Nummer des momentan aufgeschlagenen Datenbausteins liefert.
Dieser Baustein wird nun zusammen mit dem DB3 in die CPU übertragen. Der Betriebszustand der CPU wird auf RUN umgeschaltet und danach das Fenster "Status-Baustein" (Anzeige->Bausteinstatus) aufgerufen. Jetzt kann der Statusbetrieb über die Tasten [STRG] + [F7] gestartet werden. Dabei ist nachfolgende Ausgabe sichtbar:

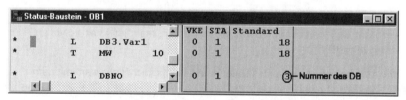

Bild: Statusanzeige

An der Statusanzeige ist zu erkennen, daß bei dem Befehl "L   DBNO" die Zahl "3" in den Akku1 geladen wird. Somit ist das DB-Register auf den Datenbaustein DB3 eingestellt. Der Grund dafür ist darin begründet, daß beim komplettadressierten Befehl, vor dem Zugriff auf die Variable "Var1", der Datenbaustein DB3 aufgeschlagen wird.

13.4.4 Einen Datenbaustein erzeugen und testen

Mit Hilfe der Systemfunktion SFC22 kann ein Datenbaustein während der Laufzeit des SPS-Programms erzeugt werden. Diese Systemfunktion ist fest in der CPU implementiert und kann vom Anwender nicht verändert werden.
Die Systemfunktion SFC24 testet einen Datenbaustein, d.h. es kann beispielsweise geprüft werden, ob ein Datenbaustein vorhanden ist

Beispiel:

In einer FC ist der Datenbaustein DB2 mit einer Länge von 16 Bytes zu erzeugen. Das Erzeugen des Datenbausteins soll nur bearbeitet werden, wenn der DB nicht vorhanden ist.

Das für dieses Beispiel notwendige SPS-Programm ist nachfolgend zu sehen. Zunächst die Parameter der FC:

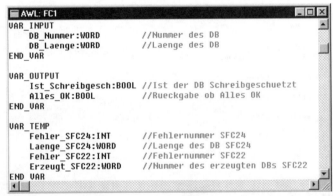

Bild: Parameter der FC

DB_Nummer:
An diesen Parameter wird die Nummer des zu erzeugenden DBs übergeben.
DB_Laenge:
Der DB wird mit dieser angegebenen Länge erzeugt, die Längenangabe entspricht der Anzahl Bytes des DBs.
Ist_Schreibgesch:
Dieser Rückgabewert ist TRUE, wenn der angegebene DB bereits erzeugt und schreibgeschützt ist.
Alles_OK:
Der Rückgabewert ist TRUE wenn kein Fehler aufgetreten ist. FALSE beim Auftreten eines Fehlers.

Globaldatenbausteine

Die Variablen in den temporären Lokaldaten der FC dienen als Aktualparameter für die Systemfunktionen SFC22 und SFC24.
Durch die Verwendung von Variablen des Deklarationsbereichs "VAR_TEMP" ist die Benutzung von Merkern zum Speichern der Zwischenergebnisse nicht notwendig. Somit muß man sich keine Gedanken darüber machen, ob die verwendeten Merker im SPS-Programm schon vergeben sind.

```
AWL: FC1
        SET                                //VKE auf Eins
        =       #Alles_OK                  //Alles OK vorbelegen
        CLR                                //VKE auf Null
        =       #Ist_Schreibgesch          //Schreibschutz vorbelegen

        CALL SFC    24
          DB_NUMBER:=#DB_Nummer            //Nummer des DB
          RET_VAL:=#Fehler_SFC24           //Fehlerrückgabe
          DB_LENGTH:=#Laenge_SFC24         //Laenge des DB in Byte
          WRITE_PROT:=#Ist_Schreibgesch    //Ist DB schreibgeschuetzt

        L       #Laenge_SFC24              //Laenge laden
        L       W#16#0000                  //Zahl Null laden
        <>I                                //Vergleich auf ungleich
        SPB     ende                       //wenn ungleich dann Sprung

        CALL SFC    22                     //DB erzeugen
          LOW_LIMIT:=#DB_Nummer            //Obergrenze
          UP_LIMIT:=#DB_Nummer             //Untergrenze
          COUNT:=#DB_Laenge                //Anzahl Byte in HEX
          RET_VAL:=#Fehler_SFC22           //Fehler
          DB_NUMBER:=#Erzeugt_SFC22        //Erzeugte DB-Nummer

        L       #Fehler_SFC22              //Fehler
        L       W#16#0000
        <>I                                //Vergleich auf ungleich
        SPB     Fehl
        SPA     ende                       //Kein Fehler
Fehl    :CLR                               //VKE auf Null
        =       #Alles_OK
ende    :NOP    1
```

Bild: Programm in der FC

Erklärung:

Zunächst werden die beiden Rückgabewerte vorbelegt. Da es sich um BOOL-Parameter handelt, erfolgt die Vorbelegung durch Zuweisung des VKE, welches mit Hilfe der Befehle "SET" und "CLR" definiert auf '1' bzw. '0' gesetzt wird.
Nun erfolgt der Aufruf der SFC24, welche testen soll, ob der DB mit der übergebenen Nummer bereits existiert. Die SFC liefert ebenfalls zurück, ob ein bereits existierender DB schreibgeschützt ist.
Die zurückgelieferte Länge des DBs wird nach dem Aufruf der SFC24 mit Null verglichen. Ist der Wert ungleich Null, so wurde der DB bereits erzeugt, dies führt dazu, daß ein Sprung an die Stelle "ende" durchgeführt wird.

Besteht der DB noch nicht, dann wird dieser mit Hilfe der SFC22 erzeugt. Bei dieser SFC kann ein Maximalwert und ein Minimalwert für die Nummer des zu erzeugenden DBs angegeben werden. Es wird dann der DB mit der kleinsten nicht belegten Nummer erzeugt. Man kann allerdings auch an beiden Parametern die gleiche Nummer angeben, dann wird explizit dieser DB erzeugt. Im Programm wird diese Möglichkeit genutzt und somit als "LOW_LIMIT" und "UP_LIMIT" die der FC übergebene DB-Nummer übergeben.

Nach dem Aufruf der SFC wird überprüft, ob ein Fehler vorliegt. Ist dies der Fall, dann wird an die Stelle "Fehl" gesprungen um den Rückgabewert von "Alles_OK" auf FALSE zu setzen.

Die FC wird im OB1 aufgerufen. Nachfolgend ist dies dargestellt:

```
AWL: OB1                                                        _ | □ | ×
VAR_TEMP
    OB1_EV_CLASS:BYTE          //Bits 0-3 = 1 (Coming event), Bit
    OB1_SCAN_1:BYTE            //1 (Cold restart scan 1 of OB 1),
    OB1_PRIORITY:BYTE          //1 (Priority of 1 is lowest)
    OB1_OB_NUMBR:BYTE          //1 (Organization block 1, OB1)
    OB1_RESERVED_1:BYTE        //Reserved for system
    OB1_RESERVED_2:BYTE        //Reserved for system
    OB1_PREV_CYCLE:INT         //Cycle time of previous OB1 scan
    OB1_MIN_CYCLE:INT          //Minimum cycle time of OB1 (milli
    OB1_MAX_CYCLE:INT          //Maximum cycle time of OB1 (milli
    OB1_DATE_TIME:DATE_AND_TIME //Date and time OB1 started

    Alles_OK:BOOL              //Rueckgabewert der FC1
    Ist_Schreibgesch:BOOL      //Ist der DB schreibgeschuetzt
END_VAR
BEGIN
NETWORK //Nr.:1
TITLE =
        CALL FC      1
            DB_Nummer:=W#16#0002        //DB-Nummer
            DB_Laenge:=W#16#0010        //DB-Laenge
            Ist_Schreibgesch:=#Ist_Schreibgesch
            Alles_OK:=#Alles_OK

        ON   #Alles_OK              //Ist nicht Alles OK
        O    #Ist_Schreibgesch      //Oder Schreibschutz
        SPB  ende                   //Dann Sprung

        L    B#16#00                //Laden
        T    DB2.DBB    0           //Beschreiben
        L    B#16#01                //Laden
        T    DB2.DBB    1           //Beschreiben

ende :NOP 1                         //ende
```

Bild: Programm des OB1

In den temporären Lokaldaten des OB sind die beiden Variablen "Alles_OK" und "Ist_Schreibgeschuetzt" deklariert. Diese werden der FC übergeben um darin die Rückgabewerte abzulegen.

Globaldatenbausteine

Als erste Anweisung im OB1 wird die FC1 aufgerufen. Dabei wird als DB-Nummer die Konstante "W#16#0002" übergeben, also die Zahl 2 in Hex. Die Länge des DBs wird ebenfalls über eine Konstante angegeben. Die Angabe muß ebenfalls in Hex erfolgen. Da der DB 16 Bytes lang sein soll, ist hierbei die Zahl 10Hex anzugeben. Dann folgen die beiden Rückgabewerte.
Nach dem Aufruf werden die Rückgabewerte analysiert. Ist Alles_OK = FALSE oder Ist_Schreibgesch = TRUE, dann wird an die Stelle "ende" gesprungen. Anderenfalls werden die ersten beiden Bytes des DB2 mit Werten belegt.

In den nachfolgenden Tabellen sind nochmals die Parameter der beiden verwendeten SFC dargestellt.

SFC22:

Parameter	Deklarationsb.	Datentyp	Beschreibung
LOW_LIMIT	VAR_INPUT	WORD	Kleinste Nummer des zu erzeugenden DBs.
UP_LIMIT	VAR_INPUT	WORD	Höchste Nummer des zu erzeugenden DBs.
COUNT	VAR_INPUT	WORD	Länge des zu erzeugenden DBs in Byte.
RET_VAL	VAR_OUTPUT	INT	Fehlerrückgabe, Null wenn kein Fehler.
DB_NUMBER	VAR_OUTPUT	WORD	Nummer des erzeugten DBs.

SFC24:

Parameter	Deklarationsb.	Datentyp	Beschreibung
DB_NUMBER	VAR_INPUT	WORD	Nummer des zu testenden DBs.
RET_VAL	VAR_OUTPUT	INT	Fehlerrückgabe, Null wenn kein Fehler.
DB_LENGTH	VAR_OUTPUT	WORD	Länge des DBs in Byte.
WRITE_PROT	VAR_OUTPUT	BOOL	TRUE wenn DB schreibgeschützt.

13.4.5 Datenbaustein löschen

Mit der Systemfunktion SFC23 kann ein Datenbaustein zur Laufzeit gelöscht werden.

Beispiel:

In einem SPS-Programm soll ein DB gelöscht werden, dessen Nummer am Eingangswort EW2 ansteht. Das Löschen soll dabei durchgeführt werden, sobald der Eingang E0.0 den Status '1' hat.

Das eigentliche SPS-Programm ist in der FC1 zu programmieren.
Das Programm in der FC hat folgendes Aussehen. Zunächst die Parameter:

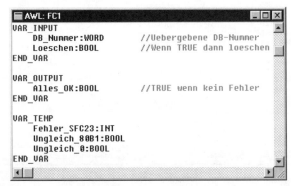

Bild: Parameter der FC1

DB_Nummer:
Nummer des zu löschenden DBs.
Loeschen:
TRUE wenn der angegebene DB gelöscht werden soll.
Alles_OK:
TRUE wenn keine Fehler aufgetreten sind.

Globaldatenbausteine

Nun das SPS-Programm:

```
■ AWL: FC1                                                        _ □ ×
        SET                         //VKE auf Eins
        =       #Alles_OK           //Vorbelegen mit TRUE

        UN      #Loeschen           //Nicht loeschen
        SPB     ende                //dann Sprung

        CLR                         //VKE auf Null
        =       #Alles_OK           //Vorbelegen mit FALSE

        CALL SFC    23
          DB_NUMBER:=#DB_Nummer
          RET_VAL:=#Fehler_SFC23

        L       #Fehler_SFC23
        L       W#16#0000
        <>I                         //Ist Fehler ungleich Null
        =       #Ungleich_0
        L       #Fehler_SFC23
        L       W#16#80B1
        <>I                         //Ist Fehler ungleich 80B1Hex
        =       #Ungleich_80B1      //Fehler 80B1Hex heisst DB nicht im AG

        U       #Ungleich_80B1      //Wenn Fehlerkennung ungleich 80B1Hex
        U       #Ungleich_0         //und ungleich Null
        SPB     ende                //Dann Sprung

        SET                         //VKE auf Eins
        =       #Alles_OK           //Kein Fehler
ende    :NOP    1
```

Bild: Programm der FC1

Erklärung:

Zunächst wird das VKE auf '1' gesetzt, und dem Parameter "Alles_OK" zugewiesen, damit TRUE geliefert wird, wenn das Löschen nicht durchzuführen ist. Dann folgt die Abfrage, ob gelöscht werden soll. Ist der Parameter "Loeschen" auf FALSE, dann wird ein Sprung an die Stelle "ende" durchgeführt.
Ist der Parameter "Loeschen" auf TRUE, wird das VKE auf Null gesetzt und der Parameter "Alles_OK" damit vorbelegt. Nun folgt der Aufruf der SFC23. Dabei wird der Parameter "DB_Nummer" als Aktualparameter übergeben. In der Variablen "Fehler_SFC23" wird der Fehlercode geliefert.
Nach dem Aufruf der SFC wird überprüft, ob der Fehlercode ungleich Null und ungleich dem Wert 80B1Hex ist. Der Fehler 80B1Hex wird geliefert, wenn der zu löschende DB nicht in der CPU vorhanden ist. In diesem Fall ist dies allerdings kein Fehler, denn der Aufruf der SFC23 würde beim Vorhandensein des DBs zum gleichen Resultat führen.
Wenn der Fehlercode weder Null ist, noch dem Wert 80B1Hex entspricht, dann liegt ein Fehler vor und es wird ein Sprung zu "ende" durchgeführt. Anderenfalls wird das VKE auf '1' gesetzt und dem Parameter "Alles_OK" übergeben.

Globaldatenbausteine

Die Funktion FC1 wird im OB1 aufgerufen. Der Aufruf hat folgenden Aufbau:

```
AWL: OB1                                                              _ □ ×
    OB1_PRIORITY:BYTE           //1 (Priority of 1 is lowest)
    OB1_OB_NUMBR:BYTE           //1 (Organization block 1, OB1)
    OB1_RESERVED_1:BYTE         //Reserved for system
    OB1_RESERVED_2:BYTE         //Reserved for system
    OB1_PREV_CYCLE:INT          //Cycle time of previous OB1 scan (millis
    OB1_MIN_CYCLE:INT           //Minimum cycle time of OB1 (milliseconds
    OB1_MAX_CYCLE:INT           //Maximum cycle time of OB1 (milliseconds
    OB1_DATE_TIME:DATE_AND_TIME //Date and time OB1 started

    Alles_OK:BOOL               //Rückgabe von FC1
END_VAR
BEGIN
NETWORK //Nr.:1
TITLE =

        CALL FC        1
           DB_Nummer:=EW2           //Hier steht Nummer des DB an
           Loeschen:=E0.0           //'1' wenn Löschen
           Alles_OK:=#Alles_OK      //TRUE wenn kein Fehler
```

Bild: Programm des OB1

Als Aktualparameter wird zunächst das Eingangswort EW2 übergeben, an dem die Nummer des zu löschenden Datenbausteins ansteht. Der Eingang E0.0 wird dem Parameter "Loeschen" übergeben, somit wird das Löschen durchgeführt, sobald der Eingang den Status '1' hat. Dem Parameter "Alles_OK" wird die Variable "Alles_OK" übergeben, welche in den temporären Lokaldaten des OBs deklariert wurde.

Um das SPS-Programm zu testen, werden nun noch die Datenbausteine DB2 und DB3 erzeugt. Dies erreicht man über den Menüpunkt "Projektverwaltung->Neuen Baustein erzeugen". Der Inhalt der DBs ist nicht relevant, aus diesem Grund kann die Standardvorgabe belassen werden. Das Speichern der Bausteine ist über den Menüpunkt "Datei->Projekt speichern" vorzunehmen.

Der Test des SPS-Programms soll in der Software-SPS von WinSPS-S7 erfolgen. Dazu wird WinSPS-S7 auf den Simulatormodus eingestellt, indem der Mausbutton mit der Aufschrift "SIM" betätigt wird.
Arbeitet WinSPS-S7 mit dem Simulator, so werden zunächst die Bausteine in die CPU übertragen. Dazu betätigt man den Menüpunkt "AG->Mehrere Bausteine übertragen". Auf dem erscheinenden Dialog "AG->PC" sind alle Bausteine des Projektes aufgelistet. Klickt man das Feld "Alle markieren" unterhalb der Bausteinliste an, so werden alle Bausteine selektiert. Über den Button "Übertragen" wird die Aktion gestartet.
Damit das Programm bearbeitet wird, muß die CPU in den Betriebszustand RUN überführt werden. Dazu betätigt man den Menüpunkt "AG->Betriebszustand". Auf dem erscheinenden Dialog wird der Button "Wiederanlauf" betätigt.

Globaldatenbausteine

Nun muß sich die CPU in RUN befinden, dies kann auch einer Anzeige am rechten unteren Fensterrand von WinSPS-S7 entnommen werden (siehe Bild).

Bild: Simulator ist in RUN

Zum Test wird der Bausteinstatus verwendet. Dieser kann über den Menüpunkt "Anzeige->Bausteinstatus" aufgerufen werden. In dem sich zeigenden Fenster "Status-Baustein" ist der Baustein "OB1" zu sehen. Da sich in diesem nur der Aufruf befindet, soll zur FC1 gewechselt werden. Dazu stellt man den Cursor einfach auf die Befehlszeile mit dem Aufruf der FC und betätigt die Tasten [STRG] + [RETURN]. In dem erscheinenden Kontextmenü befindet sich jetzt der Menüpunkt "FC1 öffnen". Beim Betätigen dieses Menüpunktes wird die Funktion FC1 im Fenster "Status-Baustein" angezeigt.
Der Statusbetrieb wird über die Tasten [STRG] + [F7] gestartet. Folgende Anzeige ist dabei zu sehen:

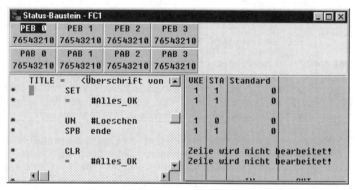

Bild: Statusanzeige FC1

Man erkennt, daß der Sprung zur Stelle "ende" ausgeführt wird, denn die Befehle unterhalb sind im Status mit "Zeile wird nicht bearbeitet" gekennzeichnet. Dies bedeutet, daß der entsprechenden Befehl von der CPU nicht ausgeführt wird.
Dies liegt daran, daß der Parameter "Loeschen" den Status '0' hat. Man kann dies ändern, indem man den Eingang E0.0 auf '1' setzt. Dazu können die PEB-Fenster verwendet werden.
Doch zunächst ist die Nummer des zu löschenden DBs am Eingangswort EW2 einzustellen. Das Eingangswort EW2 besteht bekanntlich aus den beiden Eingangsbytes EB2 und EB3, wobei EB2 das HiByte ist. Als erstes soll der Datenbaustein DB2 in der CPU gelöscht werden. Dazu ist am Eingangswort EW2 die Zahl 2 einzustellen. Diese Wertigkeit ist erreicht, wenn der Eingang E3.1 den Status '1' hat. Aus diesem Grund wird die Ziffer '1' im Fenster "PEB 3" angeklickt.

178   STEP®7-Crashkurs

Globaldatenbausteine

Diese wird als Folge davon farbig dargestellt. Somit wird der Eingang im SPS-Programm mit dem Status '1' verarbeitet.
Das Löschen wird laut Aufgabenstellung ausgeführt, sobald der Eingang E0.0 den Status '1' hat. Dafür klickt man die Ziffer '0' im Fenster "PEB 0" an.
Daraufhin soll nochmals der Status betrachtet werden. Es ist zu erkennen, daß der Sprung am Anfang nicht mehr ausgeführt wird, da der Parameter "Loeschen" nun den Status '1' besitzt. Um den Aufruf der SFC23 zu betrachten, scrollt man mit dem Cursor bis an die Befehlszeile mit dem CALL-Befehl. Nachfolgend ist dies zu sehen:

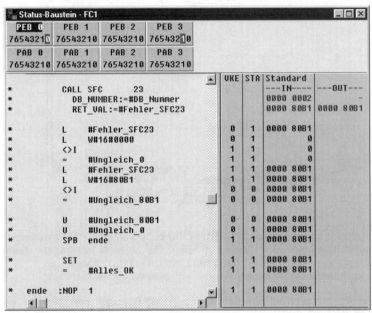

Bild: Status FC1

Man erkennt, daß der Aufruf durchgeführt wird. Als Fehler wird der Wert 80B1 geliefert, was bedeutet, daß der zu löschende Datenbaustein in der CPU nicht vorhanden ist. Diese Fehlermeldung kommt deswegen zustande, da die Funktion andauernd bearbeitet wird. Beim ersten Ausführen der Systemfunktion wurde diese Fehlermeldung nicht geliefert, denn da war der Datenbaustein noch vorhanden. Anschließend wurde dieser gelöscht und somit erfolgt mit jedem weiteren Aufruf diese Fehlermeldung. Trotzdem liefert die Funktion FC1 im Rückgabeparameter "Alles_OK" den Wert TRUE, da dies vom SPS-Programm abgefangen wurde.

Globaldatenbausteine

Es soll nun ermittelt werden, ob der Baustein DB2 wirklich nicht mehr vorhanden ist. Dazu betätigt man den Menüpunkt "AG->Baugruppenzustand". Auf dem sich zeigenden Dialog betätigt man das Register "Bausteine". Daraufhin werden alle in der CPU befindlichen Bausteine angezeigt. Diese Ausgabe stellt sich folgendermaßen dar:

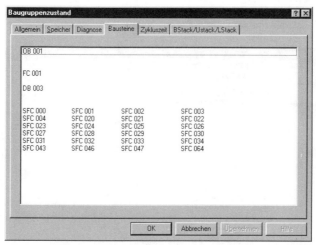

Bild: Baugruppenzustand

Auf dem Dialog sind die Bausteine OB1, FC1 und DB3 aufgeführt. Des weiteren noch die in der CPU vorhandenen Systemfunktionen. Der ebenfalls übertragene Baustein DB2 ist nicht mehr vertreten. Somit ist das Löschen erfolgreich verlaufen.
Der Dialog kann über den Button "Abbrechen" geschlossen werden.

Die Aktion ist nun auch mit dem Datenbaustein DB3 durchzuführen. Dazu muß am Eingangswort EW2 der Wert "3" eingestellt werden. Dies ist der Fall, wenn die beiden Eingänge E3.0 und E3.1 den Status '1' besitzen. Somit muß die Ziffer "0" des Fensters "PEB 3" angeklickt werden.
Den Erfolg der Aktion überprüft man wiederum mit Hilfe des Dialogs "Baugruppenzustand", der nach erneutem Aufruf folgende Ausgabe liefert:

Globaldatenbausteine

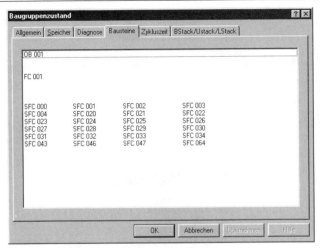

Bild: Baugruppendaten/Bausteine

Ein Blick auf die Liste der in der CPU vorhandenen Bausteine zeigt, daß der Datenbaustein DB3 nicht mehr vorhanden ist.

13.4.6 Vorbelegung des Datentyps ARRAY

Die Variablen eines Datenbausteins können beim Deklarieren mit einem Anfangswert versehen werden. Dies wurde in den vorausgegangenen Abschnitten schon erläutert. In diesem Abschnitt soll nun gezeigt werden, wie eine Variable mit dem Datentyp ARRAY vorbelegt werden kann.

Eine Variable vom Datentyp ARRAY kann über max. 65535 Felder verfügen. Diese Zahl wird in der Realität wohl nur selten erreicht werden, da eine solche Variable einen großen Speicherbereich belegt (65 KByte wenn die Felder vom Typ BYTE sind). Aber Variablen mit 10 oder mehr Feldern sind keine Seltenheit. Sollen nun die einzelnen Felder mit einem Wert vorbelegt werden, so wäre die einzelne Eingabe der Werte pro Feld eine mühsame Angelegenheit. Aus diesem Grund ist eine Syntax verfügbar, mit der die Angabe des Anfangswertes nicht so mühevoll ist.

Beispiel:

Eine DB-Variable vom Typ ARRAY of BYTE besteht aus 10 Feldern. Diese Felder sollen alle mit dem Wert "B#16#34" vorbelegt werden.

Für diesen Fall wird folgende Deklarationszeile eingegeben:

STEP®7-Crashkurs

Globaldatenbausteine

```
AWL: DB10
    Var1:ARRAY [1..10] of BYTE:=10 (B#16#34) //Array mit Vorbelegung
```

Bild: Array mit Vorbelegung

Die Vorbelegung "10 (B#16#34)" bedeutet, daß 10 Felder des Arrays mit dem Wert "B#16#34" beschrieben werden.
Speichert man den Datenbaustein ab, so werden die Aktualwerte ausgegeben. Dabei erkennt man, daß in den Aktualwerten jedes einzelne Array-Feld dargestellt wird. Nachfolgend ist dies zu sehen.

Bild: Aktualwerte des DB

Die Darstellung zeigt, daß die in der Deklaration angegebene Vorbelegungssyntax zu dem gewünschten Ergebnis geführt hat. Es ist zu beachten, daß die Aktualwerte der Variablen nur beim ersten Abspeichern der Variablen auf die Anfangswerte gesetzt werden, oder aber, wenn der Menüpunkt "Bearbeiten->Aktualwerte auf Anfangswerte setzen" betätigt wird.

Beispiel:

Ein Parameter vom Datentyp ARRAY of INT, mit 15 Feldern soll folgendermaßen vorbelegt werden: Die Zahlenreihe 12, 13, 14 ist fünf Mal in das Array zu schreiben.

Im folgenden Bild ist die Syntax der Deklaration zu sehen:

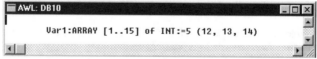

Bild: Deklarationszeile

Globaldatenbausteine

Nach dem Speichern des DBs werden die Aktualwerte folgendermaßen ausgegeben:

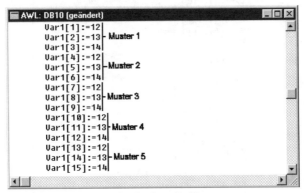

Bild: Aktualwerte des DB

Man erkennt, daß die Zahlenreihe, entsprechend der Vorgabe, fünf Mal im Array vorhanden ist.

Beispiel:

Ein Parameter vom Datentyp ARRAY of INT, mit 21 Feldern soll folgendermaßen vorbelegt werden: Die Folge 10, 10, 13, 14, 13, 14, 15 soll drei Mal im Array vorhanden sein

Die Deklaration hat folgendes Aussehen:

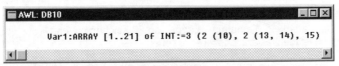

Bild: Deklaration des Array

An der Deklaration ist zu erkennen, daß die Angaben auch verschachtelt sein können. Wird bei der Vorbelegung die Anzahl der vorhanden Felder der Array-Variablen überschritten, so erfolgt eine Fehlermeldung. Es ist allerdings möglich nicht alle Array-Felder zu belegen.

In der nachfolgenden Darstellung, sind die Aktualwerte zu sehen:

Globaldatenbausteine

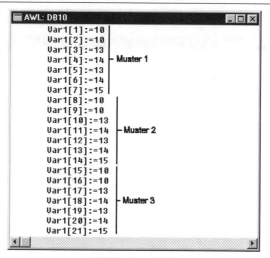

Bild: Aktualwerte des DB

13.4.7 Vorbelegung des Datentyps STRING

Variablen des Datentyps STRING können mit einem Text vorbelegt werden. Dieser Text wird in der Deklarationszeile der Variablen angegeben. Die Größe der Variablen muß so ausgelegt sein, daß der angegebene Text darin abgelegt werden kann. Der Text kann allerdings auch kürzer sein.

Beispiel:

Eine Variable vom Datentyp STRING soll mit dem Text "Pumpe 1 in Betrieb" vorbelegt werden. Die Variable soll eine max. Länge von 20 Zeichen haben.
Nachfolgend ist die Deklarationszeile zu sehen:

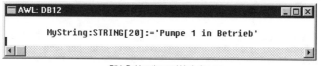

Bild: Deklaration und Vorbelegung

Nach dem Speichern des DB zeigt sich die Anzeige des Aktualwertes in ähnlicher Weise:

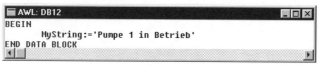

Bild: Anzeige des Aktualwertes

Globaldatenbausteine

13.4.8 Schreibschutz für einen Datenbaustein

Ein Datenbaustein kann schreibgeschützt in der CPU abgelegt werden. Damit werden alle Schreiboperationen auf dessen Daten verhindert. Der Dateninhalt kann nur noch lesend verarbeitet werden.
Wird nun beispielsweise ein Transferbefehl in ein Datenwort programmiert, so geht die CPU bei der Bearbeitung des Befehls in den Betriebszustand STOP über.

Ob ein Datenbaustein schreibgeschützt angelegt werden soll, kann beim Erzeugen des DB selektiert werden. Auf dem Dialog "Baustein erzeugen" muß dabei das Feld "Write-Protect" angeklickt sein.

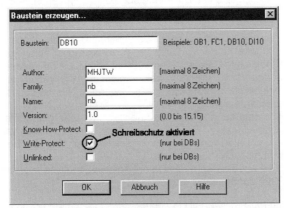

Bild: Dialog "Baustein erzeugen"

Wird der Dialog bestätigt und der Datenbaustein erzeugt, so befindet sich im Kopf des Bausteins das Schlüsselwort "READ_ONLY".

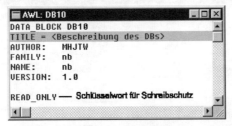

Bild: Schlüsselwort im Bausteinkopf

Globaldatenbausteine

13.4.9 Datenbaustein im Ladespeicher ablegen

Der Speicher einer CPU ist im wesentlichen in 2 Teile unterteilt. Zum einen in den sog. Arbeitsspeicher und zum anderen in den sog. Ladespeicher.

Arbeitsspeicher

In diesem Speicherbereich wird das ablaufrelevante SPS-Programm abgelegt.

Ladespeicher

In diesem Speicherbereich sind alle Bausteine abgelegt, wobei auch die nicht ablaufrelevanten Daten (z.B. Bausteinköpfe) gespeichert werden.

Normalerweise werden die ablaufrelevanten Daten eines Datenbausteins, beispielsweise die Aktualwerte der Variablen, im Arbeitsspeicher abgelegt. Es besteht allerdings auch die Möglichkeit, einen Datenbaustein sämtlichst im Ladespeicher abzulegen. Dies hat den Vorteil, daß der Speicherplatz im Arbeitsspeicher nicht belegt wird, denn der Arbeitsspeicher kann nicht erweitert werden. Nur der Ladespeicher ist mit Hilfe von Memory Cards erweiterbar.

Der große Nachteil besteht darin, daß ein im Ladespeicher untergebrachter Datenbaustein nicht direkt über STEP®7-Befehle angesprochen werden kann. Somit ist z.B. das Laden eines Datenwortes aus einem solchen DB, über den Befehl
"L   DBWX" nicht möglich.

Sämtliche Lesezugriffe auf die Daten des Datenbausteins, müssen mit Hilfe der Systemfunktion SFC20 durchgeführt werden.

Daß ein DB im Ladespeicher der CPU abzulegen ist, kann beim Erzeugen angegeben werden. Nachfolgend ist der Dialog "Baustein erzeugen" zu sehen, auf dem dieses Attribut selektiert ist.

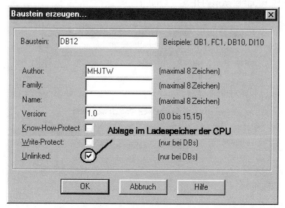

Bild: Dialog "Baustein erzeugen"

STEP®7-Crashkurs

Nach Bestätigung des Dialogs wird der Datenbaustein erzeugt. Im Kopf des
Datenbausteins ist dabei das Schlüsselwort "UNLINKED" angegeben. Dies als
Zeichen dafür, daß der Baustein beim Übertragen in die CPU, in deren Ladespeicher
abgelegt wird (siehe Bild).

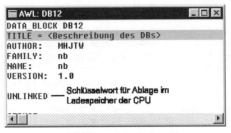

Bild: Schlüsselwort im Kopf des DB

13.4.10 Mögliche Anzahl von DBs in einer CPU

Die theoretische Anzahl von Datenbausteinen liegt bei 65535 (DB1 bis DB65535).
Denn die STEP®7-Befehle, mit denen beispielsweise auf die Daten eines DBs
zugegriffen werden kann, können bis zu diesem Wert adressieren.

Die praktische Grenze wird allerdings von den S7-CPUs vorgegeben. Die Anzahl der
programmierbaren Datenbausteine in einer CPU kann dem AG-Handbuch
entnommen werden.
Eine weitere Möglichkeit die Anzahl zu erfahren, besteht darin, bei angeschlossener
CPU den Baugruppenzustand auszuführen. Nachfolgend ist dieser dargestellt:

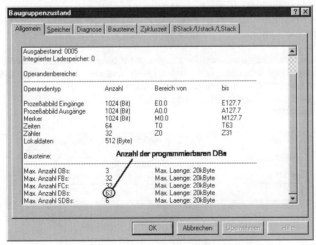

Bild: Baugruppendaten mit Angabe max. Anzahl DBs

14 FUNKTIONSBAUSTEINE

14.1 Eigenschaften eines Funktionsbausteins

Im Gegensatz zu Funktionen haben Funktionsbausteine die Möglichkeit, Daten zu speichern. Diese Fähigkeit wird durch einen Datenbaustein erreicht, welcher dem Aufruf eines Funktionsbausteins zugeordnet ist. Ein solcher Datenbaustein wird als Instanz-DB bezeichnet. Ein Instanz-DB besitzt die gleiche Datenstruktur, wie der ihm zugeordnete FB, d.h. in diesem werden die Parameter des FBs abgelegt. Die Inhalte der Parameter sind somit bis zur nächsten Bearbeitung des FBs zwischengespeichert.

Das Versorgen von Formaloperanden mit Aktualparametern ist nicht zwingend. Ein nicht versorgter Eingangsparameter wird z.b. mit dem Wert im Instanz-DB vorbelegt. Ein Funktionsbaustein kann sog. statische Variablen besitzen, welche innerhalb des FBs definiert werden können und ebenfalls im Instanz-DB abgelegt sind. Auf diese Werte kann dann beim nächsten Aufruf, mit dem gleichen Instanz-DB, wiederum zugegriffen werden.

Da ein Instanz-DB nur eine spezielle Form eines Datenbausteins darstellt, ist es auch möglich, außerhalb des FBs auf dessen Daten zuzugreifen.

14.2 Beispiel zu Funktionsbausteinen

Zur Einführung in die Thematik soll ein SPS-Programm mit einem Funktionsbaustein erstellt werden.

In drei Gewächshäusern sind exotische Pflanzen untergebracht. Da es sich um verschiedene Pflanzenarten handelt, benötigen diese auch unterschiedliche Umgebungstemperaturen. Die Temperaturen der einzelnen Räume werden mit Hilfe von Pt100-Thermoelementen erfaßt und über Analog-Eingangsbaugruppen digitalisiert.

Sobald die Temperatur eines Gewächshauses unter einen bestimmten Wert sinkt, wird die Heizung eingeschaltet. Die Heizung bleibt solange eingeschaltet, bis wiederum eine bestimmte Temperatur erreicht wurde.

Nachfolgend sind die Temperaturen aufgeführt, bei denen die Heizung ein- bzw. ausgeschaltet werden soll.

	Heizung einsch.	Heizung aussch.
Gewächshaus 1	<= 22°C	>= 32°C
Gewächshaus 2	<= 25°C	>= 38°C
Gewächshaus 3	<= 18°C	>= 24°C

Funktionsbausteine

Nachfolgend sind die einzelnen Betriebsmittel und deren Eingangs- und Ausgangsoperanden aufgeführt:

Operand	Beschreibung
E0.0	Steuerung Ein, Schließer
E0.1	Steuerung Aus, Öffner
A4.0	Heizung Gew.-Haus 1
A4.1	Heizung Gew.-Haus 2
A4.2	Heizung Gew.-Haus 3
A4.3	Lampe Steuerung Ein
PEW288	Meßfühler Gew.-Haus 1
PEW290	Meßfühler Gew.-Haus 2
PEW292	Meßfühler Gew.-Haus 3

Das SPS-Programm soll mit WinSPS-S7 erstellt und in der Software-SPS getestet werden.

14.2.1 Erstellen des SPS-Programms

Zunächst wird in WinSPS-S7 ein Projekt mit dem Namen "Gewaechs" geöffnet. Dazu betätigt man den Menüpunkt "Datei->Projekt öffnen". Auf dem erscheinenden Dialog wird der Pfad für das Projekt und der Name eingegeben. Der Button "OK" bestätigt die Angaben und der Dialog wird geschlossen. Die Sicherheitsabfrage, bei der nochmals der Pfad und der Name des zu erzeugenden Projektes angezeigt wird, bestätigt man mit "Ja". Daraufhin wird das Verzeichnis angelegt und das Projekt neu erzeugt.

Vor der Programmierung soll diesmal eine Symbolikdatei angelegt werden. Eine Symbolikdatei ist zwingend notwendig, wenn die Programmierung symbolisch erfolgen soll (dazu in einem gesonderten Abschnitt mehr). In diesem Beispiel wird die Programmierung zwar mit Absolutadressen durchgeführt, aber es sollen automatisch die Kommentare für die einzelnen Operanden vom Editor eingetragen werden.
Der Symbolikeditor wird über den Menüpunkt "Anzeige->Symbolikdatei" aufgerufen. Nach der Ausführung stellt sich dieser folgendermaßen dar:

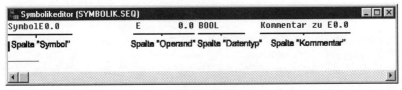

Bild: Symbolikeditor

STEP®7-Crashkurs

Funktionsbausteine

In der ersten Zeile des neu geöffneten Editors ist eine Dummy-Zeile eingefügt, die anzeigen soll, welche Bedeutung die einzelnen Spalten im Editor haben. Diese Zeile kann über die Tasten [STRG] + [Y] entfernt werden.
Die Spalten haben folgende Bedeutung:

Spalte	Bedeutung
Symbol	In dieser Spalte kann ein Symbol für den Operanden eingegeben werden. Dieses Symbol wird dann bei der symbolischen Programmierung anstatt der Absolutadresse angegeben. Ein Symbol darf max. 24 Zeichen lang sein.
Operand	In dieser Spalte wird der Operand eingegeben. Dieser wird bei Bestätigung der Zeile formatiert.
Datentyp	Hier erfolgt die Angabe des Datentyps für den Operanden. Die Spalte muß nicht ausgefüllt werden, beim Abschluß der Zeile wird ein Standard-Datentyp für den angegebenen Operanden eingetragen.
Kommentar	In dieser Spalte kann der Kommentar für den Operanden angegeben werden. Der Kommentar wird dann bei entsprechender Einstellung, beim Programmieren des Operanden automatisch eingefügt. Der Kommentar darf max. 80 Zeichen lang sein.

Der Wechsel zwischen den einzelnen Spalten kann mit Hilfe der Taste [TAB] durchgeführt werden.
Für die vorliegende Aufgabe ist das Symbol der einzelnen Operanden nicht von Belang. Aus diesem Grund wird als Symbol die Bezeichnung des Operanden verwendet. Nachfolgend ist der ausgefüllte Symbolikeditor zu sehen:

```
Symbolikeditor (SYMBOLIK.SEQ)                                    _ □ ×
E0.0              E           0.0 BOOL    Taster Steuerung Ein
E0.1              E           0.1 BOOL    Taster Steuerung Aus
M0.0              M           0.0 BOOL    Merker Steuerung Ein
PEW288            PEW         288 INT     Messwert Gew.-Haus 1
PEW290            PEW         290 INT     Messwert Gew.-Haus 2
PEW292            PEW         292 INT     Messwert Gew.-Haus 3
A4.0              A           4.0 BOOL    Heizung Gew.-Haus 1
A4.1              A           4.1 BOOL    Heizung Gew.-Haus 2
A4.2              A           4.2 BOOL    Heizung Gew.-Haus 3
A4.3              A           4.3 BOOL    Lampe Steuerung Ein
```

Bild: Symbolikeditor

Der Editor wird anschließend über die Tasten [STRG] + [S] gespeichert und über die Tasten [STRG] + [F4] geschlossen.
Nun muß in den WinSPS-S7-Einstellungen selektiert werden, daß bei der Programmierung eines Operanden, automatisch dessen Kommentar aus der Symbolikdatei in den Editor eingefügt wird.

Funktionsbausteine

Dazu betätigt man den Menüpunkt "Projektverwaltung->Einstellungen". Es erscheint der Dialog "WinSPS-Einstellungen". Im Register "Symbolik" sind die notwendigen Dialogelemente untergebracht. Die Selektion muß dabei folgendermaßen vorgenommen werden:

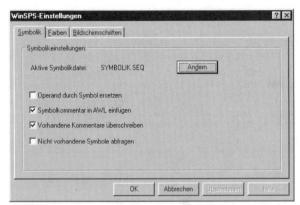

Bild: Dialog WinSPS-Einstellungen

Mit dieser Einstellung wird erreicht, daß der Symbolikkommentar in die AWL eingefügt wird und vorhandene Kommentare zu überschreiben sind.
Der Dialog wird über den Button "OK" bestätigt.

Nun soll die Programmierung des Funktionsbausteins FB1 erfolgen. Um diesen zu erzeugen, betätigt man die Tasten [STRG] + [N]. Auf dem Dialog "Baustein erzeugen" wird der Bausteinname "FB1" eingetragen und der Dialog bestätigt. Daraufhin ist der Editor des FB1 auf dem Desktop zu sehen.
Im neu erzeugten Baustein sind alle Deklarationsbereiche aufgeführt. Darunter befindet sich ein Bereich, der mit dem Schlüsselwort "VAR" eingeleitet wird. Es handelt sich dabei um die sog. statischen Lokaldaten des FBs. In den statischen Lokaldaten können Variablen angelegt werden, deren Wert im Instanz-Datenbaustein des FBs gespeichert sind. Diese Daten gehen somit nach der Bearbeitung des Funktionsbausteins nicht verloren, sondern stehen beim nächsten Aufruf (mit dem selben Instanz-DB) wieder zur Verfügung.

Für diese Aufgabe soll der Funktionsbaustein einen Eingangsparameter, zwei Ausgangsparameter und zwei Variablen in den statischen Lokaldaten besitzen. Nachfolgend sind die Parameter des FBs dargestellt:

Funktionsbausteine

```
■ AWL: FB1 (geändert)                              _ □ ×
FUNCTION_BLOCK FB1
TITLE = <Beschreibung des FBs>
AUTHOR:   MHJTW
FAMILY:   nb
NAME:     nb
VERSION:  1.0

VAR_INPUT
|    Messwert:INT:=0  //Aktueller Messwert
END_VAR
VAR_OUTPUT
     Heizung_Ein:BOOL:=FALSE  //Soll Heizung eingeschaltet werden
     Heizung_Aus:BOOL:=FALSE  //Ist Heizung abzuschalten
END_VAR
VAR
     Wert_Heizung_Ein:INT:=200   //Temperatur fuer Heizung Ein
     Wert_Heizung_Aus:INT:=300   //Temperatur fuer Heizung Aus
END_VAR
```

Bild: Parameter des FB1

Meßwert:
An diesen Eingangsparameter wird der momentane Meßwert angelegt.

Heizung_Ein:
Dieser Rückgabeparameter ist TRUE, wenn die Heizung eingeschaltet werden muß.

Heizung_Aus:
Dieser Rückgabeparameter ist TRUE, wenn die Heizung ausgeschaltet werden muß.

Wert_Heizung_Ein:
In dieser statischen Variablen ist der Grenzwert abgelegt, bei dem die Heizung eingeschaltet werden muß.

Wert_Heizung_Ein:
In dieser statischen Variablen ist der Grenzwert abgelegt, ab dem die Heizung auszuschalten ist.

Ein Blick auf die Parameter zeigt, daß diese ebenso wie bei Datenbausteinen, mit einem Wert vorbelegt werden können. Die Eingabe der Vorbelegung ist optional. Wird ein Parameter nicht vorbelegt, so trägt der Editor eine Null ein. Im Beispiel werden nur die Variablen in den statischen Lokaldaten mit einem Wert ungleich Null vorbelegt.

Funktionsbausteine

Nachdem die Parameter festgelegt sind, kann mit der Erstellung des SPS-Programms begonnen werden. Dieses besteht im wesentlichen aus zwei Vergleichen, wobei jeweils der übergebene aktuelle Meßwert mit den in den statischen Lokaldaten abgelegten Grenzwerten verglichen wird. Anhand dieser Vergleiche, werden dann die Parameter "Heizung_Ein" und "Heizung_Aus" beschrieben. In der folgenden Darstellung ist dies zu sehen:

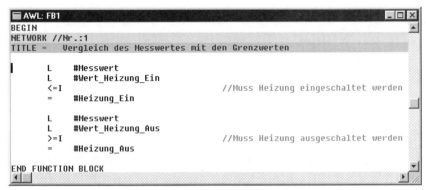

Bild: Programm des FB1

Zunächst wird der Inhalt des Parameters "Messwert" geladen und der Grenzwert "Wert_Heizung_Ein". Dann erfolgt der Vergleich mit Hilfe des Befehls "<=I", der zwei INTEGER-Werte miteinander vergleicht. Der Vergleich wird dabei auf kleiner/gleich durchgeführt. Somit wird dem Parameter "Heizung_Ein" das VKE=1 zugewiesen, wenn der übergebene Meßwert kleiner oder gleich dem unteren Grenzwert ist. Danach wird wiederum der übergebene Meßwert geladen und diesmal mit dem Grenzwert "Wert_Heizung_Aus" verglichen. Dabei wird ein Vergleich auf größer/gleich durchgeführt. Demzufolge wird dem Parameter "Heizung_Aus" das VKE=1 zugewiesen, wenn der Meßwert größer oder gleich dem oberen Grenzwert ist.

Nach der Programmeingabe kann der Baustein über die Tasten [STRG] + [S] gespeichert werden.

Der Baustein FB1 soll von der Funktion FC1 aufgerufen werden, ebenso soll dort das restliche SPS-Programm untergebracht werden.
Um die FC1 zu erzeugen, selektiert man den Menüpunkt "Projektverwaltung->Neuen Baustein erzeugen" oder betätigt die Tasten [STRG] + [N]. Auf dem Dialog "Baustein erzeugen" wird dann als Bausteinname "FC1" eingegeben. Über den Button "OK" bestätigt man den Dialog.
Die FC benötigt keine Übergabeparameter, allerdings sind Variablen in den temporären Lokaldaten notwendig, damit auf die Verwendung von Hilfsmerkern verzichtet werden kann.

Funktionsbausteine

Im nachfolgenden Bild sind die Variablen der FC zu sehen:

```
AWL: FC1
AUTHOR:   MHJTW
FAMILY:   nb
NAME:     nb
VERSION:  1.0

VAR_TEMP
    Heizung1_Ein:BOOL    //Hilfsvariablen
    Heizung2_Ein:BOOL
    Heizung3_Ein:BOOL
    Heizung1_Aus:BOOL
    Heizung2_Aus:BOOL
    Heizung3_Aus:BOOL
END_VAR
```

Bild: TEMP-Variable der FC1

Im ersten Netzwerk soll zunächst die Funktion "Steuerung Ein" programmiert werden.

```
AWL: FC1
NETWORK //Nr.:1
TITLE = Steuerung Ein

    U     E    0.0        //Taster Steuerung Ein
    S     M    0.0        //Merker Steuerung Ein
    ON    E    0.1        //Taster Steuerung Aus
    R     M    0.0        //Merker Steuerung Ein
```

Bild: Erstes Netzwerk der FC1

Dabei setzt der Eingang E0.0 den Merker M0.0, der den Status von "Steuerung Ein" speichert. Der Eingang E0.1 setzt den Merker M0.0 zurück.
Bei der Programmeingabe muß dabei der angezeigte Kommentar nicht mit angegeben werden, dieser wird automatisch bei Abschluß der Befehlszeile vom Editor eingefügt. Dadurch wird das SPS-Programm übersichtlicher, ohne daß der SPS-Programmierer mehr Schreibarbeit hat.

Nach dem Rücksetzbefehl des Merkers M0.0, wird ein neues Netzwerk eingefügt. Dazu stellt man den Cursor auf die nächste freie Zeile, und betätigt die Tasten [STRG] + [R]. Daraufhin wird das neue Netzwerk im Editor an der momentanen Cursorposition eingefügt.
Dieses Netzwerk beinhaltet ein kurzes SPS-Programm, dabei wird dem Ausgang A4.3 der Zustand des Merkers M0.0 zugewiesen. An diesem Ausgang A4.3 ist die Lampe angeschlossen, welche leuchten soll, sobald die Steuerung eingeschaltet wurde.
In der folgenden Darstellung ist dies zu sehen:

Funktionsbausteine

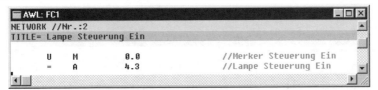

Bild: Zweites Netzwerk der FC1

Hinter diesen Programmzeilen wird nun das nächste Netzwerk plaziert (Tasten [STRG] + [R]). In diesem Netzwerk soll das Programm für die Heizung des Gewächshauses 1 erstellt werden. Dazu ist zunächst der Aufruf des FB1 notwendig. Bei diesem Aufruf muß auch der Instanz-Datenbaustein für diesen Aufruf angegeben werden. Es ist dabei nicht notwendig, daß der angegebene DB schon existiert.
Der Aufruf wird wie folgt eingegeben:

Bild: Eingabe des Aufrufs des FB mit DI

Zunächst wird der Befehl "CALL" eingegeben, gefolgt von dem FB. Anschließend folgt ein Komma und der Instanz-DB. Wird diese Zeile bestätigt, so folgt eine Abfrage, ob der angegebene DB erzeugt werden soll. Dies wird mit "JA" beantwortet. Daraufhin werden die Parameter des FB im Editor aufgelistet. Das Erzeugen des Instanz-Datenbausteins erfolgt im Hintergrund.
Als Aktualparameter ist zunächst das Peripherie-Eingangswort PEW288 zu übergeben, denn an diesem ist das Thermoelement des Gewächshauses 1 angeschlossen. Die beiden nachfolgenden Formalparameter werden mit den entsprechenden TEMP-Variablen versorgt (siehe Bild).

Bild: Aufruf des FB mit DI 2

Nach dem Aufruf des FB steckt in den beide Variablen "Heizung1_Ein" und "Heizung1_Aus" die Information, ob die Heizung für das Haus 1 einzuschalten ist oder nicht. Diese Information wird dazu verwendet den Ausgang für die Heizung zu setzen bzw. rückzusetzen.

Funktionsbausteine

Das gesamte Netzwerk hat somit folgendes Aussehen:

```
AWL: FC1 (geändert)                                      _ □ ×
NETWORK //Nr.:3
TITLE= Haus 1
        CALL FB         1,DB2
          Messwert:=PEW288                //Messwert Gew.-Haus 1
          Heizung_Ein:=#Heizung1_Ein
          Heizung_Aus:=#Heizung1_Aus

        U   #Heizung1_Ein
        S   A         4.0                 //Heizung Gew.-Haus 1
        O   #Heizung1_Aus
        ON  M         0.0                 //Merker Steuerung Ein
        R   A         4.0                 //Heizung Gew.-Haus 1
```

Bild: Netzwerk 3 der FC

Hat der Merker M0.0 den Status '0', so ist die Steuerung ausgeschaltet. In diesem Fall soll auch die Heizung außer Betrieb sein. Unabhängig von der momentanen Temperatur des Gewächshauses.

Nun müssen die Aufrufe für das Gewächshaus 2 und 3 erstellt werden. Diese folgen dem gleichen Prinzip. Im folgenden Bild sind diese dargestellt.

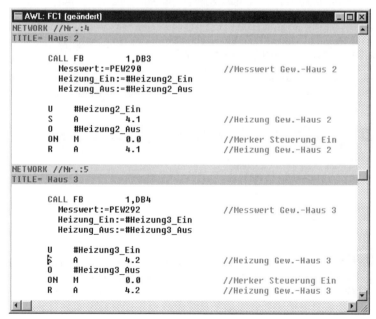

Bild: Weitere Netzwerke der FC1

Funktionsbausteine

Nachdem diese Netzwerke ebenfalls programmiert sind, kann die FC1 über die Tasten [STRG[+ [S] gespeichert werden.

Nun müssen die Grenzwerte in die einzelnen Instanz-DBs eingetragen werden. Dabei gilt es zu beachten, daß der Datenbaustein DB2 für den Aufruf mit dem Meßwert des Gewächshauses 1 verwendet wurde. Die Datenbausteine DB3 und DB4 wurden bei den Aufrufen mit den Meßwerten der Gewächshäuser 2 und 3 angegeben. Somit sind in den DB2 die Grenzwerte für das Gewächshaus 1 einzutragen.

Der DB2 wurde erzeugt, als der Aufruf im Netzwerk 1 programmiert wurde. Dies geschah für den Anwender unsichtbar, ohne einen Editor zu öffnen. Um die Werte innerhalb des DBs zu ändern, muß dieser zunächst geöffnet werden. Dazu betätigt man den Menüpunkt "Projektverwaltung->Bausteine verwalten". Daraufhin erscheint der Dialog "Bausteine verwalten..", auf dem die Bausteine des Projektes aufgelistet sind. In dieser Liste befindet sich auch der Datenbaustein DB2. Um diesen zu öffnen, führt man einfach einen Doppelklick auf dessen Namen aus. Als Folge davon, wird der Dialog geschlossen und der Editor des DB2 geöffnet. Der geöffnete Editor hat folgendes Aussehen:

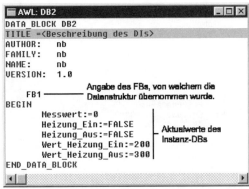

Bild: Datenbaustein DB2

Man erkennt, daß sich der Aufbau des Instanz-DBs in der Deklaration der Variablen unterscheidet. Statt der Angabe der einzelnen Variablen, steht an deren Stelle die Angabe des Funktionsbausteins, von dem der DB die Datenstruktur übernommen hat. Es ist nicht erlaubt, diese Deklaration durch weitere Variablen zu ergänzen.
Zwischen den Schlüsselwörtern "BEGIN" und "END_DATA_BLOCK" stehen, wie bei einem Globaldatenbaustein auch, die Angaben der Aktualwerte. Es wurden dabei die Werte übernommen, welche bei der Programmierung des Funktionsbausteins als Vorbelegung angegeben wurden.
Diese Angaben können verändert werden. Dies ist für die Aufgabe auch notwendig, denn die Aktualwerte für die Variablen "Wert_Heizung_Ein" und "Wert_Heizung_Aus" unterscheiden sich.

Funktionsbausteine

Da der DB2 für das Gewächshaus 1 "zuständig" ist, müssen in dem Datenbaustein die Grenzwerte für dieses Gewächshaus eingetragen werden.
Dazu muß zunächst folgendes bekannt sein:
Das Thermoelement ist vom Typ Pt100. Die analoge Eingangsbaugruppe, an welcher dieses Thermoelement angeschlossen ist, wandelt den gemessen Analogwert in eine INT-Zahl. Dabei entspricht 1°C dem Wert 10. Somit liefert die Analogbaugruppe beispielsweise den Wert 200 bei einer Temperatur von 20°C.

Mit diesem Wissen können nun die Grenzwerte in den DB eingetragen werden. Im Gewächshaus 1 soll die Heizung eingeschalten werden, sobald die Temperatur <= 22°C beträgt. Somit wird als Grenzwert für die Variable "Wert_Heizung_Ein" der Wert 220 angegeben.
Die Heizung soll ausgeschaltet werden, sobald eine Temperatur >= 32°C gemessen wird. Somit hat die Variable "Wert_Heizung_Aus" den Wert 320.
Nachfolgend ist dies zu sehen:

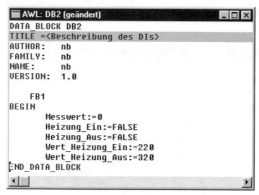

Bild: DB mit veränderten Aktualwerten

Nach der Änderung wird der Datenbaustein über die Tasten [STRG] + [S] gespeichert. Das Schließen des Editors wird über die Tasten [STRG] + [F4] vorgenommen.
Die im Datenbaustein DB2 vorgenommenen Änderungen, müssen nun auch in den Datenbausteinen DB3 und DB4 erfolgen. Um diese zu öffnen, betätigt man den Menüpunkt "Projektverwaltung->Bausteine verwalten". Auf dem Dialog "Bausteine verwalten" können nun beide Datenbausteine selektiert werden, indem man diese innerhalb der Liste anklickt. Diese werden daraufhin farbig unterlegt. Nun betätigt man den Button "Öffnen", um die Editoren der Bausteine auf dem Desktop darstellen zu lassen.
Nachfolgend sind die Bausteine mit den bereits veränderten Aktualwerten abgebildet.

Funktionsbausteine

```
AWL: DB3                              _ □ ×
DATA_BLOCK DB3
TITLE =<Beschreibung des DIs>
AUTHOR:  nb
FAMILY:  nb
NAME:    nb
VERSION: 1.0

    FB1
BEGIN
        Messwert:=0
        Heizung_Ein:=FALSE
        Heizung_Aus:=FALSE
        Wert_Heizung_Ein:=250  ⌐ Grenzwerte für
        Wert_Heizung_Aus:=380  ⌐ Haus 2
END_DATA_BLOCK
```

Bild: DB3 mit geänderten Aktualwerten

```
AWL: DB4                              _ □ ×
DATA_BLOCK DB4
TITLE =<Beschreibung des DIs>
AUTHOR:  nb
FAMILY:  nb
NAME:    nb
VERSION: 1.0

    FB1
BEGIN
        Messwert:=0
        Heizung_Ein:=FALSE
        Heizung_Aus:=FALSE
        Wert_Heizung_Ein:=180  ⌐ Grenzwerte für
        Wert_Heizung_Aus:=240  ⌐ Haus 3
END_DATA_BLOCK
```

Bild: DB4 mit geänderten Aktualwerten

Nach den Änderungen können beide Bausteine mit Hilfe des Menüpunktes "Datei->Projekt speichern" abgespeichert werden. Das Ausführen des Menüpunktes "Fenster->Alle schließen" hat das Schließen der Editoren zur Folge.

Als letzter Codebaustein ist noch der Organisationsbaustein OB1 zu erzeugen. Dazu betätigt man die Tasten [STRG] + [N] und trägt auf dem erscheinenden Dialog "Baustein erzeugen" den Bausteinnamen "OB1" ein. Nach Bestätigung des Dialogs über den Button "OK", schließt sich der Dialog und der Editor des OB1 liegt auf dem Desktop.
Im OB1 muß nur die Funktion FC1 aufgerufen werden. Im nachfolgenden Bild ist dies zu sehen.

Funktionsbausteine

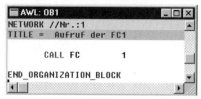

Bild: Programm im OB1

Der Baustein wird nach Fertigstellung gespeichert und über die Tasten [STRG] + [F4] geschlossen.

Das SPS-Programm ist somit vollständig, nun soll dieses in der Software-SPS von WinSPS-S7 getestet werden. Für den Test wird auch die AG-Maske verwendet. Diese ist zunächst zu konfigurieren. Folgende Baugruppen werden benötigt:

- Eine 8er Eingangsbaugruppe
- Eine 8er Ausgangsbaugruppe
- Drei analoge Eingangskanäle

Das Fenster "AG-Maske" wird über den Menüpunkt "Anzeige->AG-Maske-Simulation" aufgerufen. Die darin abgebildete SPS besteht nur aus der CPU. Diese muß nun um die benötigten Baugruppen erweitert werden. Als erstes sind die analogen Eingabebaugruppen zu plazieren. Dazu betätigt man den Menüpunkt "AG-Maske->Eingangsbaugruppen->Analoge E-Baugruppe einfügen". Diese Aktion führt man drei Mal aus, so daß sich drei Analogbaugruppen innerhalb der AG-Maske befinden. Alle Baugruppen tragen die Bezeichnung "EW256".
Es soll nun die Adresse der Baugruppen und deren Meßbereich verändert werden. Dazu führt man einen Doppelklick auf der Bezeichnung "EW256" der Baugruppe aus, die sich rechts neben der CPU befindet. Daraufhin öffnet sich der Dialog "Analoge Baugruppen konfigurieren". Im oberen Bereich des Dialogs kann die Baugruppenadresse angegeben werden, hierbei wird die Adresse "288" eingetragen. Darunter befindet sich eine Liste mit den verfügbaren Meßbereichen. Aus dieser Liste wird der Bereich "Pt100" selektiert. Die Auflösung wird auf der Grundeinstellung belassen (siehe Bild).

Funktionsbausteine

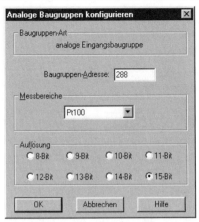

Bild: Dialog "Analoge Baugruppen konfigurieren"

Wurden diese Einstellungen getätigt, so kann der Dialog über den Button "OK" verlassen werden. Die Veränderung ist der Baugruppe zu entnehmen. Diese trägt jetzt die Bezeichnung "EW288" und die Skala ist neu beschriftet.
Nun wird die Baugruppe rechts daneben eingestellt. Dazu geht man in gleicher Weise vor. Man führt einen Doppelklick auf der Bezeichnung "EW256" aus, so daß sich der Dialog "Analoge Baugruppen konfigurieren" öffnet. Auf dem Dialog wird die Adresse "290" und der Meßbereich "Pt100" eingestellt. Die Übernahme der Daten erfolgt bei Betätigung des Buttons "OK".
Jetzt folgt die Baugruppe am rechten Rand der AG-Maske, bei dieser wird die Adresse "292" eingetragen und als Meßbereich ebenfalls "Pt100". Somit sind die analogen Baugruppen konfiguriert.
Anschließend folgt die digitale Ausgangsbaugruppe mit 8 Ausgängen. Um diese zu plazieren, betätigt man den Menüpunkt "AG-Maske->Ausgangsbaugruppen-> 8er A-Baugruppe einfügen". Daraufhin ist diese neben der CPU in der AG-Maske zu sehen. Um die Einstellungen zu tätigen, doppelklickt man auf die Bezeichnung der Baugruppe (AB0). Daraufhin erscheint der Dialog "Digitale Baugruppe einstellen". Auf diesem Dialog wird die Baugruppenadresse 4 eingestellt. Des weiteren sollen die einzelnen Bits beschriftet werden, der Dialog hat somit folgendes Aussehen:

Funktionsbausteine

Bild: Dialog "Digitale Baugruppe einstellen"

Drückt man nun den Button "OK", so wird der Dialog geschlossen und auf der Baugruppe sind die Beschreibungen für die Bits zu sehen.
Abschließend folgt die Eingangsbaugruppe, welche über den Menüpunkt "AG-Maske->Eingansgbaugruppen->8er E-Baugruppe einfügen" zur Ansicht gebracht wird. Auch bei dieser Baugruppe wird der Konfigurationsdialog "Digitale Baugruppe einstellen" aufgerufen und die ersten beiden Bits beschriftet. Die Adresse muß nicht verändert werden.
Die AG-Maske präsentiert sich somit folgendermaßen:

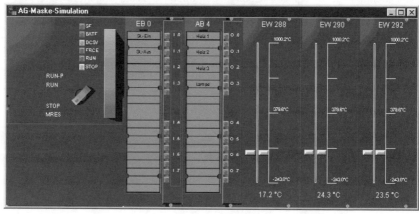

Bild: Fenster "AG-Maske"

Funktionsbausteine

Daß ein Eingang auf einer digitalen Eingangsbaugruppe der AG-Maske mit der Tastatur und der Maus beeinflußt werden kann, wurde schon in den vorausgegangenen Beispielen gezeigt. Die Bedienung der analogen Eingabebaugruppen kann ebenfalls mit der Maus oder der Tastatur vorgenommen werden. Bei der Bedienung mit Hilfe der Maus, klickt man den Slider auf der Baugruppe mit der linken Maustaste an und hält diese gedrückt. Der Mauszeiger verändert dabei seine Form in zwei Pfeile, welche nach oben und unten zeigen (siehe Bild).

Bild: Slider mit Mauszeiger

Nun kann der Slider nach oben oder unten bewegt werden. Dabei verändert sich auch der an der Baugruppe anliegende physikalische Wert, welcher im unteren Teil der Baugruppe als Zahl dargestellt wird.
Eine genauere Einstellung ist mit der Tastatur möglich. Damit eine Baugruppe mit der Tastatur beeinflußt werden kann, muß diese den Eingabefokus besitzen. Ob eine analoge Baugruppe den Eingabefokus besitzt, kann an einem roten Rahmen um den physikalischen Wert (am unteren Rand der Baugruppe) erkannt werden. Mit Hilfe der Tasten [TAB] und [UMSCH] + [TAB] kann der Eingabefokus zwischen den einzelnen Eingangsbaugruppen der AG-Maske verschoben werden.
Ist die analoge Baugruppe im Besitz des Eingabefokus, so kann der Wert mit den Tasten [Pfeil Auf] und [Pfeil Ab] sowie den Tasten [Bild Auf] und [Bild Ab] verändert werden. Die Pfeiltasten erlauben dabei eine genauere Einstellung. Will man schnell den max. physikalischen Wert einstellen, so betätigt man die Taste [Ende]. Bei Betätigung von [Pos 1] wird der kleinste physikalische Wert der Baugruppe eingestellt.
Somit ist die Bedienung der analogen Eingabebaugruppen ebenfalls bekannt.

Nun müssen die Bausteine in die CPU übertragen werden. Dazu betätigt man den Menüpunkt "AG->Mehrere Bausteine übertragen". Auf dem erscheinenden Dialog können die Projektbausteine über das Feld "Alle markieren" selektiert werden. Der Button "Übertragen" löst die Aktion aus und schließt den Dialog. Dabei wird ein Info-Dialog sichtbar, welcher über den Status der Übertragung informiert. Dieser Dialog kann mit Hilfe der Taste [ESC] geschlossen werden.

Damit die Bausteine in der CPU bearbeitet werden, ist diese in den Betriebszustand RUN zu überführen. Dazu verwendet man den Menüpunkt "AG->Betriebszustand", welcher auch über die Tasten [STRG] + [I] zu erreichen ist. Auf dem sich zeigenden Dialog betätigt man den Button "Wiederanlauf". Anschließend kann der Dialog über den Button "Schließen" geschlossen werden.

Funktionsbausteine

Das Testen des SPS-Programms soll sowohl mit der AG-Maske, als auch mit dem Bausteinstatus erfolgen. Der Bausteinstatus wird über die Tasten [STRG] + [F6] geöffnet. In dem Fenster wird dabei der Baustein OB1 angezeigt. Da das Hauptprogramm in der Funktion FC1 programmiert ist, soll diese in das Fenster geladen werden. Dazu stellt man den Cursor einfach auf den Aufruf der Funktion (CALL) und betätigt die Tasten [STRG] + [RETURN]. In dem erscheinenden Kontextmenü kann nun der Menüpunkt "FC1 öffnen" selektiert werden. Daraufhin wird die FC1 im Fenster "Status-Baustein" angezeigt. Der Cursor wird dann in das Netzwerk 3 plaziert, in welchem der Aufruf des Funktionsbausteins FB1 mit dem Instanz-DB 2 steht. Dieser DB2 ist mit den Grenzwerten für das Gewächshaus 1 vorbelegt. Über die Tasten [STRG] + [F7] wird der Statusbetrieb gestartet.
Die Bedienung der Steuerung soll mit der AG-Maske erfolgen. Zunächst wird der Eingang E0.1 auf '1' gesetzt, denn an diesem Eingang ist ein Öffner angeschlossen. Dies erreicht man einfach durch Anklicken der entsprechenden LED auf der Baugruppe. Bevor die Steuerung über den Eingang E0.0 eingeschaltet wird, werden die Temperaturen an den analogen Eingangsbaugruppen einheitlich auf 28°C eingestellt.
Nun klickt man die LED des Eingangs E0.0 an, um die Steuerung einzuschalten. Ein erneutes Anklicken setzt den Status des Eingangs wieder auf '0'. Daraufhin leuchtet die LED des Ausgangs A4.3 als Zeichen dafür, daß die Steuerung eingeschaltet ist. Jetzt wird die Temperatur an der Baugruppe "EW288" über die Taste [Pfeil Ab] langsam nach unten gesetzt. Gleichzeitig kann beobachtet werden, wie sich im Fenster "Status-Baustein" beim Aufruf des FB1 der übergebene Meßwert im EW288 verändert. Sobald die Marke von 22°C erreicht ist, erhält der Ausgang A4.0 den Status '1', d.h. die Heizung im Gewächshaus 1 wird eingeschaltet.
Dies kann sowohl bei der AG-Maske an der Baugruppe "AB4", als auch im Fenster "Status-Baustein" beobachtet werden. Im folgenden Bild ist diese Situation zu sehen:

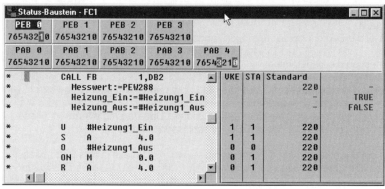

Bild: Staus der FC1

Dabei ist auch das PAB-Fenster "PAB 4" zu sehen. Um dieses anzeigen zu lassen, führt man einfach den Menüpunkt "Status-BST->PAE,PAA-Ansicht" aus. Auf dem Dialog kann dann das PAB 4 in der zweiten Zeile eingetragen werden.

Nun soll der obere Grenzwert kontrolliert werden. Dazu verändert man über die Taste [Pfeil Auf] die Temperatur an der Baugruppe "EW288". Beim Erreichen einer Temperatur von 32°C wird der Ausgang A4.0 wieder auf den Status '0' gesetzt, denn ab dieser Temperatur sollte die Heizung des Gewächshauses ausgeschaltet werden.

In gleicher Weise können auch die weiteren Grenzwerte der Gewächshäuser 2 und 3 kontrolliert werden, dabei sind die Temperaturen an den Baugruppen "EW290" bzw. "EW292" zu verändern.

Das Beispiel hat gezeigt, wie man einen Funktionsbaustein mehrmals in einem SPS-Programm aufruft, wobei jeweils andere Instanz-DBs angegeben werden. Dadurch ist es möglich, den FB mit unterschiedlichen Vorbelegungswerten arbeiten zu lassen. Des weiteren können in den statischen Lokaldaten Werte abgelegt werden, die beim nächsten Aufruf des FBs, mit dem gleichen Instanz-DB, wiederum zur Verfügung stehen.

14.3 Aufruf eines Funktionsbausteines ohne die Angabe von Aktualparametern

Wird eine Funktion (FC) im SPS-Programm aufgerufen, und besitzt diese Funktion Parameter, so müssen beim Aufruf die Formalparameter mit Aktualparameter versorgt werden.
Bei einem Funktionsbaustein ist das Versorgen der Formalparameter nicht zwingend, d.h. es wird dem Anwender überlassen, ob er einen Formalparameter mit einem Aktualparameter versorgt.
Dieser Sachverhalt soll anhand eines Beispiels näher erläutert werden.

Beispiel:

Ein FB besitzt zwei Eingangsparameter und einen Ausgangsparameter. Innerhalb des FBs werden die beiden Eingangsparameter addiert und die Summe dem Ausgangsparameter zugewiesen.

Dieser FB soll im Organisationsbaustein OB1 mehrmals aufgerufen werden, wobei bei den einzelnen Aufrufen jeweils der gleiche Instanz-DB angegeben wird.

Nachfolgend ist das Programm des FBs zu sehen:

Funktionsbausteine

```
AWL: FB1                                              _ □ ×
VAR_INPUT
    Add_1:INT:=0
    Add_2:INT:=0
END_VAR

VAR_OUTPUT
    Summe:INT:=0
END_VAR

BEGIN
NETWORK //Nr.:1
TITLE =   Summieren der beiden Eingangsparameter
      L     #Add_1                    //Laden des 1. Parameters
      L     #Add_2                    //Laden des 2. Parameters
      +I                              //Addieren
      L     #Summe                    //Inhalt von Summe laden
      +I                              //Addieren
      T     #Summe                    //Transfer in Ausgangsparameter
END_FUNCTION_BLOCK
```

Bild: Programm im FB1

Innerhalb des FB1 werden zunächst die Werte der beiden Eingangsparameter addiert. Das Ergebnis wird anschließend mit dem bisherigen Inhalt des Parameters "Summe" addiert und dann in den Parameter "Summe" transferiert.

Nun soll der Instanz-DB für den FB1 erzeugt werden. Im letzten Beispiel wurden die Instanz-DBs nicht explizit erzeugt. Die Instanz-DBs wurden beim beim Programmieren des Aufrufs des FBs von WinSPS-S7 automatisch erzeugt.
Um den Instanz-DB erzeugen zu lassen, betätigt man den Menüpunkt "Projektverwaltung->Baustein erzeugen". Auf dem erscheinenden Dialog gibt man als Bausteinname "DI2" für Instanzdatenbaustein 2 ein. Beim Drücken des Buttons "OK" wird die Eingabe übernommen und der DI (Instanzdatenbaustein) erzeugt.
Innerhalb des Editors für den Instanz-DB ist FB2 als der FB angegeben, von welchem die Datenstruktur übernommen werden soll. Da dies in diesem Fall nicht korrekt ist, wird der Eintrag "FB2" in "FB1" geändert (siehe Bild).

```
AWL: DB2                              _ □ ×
DATA_BLOCK DB2
TITLE =<Beschreibung des DIs>
AUTHOR:   MHJTW
FAMILY:   nb
NAME:     nb
VERSION:  1.0

    FB1 <-Veränderter Eintrag
BEGIN
END_DATA_BLOCK
```

Bild: DB2

Funktionsbausteine

Daraufhin kann der Baustein über die Tasten [STRG] + [S] abgespeichert werden. Als Folge davon werden die einzelnen Parameter innerhalb der Aktualwerte aufgelistet. Nachfolgend ist dies zu sehen:

```
AWL: DB2
TITLE =<Beschreibung des DIs>
AUTHOR:  MHJTW
FAMILY:  nb
NAME:    nb
VERSION: 1.0

        FB1                              //Datenstruktur
BEGIN
        Add_1:=0
        Add_2:=0
        Summe:=0
END_DATA_BLOCK
```

Bild: DB mit den Aktualwerten

Nun kann der DB2 über die Tasten [STRG] + [F4] geschlossen werden.

Der Baustein OB1 wird über die Tasten [STRG] + [N] erzeugt. Auf dem Dialog "Baustein erzeugen" wird dabei der Bausteinname "OB1" eingetragen. Der Button "OK" bestätigt den Dialog.
Nachfolgend ist das Programm im OB1 zu sehen:

```
AWL: OB1
NETWORK //Nr.:1
TITLE =
        L    0
        T    DB2.Summe                   //Parameter "Summe" vorbelegen

        CALL FB       1,DB2              //Aufruf FB1
           Add_1:=10
           Add_2:=10
           Summe:=MW0

        L    DB2.Summe                   //Inhalt Parameter "Summe"

        CALL FB       1,DB2              //Aufruf FB1
           Add_1:=
           Add_2:=
           Summe:=

        L    DB2.Summe                   //Inhalt Parameter "Summe"

        CALL FB       1,DB2              //Aufruf FB1
           Add_1:=
           Add_2:=
           Summe:=MW0

        L    DB2.Summe                   //Inhalt Parameter "Summe"
```

Bild: Programm im OB1

STEP®7-Crashkurs

Funktionsbausteine

Im OB1 wird zunächst der Parameter "Summe" mit dem Wert Null vorbelegt. Dabei ist zu sehen, daß ein Instanz-DB genauso wie ein Globaldatenbaustein angesprochen werden kann.
Dann folgt der erste Aufruf des FB1, wobei der DB2 als Instanz-DB übergeben wird. Dabei wird den beiden Eingangsparametern jeweils der Wert "10" übergeben. Für den Ausgangsparameter "Summe" wird das Merkerwort MW0 als Aktualparameter übergeben.
Nach dem ersten Aufruf wird der Inhalt des Parameters "Summe" aus dem DB2 geladen, diese Zeile dient nur dazu, den Inhalt im Bausteinstatus sichtbar zu machen.
Danach ist der zweite Aufruf des FB1 programmiert, wiederum mit dem DB2 als Instanz-DB. Das Besondere dieses Aufrufs ist, daß die Formalparameter nicht mit Aktualparameter versorgt werden. Dies ist bei FBs erlaubt.
Anschließend wird nochmals der Inhalt des Parameters "Summe" geladen um diesen im Bausteinstatus zu sehen.
Beim dritten Aufruf des FB1 wird nur das Merkerwort MW0 als Aktualparameter übergeben, um darin den Wert der Summe abzulegen.
Zuletzt wird dann abermals der Inhalt des Parameters "Summe" zur Anzeige gebracht.
Der Baustein OB1 wird nach der Erstellung mit den Tasten [STRG] + [S] gespeichert.
Nun soll das SPS-Programm in der Software-SPS von WinSPS-S7 getestet werden. Dazu schaltet man WinSPS-S7 in den Simulatormodus, indem man den Mausbutton "SIM" betätigt.
Die Bausteine müssen zunächst in die CPU übertragen werden, dazu betätigt man den Menüpunkt "AG->Alle Bausteine übertragen". Daraufhin werden alle Bausteine des Projektes in die CPU übertragen. Ein Info-Dialog gibt dabei Auskunft über die Vorgänge während der Übertragung. Dieser Dialog kann durch die Taste [ESC] geschlossen werden.
Mit den Tasten [STRG] + [I] wird der Dialog "Betriebszustand" geöffnet. Die Betätigung des Buttons "Wiederanlauf" versetzt die CPU in den Betriebszustand RUN.

Das SPS-Programm soll im Bausteinstatus betrachtet werden. Das Fenster "Status-Baustein" wird über die Tasten [STRG] + [F6] geöffnet. Darin ist der Baustein OB1 zu sehen. Mit Hilfe der Taste [F5] wird das Fenster maximiert.
Nun plaziert man den Cursor auf die erste Codezeile und startet den Statusbetrieb über die Tasten [STRG] + [F7]. Dabei präsentiert sich folgende Darstellung:

Funktionsbausteine

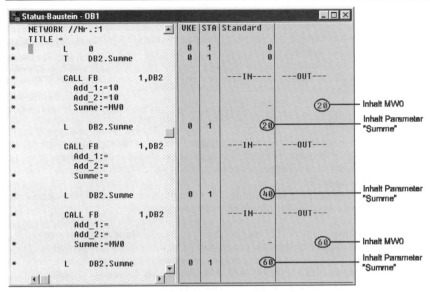

Bild: Statusausgabe des OB1

Nach dem ersten Aufruf hat das Merkerwort MW0 den Inhalt "20". Dies war auch zu erwarten, denn die Summe der beiden Eingangsparameter beträgt 20 und der Parameter "Summe" hat zu Beginn den Wert Null.
Nach dem ersten Aufruf des FB1 hat auch der Parameter "Summe" den Inhalt "20". Nun folgt der Aufruf ohne Aktualparameter. Nach dem Aufruf ist zu erkennen, daß der Inhalt des Parameters "Summe" dem Wert "40" entspricht. Dies bedeutet, innerhalb des FBs wurde wiederum mit den Werten des ersten Aufrufs gearbeitet. Denn die Summe der beiden Eingangsparameter und des alten Wertes des Parameters "Summe" ergibt das Ergebnis "40".
Wie kann man sich diesen Verhalten erklären? Dazu muß man sich die interne Arbeitsweise bei einem Aufruf eines FBs anschauen. Der Ablauf bei Parametern mit elementaren Datentypen sieht dabei folgendermaßen aus:

1. Die Werte der Aktualparameter der Deklarationsbereiche VAR_INPUT und VAR_IN_OUT werden in die entsprechenden Variablen des Instanz-DB transferiert.
2. Aufruf und Bearbeitung des FBs.
3. Die Werte der Parameter der Deklarationsbereiche VAR_IN_OUT und VAR_OUTPUT werden in die Aktualparameter transferiert.

Funktionsbausteine

Für das Beispiel bedeutet dies, beim ersten Aufruf:

1. Die beiden Konstanten Werte "10" werden in die DB-Variablen "Add_1" und "Add_2" transferiert.
2. Bearbeitung des FB1.
3. Der Inhalt der DB-Variablen "Summe" wird in den Aktualparameter MW0 transferiert.

Beim zweiten Aufruf ist der Ablauf folgender:

1. Da keine Aktualparameter für die beiden Formalparameter "Add_1" und "Add_2" angegeben sind, werden auch keine Werte in die DB-Variablen transferiert. Somit behalten diese die Werte vom letzten Aufruf.
2. Bearbeitung des FB1.
3. Da kein Aktualparameter für den Formalparameter "Summe" angegeben ist, wird der Inhalt der DB-Variablen nicht transferiert.

Dabei ist noch zu erwähnen, daß bei der Verarbeitung der Bausteinparameter innerhalb des Funktionsbausteines, immer auf die Variablen des Instanz-DB zugegriffen wird. Dies bedeutet, daß beispielsweise beim Laden des Parameters "Add_1" der Wert der DB-Variablen "Add_1" geladen wird. Ebenso wird beim Transferieren in den Parameter "Summe", eigentlich in die Variable "Summe" des DB2 transferiert.

Nun der Ablauf beim dritten Aufruf:

1. Da hierbei ebenfalls keine Aktualparameter für die beiden Formalparameter "Add_1" und "Add_2" angegeben sind, werden wiederum keine Werte in die DB-Variablen transferiert. Somit behalten diese die Werte vom letzten Aufruf.
2. Bearbeitung des FB1.
3. Der Inhalt der DB-Variablen "Summe" wird in den Aktualparameter MW0 transferiert.

Somit kann man sich auch erklären, warum die DB-Variable "Summe" am Ende des OB1 den Inhalt "60" besitzt.

Nach dem Test kann der Statusbetrieb über die Tasten [STRG] + [F7] beendet und das Fenster "Status-Baustein" mit den Tasten [STRG] + [F4] geschlossen werden.

14.4 Unterschied Instanzdatenbaustein und Globaldatenbaustein

Globaldatenbausteine wurden in einem eigenständigen Abschnitt erläutert. Im Zusammenhang mit Funktionsbausteinen sind nun die sog. Instanzdatenbausteine aufgetreten. In diesem Abschnitt soll auf die Unterschiede zwischen Globaldatenbausteine und Instanz-DBs eingegangen werden. Soviel vorweg, die Unterschiede sind nicht groß.

Der Hauptunterschied besteht darin, daß ein Instanz-DB die Datenstruktur eines FBs besitzt. Dies bedeutet, der Anwender kann diese innerhalb des Instanz-DB nicht verändern. Im Gegensatz zum Globaldatenbaustein, wo die Datenstruktur vom Programmierer im Deklarationsbereich des Datenbausteins festgelegt wird.
Bei einem Instanz-DB steht im Deklarationsbereich lediglich der Name des Funktionsbausteins, dessen Datenstruktur maßgeblich ist.

Weiterhin übernimmt der Instanz-DB die Anfangswerte des Funktionsbausteins. Allerdings können die Aktualwerte ebenso verändert werden, wie bei einem Globaldatenbaustein. Dies wurde im ersten Beispiel mit einem Funktionsbaustein bereits gezeigt.

Ein Instanz-DB kann ebenso aufgeschlagen werden wie ein Globaldatenbaustein, d.h. auf die Daten eines Instanz-DB kann auch außerhalb des Funktionsbausteins zugegriffen werden. Im letzten Beispiel wurde davon bereits Gebrauch gemacht, als im OB1 auf den Instanz-DB DB2 sowohl lesend als auch schreibend zugegriffen wurde.

14.4.1 Das DI-Register

Beim Aufschlagen eines Datenbausteins über den Befehl "AUF DB" wird das DB-Register auf den angegebenen Datenbaustein eingestellt. In den S7-CPUs sind allerdings zwei DB-Register vorhanden, wobei das eine als DI-Register bezeichnet wird. Das DI-Register wird benutzt, wenn innerhalb eines Funktionsbausteins auf einen Bausteinparameter zugegriffen wird. Beim Aufruf des Funktionsbausteins wird dabei das DI-Register auf den Instanz-DB eingestellt. Dies geschieht für den SPS-Programmierer unsichtbar.

Der SPS-Programmierer kann ebenfalls über das DI-Register auf Inhalte eines Datenbausteins zugreifen. Allerdings sollte dies möglichst unterlassen werden. Innerhalb eines FBs kann dies nicht vorhersehbare Auswirkungen haben.

Funktionsbausteine

Für den Zugriff über das DI-Register stehen die gleichen Befehle zur Verfügung, wie beim DB-Register. Bei den Zugriffsbefehlen muß lediglich für das Zeichen "B" das Zeichen "I" gesetzt werden.
Im folgenden Beispiel wird das DI-Register mit dem Datenbaustein DB2 referenziert und anschließend auf das Datenwort 2 zugegriffen:

```
AWL: OB1                                                          _ □ ×
BEGIN
NETWORK //Nr.:1
TITLE =
       AUF  DI    2              //Aufschlagen des DB2 im DI-Register
       L    DIW   2              //Zugriff auf das Datenwort 2
```

Bild: Aufschlagen eines DB und Zugriff über DI-Register

Zum Vergleich die entsprechenden Befehle für das DB-Register:

```
AWL: OB1                                                          _ □ ×
BEGIN
NETWORK //Nr.:1
TITLE =
       AUF  DB    2              //Aufschlagen des DB2 im DB-Register
       L    DBW   2              //Zugriff auf das Datenwort 2
```

Bild: Gleiche Befehle mit DB-Register

Mit dem DI-Register kann <u>kein</u> komplettadressierter Datenbausteinzugriff programmiert werden, d.h. der Befehl "L   DB10.DBW0" ist über das DI-Register <u>nicht</u> möglich. Somit kann man auch nicht über die Variablennamen eines DBs auf dessen Inhalt zugreifen.

14.5 Die statischen Lokaldaten

Bei Einführung des Funktionsbausteins wurde zum ersten Mal der Deklarationsbereich "VAR" genannt. Es handelt sich dabei um die sog. statischen Lokaldaten. Dieser Deklarationsbereich ist nur in Funktionsbausteinen vorhanden. Im Einführungsbeispiel für FBs wurden bereits Variablen in den statischen Lokaldaten verwendet. Diese wurden benutzt, um die Grenzwerte für die einzelnen Gewächshäuser abzulegen.

Die statischen Lokaldaten können als "Gedächtnis" des Funktionsbausteins verwendet werden. Denn die darin abgelegten Werte, stehen beim nächsten Aufruf des FBs, mit dem gleichen Instanz-DB, wiederum zur Verfügung.

15 ZÄHLER

Die Programmiersprache STEP®7 beinhaltet eine Zählerfunktion, mit der z.B. an einem Eingang anliegende Impulse gezählt werden können.
Jedoch ist zu beachten, daß **nur** die **ansteigende Flanke** eines Impulses **gezählt** wird, also nur der Signalwechsel von '0' nach '1' (siehe Bild).

Bild: Ansteigende Flanke

Der Zähler kann sowohl als Rückwärts-, als auch als Vorwärtszähler verwendet werden. Die Zählrichtung wird über die Programmierung vorgegeben.

Hinweis:
Die Befehle für die Zähler sind in S5 und S7 nahezu identisch.

15.1 Zähler setzen und rücksetzen

Ein Zähler wird gesetzt, sobald das VKE am Setzeingang von '0' auf '1' wechselt.
Durch das Setzen ist es möglich, einen Zähler mit einem Wert vorzubelegen.
Dabei wird zuerst der Zählerwert "C#010" in den Akku1 geladen und danach wird der Setzbefehl ausgeführt.

Bild: Setzen eines Zählers

Ein Zähler wird rückgesetzt, wenn das VKE am Rücksetzeingang des Zähler den Zustand '1' hat. Solange das VKE den Zustand '1' beibehält, ist der Zähler rückgesetzt. Dies bedeutet, der Zählwert wird auf Null gesetzt und die binäre Abfrage des Zählers liefert den Zustand '0'.
Zum Rücksetzen ist kein Flankenwechsel am Rücksetzeingang notwendig.

Bild: Zähler rücksetzen

Zähler

15.2 Abfragen eines Zählers

Ein Zähler kann über binäre Operationen auf seinen Zustand abgefragt werden. Es ist somit möglich, einen Zähler abzufragen und das Ergebnis in andere binäre Verknüpfungen mit einzubinden. **Das Ergebnis einer Abfrage liefert den Wert '1', solange der Zählerstand größer als Null ist.**

Der momentane Zählwert des Zählers, kann über die Operationen "Lade codiert" (LC) oder "Lade" (L), BCD- bzw. dualcodiert in den Akku1 geladen werden. Somit ist es möglich, den Wert im SPS-Programm weiter zu verarbeiten oder auch an die Peripherie auszugeben.

Bild: Zählerstand dual- und BCD-codiert laden

15.3 Zähler mit einem Zählwert laden

Ein Zähler kann mit einem Zählwert vorbelegt werden. **Den zu ladenden Wert übernimmt der Zähler nur bei einer positiven Flanke am Setz-Eingang.** Tritt eine positive Flanke am Setz-Eingang auf, so muß der Zählwert im Akku1 geladen sein. Folgende Möglichkeiten stehen unter anderem zur Verfügung, um einen Zählwert zu laden:

Operation	Beschreibung
L C# ...	Laden eines konstanten Zählwertes
L DBW ...	Laden eines Datenwortes. Der Zählwert muß BCD- codiert vorliegen.
L EW ...	Laden eines Eingangswortes. Der Zählwert muß BCD- codiert vorliegen.
L AW ...	Laden eines Ausgangswortes. Der Zählwert muß BCD- codiert vorliegen.
L MW ...	Laden eines Merkerwortes. Der Zählwert muß BCD- codiert vorliegen.
L LW ...	Laden eines Lokaldatenwortes. Der Zählwert muß BCD- codiert vorliegen.

15.3.1 Laden eines konstanten Zählwertes

Über den Befehl "L C#" kann ein Zähler mit einem konstanten Zählwert vorbelegt werden.
Dieser Befehl hat folgenden Aufbau (siehe Bild):

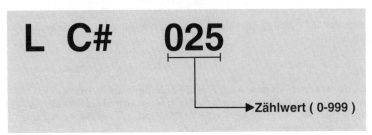

Bild: Aufbau des Befehls L C#

Durch diesen Befehl wird die Zahl 25 BCD-codiert im Akku1 abgelegt. Dieser Wert kann dazu verwendet werden, einen Zähler vorzubelegen.

15.3.2 Weitere Möglichkeiten einen Zähler vorzubelegen

Der Zählwert, mit welchem ein Zählerbaustein vorzubelegen ist, kann ebenfalls aus Eingangs-, Ausgangs-, Merker-, Lokaldaten- oder Datenwörtern geladen werden.

Das geladene Wort muß dabei folgendes Aussehen haben (siehe Bild):

Bild: Bedeutung der Stellen eines Zählwertes

In diesem Beispiel ist in dem Wort der Wert 491 (dezimal) enthalten.
Dieser Zählwert kann z.B. an Eingängen anstehen (über Ziffernsteller einstellbar) oder intern als Datenwort abgelegt sein.

Zähler

15.4 Vorwärtszähler

Bei einem Vorwärtszähler wird der Wert des Zählers mit jeder positiven Flanke des VKE am ZV-Eingang um eins erhöht.
Ist der maximale Zählerstand von 999 erreicht, so wird der Zählerstand nicht weiter erhöht.
Eine binäre Abfrage des Zählers liefert '1', sobald der Zählerstand von Null verschieden ist.

Beispiel:
Es soll die Teile- Durchgangsrate auf einem Förderband erfaßt werden. Ein auf dem Band befindliches Teil betätigt einen Schalter, dessen Signal als Zählimpuls verwendet werden kann. Es ist ein Taster vorzusehen, mit welchem der Zählerstand rückgesetzt werden kann.

Operand	Zuweisung
E0.0	Zählimpuls
E0.1	Taster- Zähler rücksetzen

```
AWL: OB1
    U   E   0.0
    ZV  Z   1           //Vorwaerts zaehlen
    U   E   0.1
    R   Z   1           //Zaehler ruecksetzen
```

Bild: Programm für dieses Beispiel

15.5 Rückwärtszähler

Bei einem Rückwärtszähler wird der Wert des Zählers mit jeder positiven Flanke des VKE am ZR- Eingang um eins erniedrigt.
Ist der minimale Zählerstand von 0 erreicht, so wird der Zählerstand nicht weiter erniedrigt. Ein Zähler kann keine negativen Werte darstellen.
Eine binäre Abfrage des Zählers liefert '1', solange der Zählerstand von Null verschieden ist.

Beispiel:

In einem Kaufhaus soll anläßlich eines Jubiläums der 999. Kunde ein Präsent bekommen. Dazu wird an der Eingangstür ein Schalter angebracht, dessen Signal als Zählimpuls verwendet werden kann.
Der 999. Kunde soll durch eine Lampe angezeigt werden. Über einen Taster soll der Zähler wieder auf den Wert 999 gesetzt werden können, gleichzeitig wird dabei die Lampe ausgeschaltet. Ebenso ist ein Taster zum Rücksetzen des Zählers vorzusehen.

Operand	Zuweisung
E0.0	Zählimpuls
E0.1	Taster- Zähler setzen
E0.2	Reset
A1.0	Lampe

```
AWL: OB1
      U    E      0.1        //Taster
      L    C#999             //Zaehlwert
      S    Z      1          //Zaehler setzen
      U    E      0.0        //Zaehlimpuls
      ZR   Z      1          //Rueckwaerts zaehlen
      U    E      0.2        //Ruecksetzt-Taster
      R    Z      1          //Zaehler ruecksetzen
      UN   Z      1          //Abfrage des Zaehler
      =    A      1.0        //Lampe
```

Bild: Programm für dieses Beispiel

15.6 Beispiel zum Zähler

Von einem Zähler soll die Stückzahl der gefertigten Teile einer Produktionsstraße erfaßt, und bei Erreichen des Zählerstandes "0" eine Meldung ausgegeben werden. Der Zähler soll über einen Taster auf den Zählerstand 50 gesetzt werden können.

Operand	Zuordnung
E 0.0	Reset-Taste
E 0.1	Zählimpuls
E 0.2	Übernahmetaste
A 1.0	Anzeige Zähler Null Lampe
Z 1	Zähler

```
AWL: OB1
     U    E      0.1
     ZR   Z      1                //Zaehle rueckwaerts
     U    E      0.2
     L    C#050                   //Laden des Zaehlwertes
     S    Z      1                //Setze den Zaehler
     U    E      0.0
     R    Z      1                //Ruecksetzen des Zaehlers
     UN   Z      1
     =    A      1.0              //Zaehlerstand von NULL versch.
```

Bild: Programm für dieses Beispiel

15.7 Weiteres Beispiel zum Zähler

In einer FC soll überprüft werden, ob der Zählerstand eines übergebenen Zählers, einem ebenfalls zu übergebenden Zählwert entspricht. Ist dies der Fall, so ist ein Ausgangsparameter auf TRUE zu setzen.

Das Programm soll mit WinSPS-S7 ausprogrammiert und getestet werden. Dazu öffnet man zunächst ein neues Projekt mit dem Namen "Zaehl1" (Menüpunkt "Datei->Projekt öffnen").
Das Programm soll in die FC1 geschrieben werden. Um diese zu erzeugen, betätigt man die Tasten [STRG] + [N] und trägt auf dem erscheinenden Dialog "FC1" als Bausteinname ein. Der Button "OK" löst die Aktion aus.
Nun befindet sich der Editor der FC1 auf dem Desktop. Die FC1 benötigt zwei Eingangsparameter und einen Ausgangsparameter. Nachfolgend sind diese dargestellt:

```
AWL: FC1
VAR_INPUT
    Zaehler:COUNTER          //Uebergabe des Zaehlers
    Zaehler_Stand:WORD       //Vergleichswert
END_VAR
VAR_OUTPUT
    Ist_Gleich:BOOL          //TRUE wenn identisch
END_VAR
```

Bild: Parameter der FC1

Der Eingangsparameter "Zaehler" ist vom Datentyp COUNTER, d.h. an diesen kann ein Zähler als Aktualparameter übergeben werden. An den zweiten Eingangsparameter ist der zu vergleichende Zählwert zu übergeben.
Der Ausgangsparameter "Ist_Gleich" ist vom Datentyp BOOL. Dieser soll den Wert TRUE liefern, sobald der Zählwert des übergebenen Zählers dem Wert in "Zaehler_Stand" entspricht.

Das SPS-Programm in der FC1 hat folgendes Aussehen:

```
AWL: FC1
NETWORK //Nr.:1
TITLE =  Vergleich
    LC    #Zaehler              //Codiertes laden des Zaehlerstandes
    L     #Zaehler_Stand        //Laden des Vergleichswertes
    ==I                         //Vergleich auf identisch
    =     #Ist_Gleich           //Ergebnis zuweisen
END_FUNCTION
```

Bild: Programm der FC1

Zähler

Im Programm wird zunächst der Zählerstand des übergebenen Zählers BCD-codiert geladen. Anschließend folgt das Laden des übergebenen Wertes und der Vergleich. Das Ergebnis des Vergleichs wird dem Ausgangsparameter zugewiesen.

Die FC1 ist innerhalb des OB1 aufzurufen. Der OB1 muß zunächst erzeugt werden. Dazu betätigt man die Tasten [STRG] + [N]. Auf dem Dialog "Baustein erzeugen" wird der Bausteinname "OB1" eingegeben und danach der Button "OK" gedrückt.
Somit befindet sich der Editor des OB1 auf dem Desktop. Im OB1 soll zunächst der zu übergebene Zähler beeinflußt werden (siehe Bild).

```
AWL: OB1
NETWORK //Nr.:1
TITLE = Zaehlerstand veraendern
        U    E       0.0
        ZV   Z       10              //Zaehlerstand erhoehen
        U    E       0.1
        ZR   Z       10              //Zaehlerstand verringern
```

Bild: Verändern des Zählerstandes von Z10

Dabei ist zu erkennen, daß bei einer positiven Flanke am Eingang E0.0 der Zählerstand erhöht wird. Eine positive Flanke am Eingang E0.1 dekrementiert den Zählerstand des Z10.
Im Netzwerk 2, welches über die Tasten [STRG] + [R] angelegt werden kann, wird nun der Aufruf der FC1 programmiert.

```
AWL: OB1
NETWORK //Nr.:2
TITLE= Aufruf der FC1
        CALL FC           1
          Zaehler:=Z10                    //Uebergebener Zaehler
          Zaehler_Stand:=W#16#0005        //Zu vergleichender Stand
          Ist_Gleich:=A1.0                //Ist TRUE wenn gleich
```

Bild: Aufruf der FC1

Der Funktion FC1 wird der Zähler Z10 als Aktualwert übergeben. Als Vergleichszählerstand wird die Zahl 5 im Format WORD angegeben. Das Ergebnis der Funktion soll am Ausgang A1.0 erscheinen.

Nach Erstellen der Bausteine können diese über den Menüpunkt "Datei->Projekt speichern" abgespeichert werden. Die Funktion soll in der Software-SPS von WinSPS-S7 überprüft werden. Dazu ist WinSPS-S7 auf den Simulatormodus einzustellen, d.h. der Mausbutton "SIM" muß betätigt sein. Ist dies der Fall, so werden zunächst die Bausteine in die CPU übertragen. Dazu betätigt man den Menüpunkt "AG->Alle Bausteine übertragen".

Zähler

Ein erscheinender Dialog gibt Auskunft über den Status der Übertragung. Dieser kann bei Abschluß über die Taste [ESC] geschlossen werden.
Der Betriebszustand der CPU wird mit Hilfe des Dialogs "Betriebszustand" auf RUN geschaltet, dieser wird mit Hilfe der Tasten [STRG] + [I] aufgerufen.

Der Test soll mit dem Bausteinstatus beobachtet werden. Das Fenster "Status-Baustein" wird dabei durch Betätigung des Menüpunktes "Anzeige->Bausteinstatus" aufgerufen. Innerhalb des Fensters wird der Baustein OB1 angezeigt.
Der Start des Statusbetriebs erfolgt über die Tasten [STRG] + [F7]. Der Ausgang A1.0 hat den Status '0', dies kann anhand des Fensters "PAB 1" beobachtet werden, denn die Ziffer "0" ist nicht farbig hervorgehoben. Dies ist auch korrekt, den der Zähler Z10 hat momentan den Zählerstand Null. Um den Zählerstand zu erhöhen, schaltet man den Eingang E0.0 auf den Status '1'. Dies erreicht man durch Anklicken der Ziffer "0" in dem Fenster "PEB 0". Durch erneutes Anklicken wird der Status des Eingangs wieder auf Null gesetzt. Der Bausteinstatus hat nach dieser Aktion folgendes Aussehen:

Bild: Statusanzeige

Hinter den Befehlen "ZV" und "ZR" kann dabei der momentane Zählerstand von Z10 betrachtet werden. Dieser beträgt "1".
Es soll nun der Inhalt der FC1 im Fenster "Status-Baustein" angezeigt werden. Dazu setzt man der Cursor auf den Aufruf der FC1 und betätigt die Tasten [STRG] + [RETURN]. Auf dem erscheinenden Kontextmenü wird der Eintrag "FC1 öffnen" selektiert.
Nach dieser Aktion wird die FC1 im Fenster angezeigt und die Statusinformationen ausgegeben. Wird der Zählerstand des Z10 durch Anklicken des Eingang E0.0 abermals verändert, so ist dies an der Statusinformation hinter dem Befehl "LC #Zaehler" zu beobachten.
Der Eingang E0.0 wird nun solange verändert, bis der Zählerstand des Z10 der Zahl 5 entspricht. Ist dies der Fall, dann erhält der Ausgang A1.0 den Status '1'. Dies kann dem Fenster "PAB 1" entnommen werden. Verändert sich der Zählerstand, so wird der Ausgang A1.0 wieder Null.

Zähler

Nachfolgend ist die Situation beim Zählerstand "5" zu sehen:

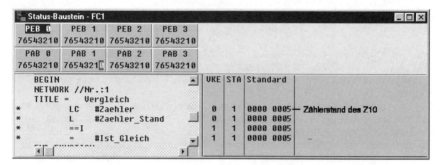

Bild: Status bei Zählerstand "5"

Der Statusbetrieb kann über die Tasten [STRG] + [F7] beendet und das Fenster "Status-Baustein" über die Tasten [STRG] + [F4] geschlossen werden.

In dem Beispiel wurde gezeigt, daß ein Zähler auch als Bausteinparameter übergeben werden kann um dann innerhalb des Bausteins darauf zuzugreifen.
Dabei ist zu beachten, daß der Datentyp COUNTER nur im Deklarationsbereich "VAR_INPUT" erlaubt ist.

15.8 Anzahl der verfügbaren Zähler

Mit den Befehlen von STEP®7 können theoretisch 65536 Zähler angesprochen werden. Dabei handelt es sich um einen theoretischen Wert, welcher in der Praxis nicht erreicht wird. Denn die Anzahl der verfügbaren Zähler wird durch die verwendete CPU festgelegt und diese liegt bei weitem niedriger. Die Anzahl der programmierbaren Zähler kann entweder dem AG-Handbuch entnommen werden oder man führt bei angeschlossener CPU die Funktion "Baugruppenzustand" aus. Nachfolgend ist dies dargestellt:

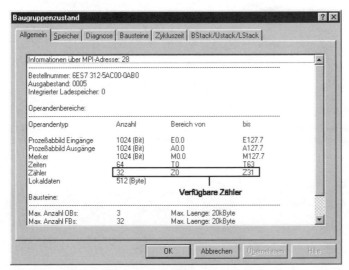

Bild: Baugruppenzustand

Zähler

15.9 Binärabfrage eines Zählers

Nachfolgend sind die unter STEP®7 vorhandenen binären Abfragen eines Zählers aufgelistet:

Operation	Beschreibung
U Z n	UND-Verknüpfung
UN Z n	UND-Verknüpfung negiert
O Z n	ODER-Verknüpfung
ON Z n	ODER-Verknüpfung negiert
X Z n	Exklusiv-ODER-Verknüpfung
XN Z n	Exklusiv-ODER-Verknüpfung negiert

Der Buchstabe "n" ist hierbei durch die Adresse des Zählers zu ersetzen.

Die Befehle können auch auf einen Bausteinparameter des Typs COUNTER angewendet werden. Dabei ist die Absolutadresse des Zählers (z.B. Z10) durch die Bezeichnung des Bausteinparameters zu ersetzen.

16 ZEITEN

Bei den meisten Steuerungsaufgaben müssen zeitgesteuerte Vorgänge irgendwelcher Art eingebaut werden. Beispiele dafür sind der Hochlauf eines Motors oder die zeitliche Überprüfung eines mechanischen Vorgangs.

Deshalb stellt die Programmiersprache STEP®7 fünf verschiedene Zeittypen zur Verfügung:

1. Der Impuls SI
2. Der verlängerte Impuls SV
3. Die Einschaltverzögerung SE
4. Die speichernde Verzögerung SS
5. Die Ausschaltverzögerung SA

Der Name der einzelnen Zeitfunktionen verrät schon ihr Anwendungsgebiet. So wird die SI-Zeit vor allem verwendet, um einen kurzen Impuls z.B. an einen Merker oder Ausgang weiterzugeben, auch wenn der Operand, welcher die Zeit ansteuert, viel länger seinen Zustand beibehält.

Hinweis:
Die Befehle für Zeiten sind in S5 und S7 nahezu identisch.

16.1 Zeitfunktion mit einem Zeitwert laden

Eine Zeitfunktion kann durch Lade- Funktionen mit einem Anfangswert belegt werden. Das Betriebssystem zählt diesen Anfangswert in einem bestimmten Zeitintervall bis auf Null zurück. Damit ist die Zeit abgelaufen. Dieser Anfangs- Zeitwert muß beim Start der Zeit im Akku1 vorhanden sein.
Folgende Möglichkeiten stehen unter anderem zur Verfügung, um einen Zeitwert zu laden:

Operation	Beschreibung
L S5T#...	Laden eines konstanten Zeitwertes
L DBW ...	Laden eines Datenwortes. Der Zeitwert muß BCD- codiert vorliegen.
L EW ...	Laden eines Eingangswortes. Der Zeitwert muß BCD- codiert vorliegen.
L AW ...	Laden eines Ausgangswortes. Der Zeitwert muß BCD- codiert vorliegen.
L MW ...	Laden eines Merkerwortes. Der Zeitwert muß BCD- codiert vorliegen.
L LW ...	Laden eines Lokaldatenwortes. Der Zeitwert muß BCD- codiert vorliegen.

Zeiten

16.1.1 Laden einer Zeit über einen konstanten Zeitwert

Über den Befehl "L S5T#" kann eine Zeit mit einem konstanten Zeitwert geladen werden. Dabei ist die Angabe in Stunden, Minuten, Sekunden und Millisekunden möglich.

Beispiel:

Es soll ein konstanter Zeitwert mit 1 Stunde 12 Minuten und 33 Sekunden geladen werden. Der Befehl hat dabei folgendes Aussehen:

```
L    S5T#1H12M30S
```

Beispiel:

Es soll ein konstanter Zeitwert mit 3 Sekunden und 210 Millisekunden geladen werden. Der Befehl hat dabei folgendes Aussehen:

```
L    S5T#3S210MS
```

Intern wird die Angabe als Multiplikation eines Zeitfaktors mit einer Zeitbasis dargestellt. Die Zeitbasis kann 4 verschiedene Werte annehmen. Dies sind: 0.01s, 0.1s, 1s oder 10s. Der Zeitfaktor kann max. die Zahl 999 annehmen. Somit ergibt sich ein max. Zeitwert von 9990s.
Bei der Eingabe des Zeitwertes wählt der Editor automatisch den richtigen Zeitfaktor aus. Der Zeitfaktor bestimmt auch die Genauigkeit der ablaufenden Zeit.

16.1.2 Weitere Möglichkeiten eine Zeitkonstante zu laden

Ähnlich wie bei den Zählern, kann auch bei Timern der Zeitwert durch Eingangs-, Ausgangs-, Merker-, Lokaldaten- oder Datenwörter geladen werden.

Das geladene Wort muß dabei folgendes Aussehen haben (siehe Bild):

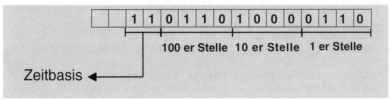

Bild : Aufbau eines Wortes zum Laden in einen Zeitbaustein

Der Wert muß BCD-codiert hinterlegt sein, wobei die Bits 12 und 13 die Zeitbasis angeben. Hierbei hat das Bit 12 die Wertigkeit 2^0 (1 dezimal) und das Bit 13 die Wertigkeit 2^1 (2 dezimal).

Die Zeitbasis hat folgende Codierung:

Zeitbasis	0	1	2	3
Zeitfaktor	0.01s (10 ms)	0.1 s (100ms)	1s	10s

Im Beispiel beträgt die Zeit somit 686 * 10s = 1H54M20S

Ähnlich wie der momentane Zählerstand bei Zählern, kann der Zeitwert eines Zeitbausteins BCD- codiert ausgegeben werden. Hierzu dient der Befehl "Lade codiert" (LC).

Es besteht ebenso die Möglichkeit, den Zeitwert dualcodiert zu erhalten, dabei wird der Befehl "Lade" (L) programmiert.

16.2 Starten und Rücksetzen einer Zeit

Eine Zeit kann durch das **Wechseln des VKE-Zustands** am Starteingang gestartet werden. Bei den Zeitarten SI, SV, SE und SS bewirkt ein Wechseln des VKEs vom Zustand '0' zum Zustand '1' (pos. Flanke) das Starten der Zeit. Eine Ausnahme stellt die Zeitart SA dar.
Bei dieser Zeit führt ein Wechseln des VKEs vom Zustand '1' nach '0' (neg. Flanke) zum Starten der Zeit.
Beim Starten der Zeit wird der Zeitwert, welcher sich im Akku1 befinden muß, als Anfangswert übernommen. Es wird dann im Zeitraster bis auf Null gezählt.

Zum Rücksetzen einer Zeit, muß das VKE am Rücksetzeingang den Zustand '1' haben. Ist dies der Fall, so wird der programmierte Zeitwert auf Null gesetzt. Solange das VKE am Rücksetzeingang den Zustand '1' behält, liefert eine binäre Abfrage des Zeitgliedes den Zustand '0'.
Anders als beim Starteingang, ist beim Rücksetzeingang kein Flankenwechsel des VKEs notwendig, damit die Aktion ausgeführt wird.

16.3 Abfragen einer Zeit

Eine Zeit kann über binäre Operationen auf ihren Zustand abgefragt werden. Es ist somit möglich, eine Zeit abzufragen und das Ergebnis in andere binäre Verknüpfungen mit einzubinden. Nachfolgend sind diese Operationen aufgelistet:

Operation	Beschreibung
U T n	UND-Verknüpfung
UN T n	UND-Verknüpfung negiert
O T n	ODER-Verknüpfung
ON T n	ODER-Verknüpfung negiert
X T n	Exklusiv-ODER-Verknüpfung
XN T n	Exklusiv-ODER-Verknüpfung negiert

"n" steht hierbei für die Adresse des Timers.

Der momentane Zeitwert des Zeitgliedes, kann über die Operationen "Lade codiert" (LC) oder "Lade" (L), BCD- bzw. dualcodiert in den Akku1 geladen werden. Damit ist es möglich, den Wert im SPS- Programm weiter zu verarbeiten oder auch an die Peripherie auszugeben.

16.4 Die Zeitart SI (Impuls)

Mit der Zeitart SI, kann ein Impuls aufbereitet werden. Dies bedeutet, wenn das VKE am Starteingang von '0' nach '1' wechselt, läuft die geladene Zeit ab.
Während die Zeit abläuft, liefert die binäre Abfrage der Zeit den Zustand '1'. Nach Ablauf der Zeit, den Zustand '0'.
Wird das VKE am Starteingang '0' so wird die Zeit ebenfalls auf '0' gesetzt.

Zeitdiagramm:

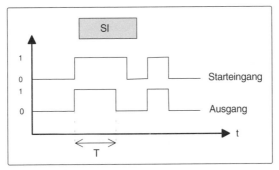

Bild: Zeitdiagramm der SI- Zeit. T stellt die eingestellte Zeitdauer dar.

Der Starteingang wird in der AWL an der Stelle programmiert, wo die Zeitart (SI) angegeben wird.

Beispiel:

Sobald der Eingang E0.0 den Zustand '1' führt, soll eine Lampe für 7 Sekunden aufleuchten. Die Lampe ist am Ausgang A1.0 angeschlossen. Sollte der Eingang vor Ablauf der 7 Sekunden seinen Zustand auf '0' wechseln, so hat die Lampe ebenfalls auszugehen.

Bild: SPS-Programm

Zeiten

16.5 Die Zeitart SV (verlängerter Impuls)

Mit der Zeitart SV kann ein Impuls aufbereitet werden. Der Unterschied zur Zeitart SI besteht darin, daß die geladene Zeit auf jeden Fall abläuft, auch wenn das VKE am Starteingang auf den Zustand '0' wechselt. Es kann somit ein Impuls von konstanter Dauer realisiert werden.

Zeitdiagramm:

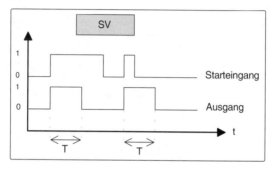

Bild: Zeitdiagramm der Zeitart SV. T stellt die eingestellte Zeitdauer dar.

Beispiel:

Sobald der Eingang E0.0 den Zustand '1' führt, soll eine Lampe für 7 Sekunden aufleuchten. Die Lampe ist am Ausgang A1.0 angeschlossen. Sollte der Eingang vor Ablauf der 7 Sekunden seinen Zustand auf '0' wechseln, so soll die Lampe weiterhin leuchten.

Bild: SPS-Programm

16.6 Die Zeitart SE (Einschaltverzögerung)

Mit der Zeitart SE kann ein verzögertes Einschalten realisiert werden.
Wechselt das VKE am Starteingang auf den Zustand '1', so läuft die geladene Zeit ab.
Nach Ablauf der Zeit liefert die binäre Abfrage den Zustand '1'.
Wechselt das VKE am Starteingang auf den Zustand '0', so wird die Zeit auf '0' gesetzt.

Zeitdiagramm:

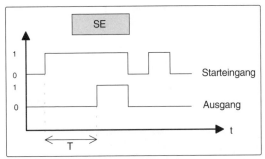

Bild: Zeitdiagramm der Zeitart SE. T stellt die eingestellte Zeitdauer dar.

Beispiel:

3 Sekunden nachdem der Eingang 0.0 den Zustand '1' führt, soll eine Lampe aufleuchten. Wechselt der Zustand des Eingangs wieder auf '0', so soll die Lampe ebenfalls nicht mehr leuchten. Die Lampe ist an dem Ausgang 1.0 angeschlossen.

Bild: SPS-Programm

Zeiten

16.7 Die Zeitart SS (Speichernde Einschaltverzögerung)

Mit der Zeitart SS kann ein verzögertes Einschalten realisiert werden.
Der Unterschied zur Zeitart SE besteht darin, daß die Zeit nicht zurückgesetzt wird, wenn ein Wechsel des VKE am Starteingang auf den Zustand '0' stattfindet.
Diese Zeitart muß somit explizit rückgesetzt werden.

Zeitdiagramm:

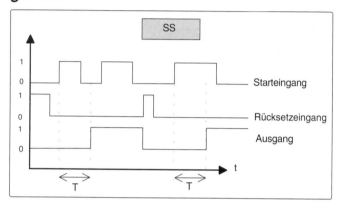

Bild: Zeitdiagramm der Zeitart SS. T stellt die eingestellte Zeitdauer dar.

Beispiel:

3 Sekunden nachdem der Eingang E0.0 den Zustand '1' führt, soll eine Lampe aufleuchten. Wechselt der Zustand des Eingangs wieder auf '0', so soll die Lampe weiterhin leuchten.
Die Lampe ist an dem Ausgang A1.0 angeschlossen. Die Lampe soll über den Eingang E0.1 ausgeschaltet werden. Dies führt ebenfalls zum Rücksetzen der Zeit.

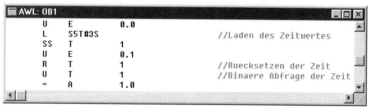

```
U    E     0.0
L    S5T#3S            //Laden des Zeitwertes
SS   T     1
U    E     0.1
R    T     1           //Ruecksetzen der Zeit
U    T     1           //Binaere Abfrage der Zeit
=    A     1.0
```

Bild: SPS-Programm

16.8 Die Zeitart SA (Ausschaltverzögerung)

Mit der Zeitart SA kann eine Ausschaltverzögerung realisiert werden. Wechselt das VKE am Starteingang auf den Zustand '0', so läuft die geladene Zeit ab. Sollte während dieser Zeit das VKE am Starteingang wiederum auf '1' wechseln, so wird die Zeit wieder auf den Anfangswert gesetzt.
Eine binäre Abfrage der Zeit liefert den Zustand '1', solange das VKE am Starteingang den Zustand '1' hat oder die Zeit läuft.

Zeitdiagramm:

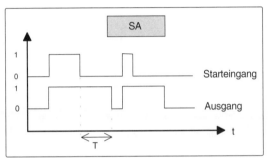

Bild: Zeitdiagramm der Zeitart SA. T stellt die eingestellte Zeitdauer dar.

Beispiel:

Wenn der Eingang E0.0 den Zustand '1' führt, soll eine Lampe aufleuchten. Wechselt der Zustand des Eingangs auf '0', so soll die Lampe noch weitere 4 Sekunden leuchten und danach ebenfalls dunkel werden.
Die Lampe ist an dem Ausgang A1.0 angeschlossen.

Bild: SPS-Programm

16.9 Beispiel zum Abschnitt Zeiten

Es ist eine Nachlaufzeit von 5 Sekunden für einen Bandmotor zu programmieren. Der Motor kann über einen Taster eingeschaltet und über einen weiteren Taster wieder ausgeschaltet werden.
Zum Rücksetzen der Nachlaufzeit ist ebenfalls ein Taster vorzusehen.

Operand	Zuordnung
E 0.0	Motor EIN
E 0.1	Motor AUS
E 0.2	Zeit rücksetzen
A 1.0	Motor- Schütz
T 0	Zeit

Nachfolgend ist das Programm in der FC1 zu sehen, diese wird im OB1 aufgerufen:

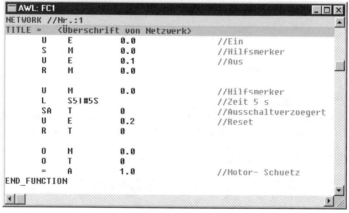

Bild: Programm in der FC1

Es wurde die Zeitart SA (Ausschaltverzögerung) gewählt.
Wird der Eingang E0.0 betätigt, so beginnt der Motor zu laufen. Sobald der Eingang E0.1 betätigt wird, wird die Zeit aktiv und der Zeitwert von 5 s läuft ab. Der Motor bleibt solange eingeschaltet, bis die Zeit abgelaufen ist, außer es wird der Eingang E0.2 beaufschlagt. Dieser würde die Zeit sofort rücksetzen und somit auch den Motor ausschalten.

16.10 Weiteres Beispiel zu Zeiten

An einer Bohranlage ist eine Absaugung angebracht. Der Absaugmotor soll nach Abschaltung der Bohranlage noch einige Zeit weiter laufen. Diese Zeitspanne soll von Außen vorgegeben werden. Die Vorgabe erfolgt mit Hilfe von BCD-Ziffernschaltern, wobei die Zeitbasis und der Zeitfaktor angegeben werden kann. Die momentan ablaufende Zeit soll an BCD-Anzeigen sichtbar sein.

Operand	Zuordnung
E0.0	'1' wenn Bohranlage läuft
E0.1	Absaugsteuerung Ein, Schließer
E0.2	Absaugsteuerung Aus, Öffner
EW4	BCD-Ziffernschalter
A8.0	Absaugmotor
A8.1	Lampe "Absaugsteuerung Ein"
AW12	BCD-Anzeige

Die Lösung soll mit WinSPS-S7 programmiert und getestet werden. Nach dem Starten von WinSPS-S7 wird der Menüpunkt "Datei->Projekt öffnen" ausgeführt. Das Projekt soll den Namen "Absaug" erhalten. Nach Bestätigung des Dialogs über den Button "OK" wird das Projekt an dem eingestellten Pfad erzeugt.

Als erstes sind die Operanden in die Symbolikdatei einzutragen, damit deren Kommentare automatisch bei der Programmerstellung angegeben werden. Der Symbolikeditor wird über den Menüpunkt "Anzeige->Symbolikdatei" geöffnet. Der Editor ist folgendermaßen auszufüllen:

```
Symbolikeditor (SYMBOLIK.SEQ)                                        _ □ X
E0.0            E           0.0 BOOL      '1' wenn Bohranlage Ein
E0.1            E           0.1 BOOL      Absaugsteuerung Ein, Schließer
E0.2            E           0.2 BOOL      Absaugsteuerung Aus, Öffner
EW4             EW          4   WORD      BCD-Ziffernschalter, Zeitvorgabe
A8.0            A           8.0 BOOL      Absaugmotor
A8.1            A           8.1 BOOL      Lampe "Absaugsteuerung Ein"
M0.0            M           0.0 BOOL      Merker Steuerung Ein
```

Bild: Symbolikdatei

Der Editor wird über die Tasten [STRG] + [S] gespeichert. Damit die Kommentare der Operanden automatisch ausgegeben werden, ist dies in den WinSPS-Einstellungen anzugeben. Diese erreicht man über den Menüpunkt "Projektverwaltung->Einstellungen". Die Elemente des Registers "Symbolik" müssen folgendermaßen selektiert sein:

Zeiten

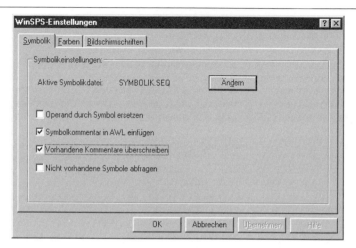

Bild: Dialog "WinSPS-Einstellungen"

Das SPS-Programm soll in der FC1 programmiert werden. Diese ist zunächst zu erzeugen. Über die Tasten [STRG] + [N] wird der Dialog "Baustein erzeugen" aufgerufen, auf dem als Bausteinname "FC1" angegeben wird. Der Button "OK" startet die Aktion. Anschließend befindet sich der Editor der FC1 auf dem Desktop. Die Funktion benötigt keine Bausteinparameter, weshalb die Deklarationsbereiche gelöscht werden können.
Im ersten Netzwerk wird der Hilfsmerker für "Steuerung Ein" programmiert (siehe Bild).

Bild: Programm im ersten Netzwerk

Dieser Programmteil gestaltet sich sehr einfach:
Es wird der Eingang E0.1 zum Setzen des Hilfsmerkers M0.0 verwendet. Der Eingang E0.2, an dem der Aus-Taster angeschlossen ist, setzt den Merker zurück.

Im nachfolgenden Netzwerk, welches über die Tasten [STRG] + [R] erzeugt werden kann, wird die Ausschaltverzögerung programmiert.

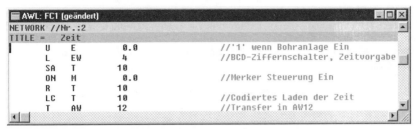

Bild: Programm Netzwerk 2

Sobald der Eingang E0.0 durch den Status '0' signalisiert, daß die Bohranlage ausgeschaltet wurde, wird die SA-Zeit T10 gestartet. Als Zeitwert wird die Information am Eingangswort EW4 verwendet, an dem die Ziffernschalter angeschlossen sind. Der Merker M0.0 setzt die Zeit zurück, sobald die Steuerung der Absaugung ausgeschaltet ist. Der momentane Zeitwert der T10 wird codiert geladen und in das Ausgangswort AW12 transferiert.

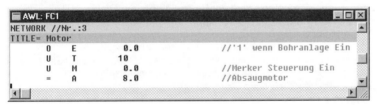

Bild: Programm im Netzwerk 3

Im Netzwerk 3 wird der Motor der Absaugeinrichtung angesteuert. Dieser soll laufen, wenn die Bohranlage in Betrieb oder die Nachlaufzeit aktiv ist. Der Merker M0.0 für "Steuerung Ein" muß dabei den Status '1' besitzen, d.h. die Steuerung muß eingeschaltet sein.
Zuletzt folgt die Ansteuerung der Lampe "Steuerung Ein". Der Ausgang A8.1 bekommt dabei einfach den Status des Merkers M0.0 zugewiesen.

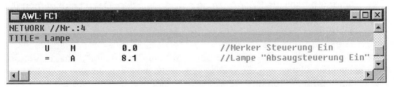

Bild: Ansteuerung der Lampe "Steuerung Ein"

Zeiten

Nachdem der Baustein fertiggestellt ist, kann dieser über den Menüpunkt "Datei->Aktuellen Baustein speichern" oder die Tasten [STRG] + [S] gespeichert werden.
Nun folgt der Baustein OB1, welcher nur die Aufgabe besitzt, die FC1 aufzurufen. Der Baustein wird zunächst erzeugt, indem man die Tasten [STRG] + [N] betätigt und auf dem erscheinenden Dialog den Bausteinnamen "OB1" angibt. Nach Drücken des Buttons "OK" wird der Baustein erzeugt und dessen Editor auf dem Desktop angezeigt. Nachfolgend ist dieser zu sehen:

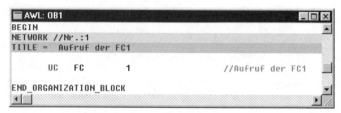

Bild: OB1

Der Aufruf der FC1 kann über den Befehl "UC" erfolgen, da die Funktion keine Bausteinparameter besitzt.
Nach der Eingabe des Befehls wird der Baustein über die Tasten [STRG] + [S] gesichert. Das Schließen der Editoren kann über den Menüpunkt "Fenster->Alle schließen" erledigt werden.

Die Simulation des SPS-Programms ist mit Hilfe der AG-Maske durchzuführen. Auf dieser werden auch die BCD-Ziffernschalter angebracht.
Die AG-Maske benötigt folgende Baugruppen:

- 8er digitale Eingangsbaugruppe
- 16er BCD-Eingabebaugruppe
- 8er digitale Ausgangsbaugruppe
- 16er BCD-Ausgabebaugruppe

Das Fenster "AG-Maske" wird über den Menüpunkt "Anzeige->AG-Maske-Simulation" aufgerufen. Die darin angezeigte SPS besteht nur aus der CPU-Baugruppe.
Als erste Baugruppe soll die BCD-Anzeige plaziert werden. Dazu betätigt man den Menüpunkt "AG-Maske->Ausgangsbaugruppen->16er BCD-Ausgabe Baugruppe einfügen". Daraufhin ist diese im Fenster "AG-Maske" zu sehen. Auf dieser Baugruppe befinden sich 4 BCD-Ziffernanzeigen, wobei jeder der Ziffern mit 4 Ausgängen verbunden ist. Diese Baugruppe steht in der Realität nicht zur Verfügung ist aber bei der Simulation von BCD-Anzeigen sehr hilfreich. Da sich 4 Ziffernanzeigen auf der Baugruppe befinden und jede Ziffer 4 Ausgänge belegt, handelt es sich im eigentlichen Sinne um eine 16er Ausgangsbaugruppe. Standardmäßig hat diese Baugruppe die Adresse AW0, diese muß nun geändert werden.

Dazu führt man einen Doppelklick auf der Bezeichnung "AW0" aus und trägt auf dem erscheinenden Dialog als Baugruppenadresse die Zahl 12 ein. Über den Button "OK" werden die Daten des Dialogs übernommen und der Selbige geschlossen.
Jetzt führt man den Menüpunkt "AG-Maske->Ausgangsbaugruppen->8er A-Baugruppe einfügen" aus. Daraufhin wird eine digitale Ausgangsbaugruppe mit 8 Ausgängen neben der CPU plaziert. Diese soll nun in der Adresse geändert werden, ebenso sind Bezeichnungen für die einzelnen Ausgangsbits einzutragen.
Um dies zu erreichen, doppelklickt man auf die Bezeichnung "AB0" auf der Ausgangsbaugruppe. Es erscheint ein Dialog auf dem im oberen Teil die Adresse "8" eingegeben wird. Darunter können die Kommentare zu den einzelnen Bits angegeben werden. Der ausgefüllte Dialog hat somit folgendes Aussehen:

Bild: Dialog "Digitale Baugruppe einstellen"

Über den Button "OK" werden die Angaben des Dialogs übernommen und der Dialog geschlossen. Die Ausgangsbaugruppe hat nun die Bezeichnung "AB8".
Als nächstes soll die BCD-Baugruppe plaziert werden. Dazu führt man den Menüpunkt "AG-Maske->Eingangsbaugruppen->16er BCD-Eingabebaugruppe einfügen" aus. Im Fenster "AG-Maske" erscheint daraufhin eine Baugruppe mit 4 Ziffernsteller. Diese Baugruppe ist in der Realität nicht vorhanden, sie dient bei der Simulation zur Darstellung von BCD-Ziffernschaltern, die häufig zur Anwendung kommen. Jeder der Ziffern ist dabei an 4 Eingänge angeschlossen. Bei 4 Ziffern handelt es sich somit um eine 16er Eingangsbaugruppe. Die Ziffer mit der höchsten Wertigkeit befindet sich dabei unten. Für diese Aufgabe muß die Baugruppe die Adresse 4 erhalten, da an dem Eingangswort EW4 die Ziffernsteller angeschlossen sind. Um die Adresse zu ändern, doppelklickt man auf die Bezeichnung "EW0" der Baugruppe. Auf dem erscheinenden Dialog kann dann als Baugruppenadresse die Zahl 4 eingegeben werden. Mit dem Button "OK" werden die Angaben übernommen und der Dialog geschlossen.

Zeiten

Es gibt zwei Möglichkeiten die einzelnen Ziffern zu verändern. Über die Maus können beispielsweise die Pfeile rechts und links jeder Ziffer angeklickt werden. Dabei verändert sich dann die dargestellte Zahl je nachdem, welcher Pfeil angeklickt wurde. Haben zwei Ziffern den Eingabefokus, so sind diese auch mit Hilfe der Tastatur beeinflußbar. Der Eingabefokus kann mit der Taste [TAB] verschoben werden. Haben dabei zwei Ziffern den Fokus, so wird dies durch einen roten Rahmen um die Ziffern signalisiert. Man kann nun über die Tasten [Pfeil Auf] und [Pfeil Ab] die Zahlen des einen Ziffernstellers verändern. Der andere Ziffernsteller kann ebenfalls über die Pfeiltasten verändert werden, allerdings muß dabei zusätzlich die Umschalt-Taste gedrückt sein.

Zuletzt wird eine digitale Eingangsbaugruppe benötigt, diese erhält man über den Menüpunkt "AG-Maske->Eingangsbaugruppen->8er E-Baugruppe einfügen". Die Adresse der Baugruppe ist standardmäßig auf Null und somit für diesen Anwendungsfall korrekt. Zur Beschriftung der einzelnen Bits, geht man wie bei der 8er Ausgangsbaugruppe vor. Die AG-Maske hat nach dieser Aktion das nachfolgend dargestellte Aussehen:

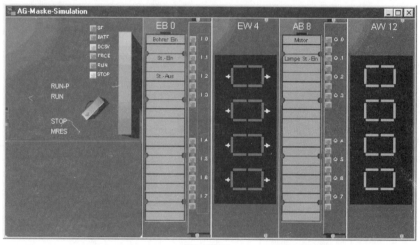

Bild: AG-Maske

Jetzt müssen die Bausteine in die Software-SPS übertragen werden. Zuvor muß sichergestellt sein, daß WinSPS-S7 auf den Simulatorbetrieb eingestellt ist. In diesem Modus muß der Mausbutton mit der Aufschrift "SIM" gedrückt sein.
Um die Bausteine zu übertragen, betätigt man den Menüpunkt "AG->Alle Bausteine übertragen". Den erscheinenden Informationsdialog kann man über die Taste [ESC] schließen.

Zeiten

Um die CPU in den Betriebszustand RUN zu überführen, betätigt man die Tasten [STRG] + [I]. Auf dem erscheinenden Dialog wird daraufhin der Button "Wiederanlauf" gedrückt und über den Button "OK" der Dialog geschlossen.

Der erste Test des SPS-Programms kann zunächst mit der AG-Maske erfolgen. Dabei wird der Eingang E0.2 auf den Status '1' gesetzt, da an diesem der Taster "Steuerung Aus" angeschlossen ist, welcher als Öffner ausgelegt wurde. Dies erreicht man durch Anklicken der entsprechenden LED auf der Baugruppe "EB0". Diese leuchtet daraufhin auf. Die Steuerung kann nun über den Eingang E0.1 eingeschaltet werden. Ein Umschalten bewirkt, daß der Ausgang A8.1 den Status '1' erhält, somit leuchtet die an dem Ausgang angeschlossene Lampe "Steuerung Ein". Der Eingang E0.1 wird dann durch erneutes Anklicken wieder auf den Status '0' gesetzt.

Jetzt soll zunächst die Zeit eingestellt werden, die der Absaugmotor nachlaufen soll, sobald die Bohranlage sich abschaltet. Die Zeit T10 wird ja bekanntlich mit dem Zeitwert, welcher am Eingangswort EW4 ansteht, geladen. Wie ein zu ladender Zeitwert aufgebaut sein muß, wurde bereits im Abschnitt "Weitere Möglichkeiten eine Zeitkonstante zu laden" gezeigt. Nachfolgend wird dargestellt, welche Bedeutung die einzelnen Ziffern der Baugruppe "EW4" haben:

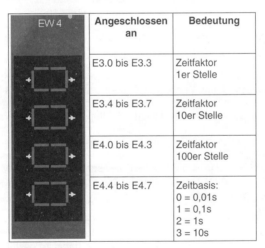

	Angeschlossen an	Bedeutung
	E3.0 bis E3.3	Zeitfaktor 1er Stelle
	E3.4 bis E3.7	Zeitfaktor 10er Stelle
	E4.0 bis E4.3	Zeitfaktor 100er Stelle
	E4.4 bis E4.7	Zeitbasis: 0 = 0,01s 1 = 0,1s 2 = 1s 3 = 10s

Als erster Zeitwert sollen 5 Sekunden eingestellt werden. Somit müssen die Ziffern folgendermaßen eingestellt sein:

Zeiten

Bild: Ziffern bei 5 Sekunden

Die Einstellung bedeutet, daß der Zeitfaktor 500 mit der Zeitbasis 0 also 0,01s multipliziert wird. Dieser Zeitwert wird beim Setzen der Zeit T10 übernommen. Nachdem der Zeitwert selektiert ist, wird der Eingang E0.0 auf '1' gesetzt. Dies hat zur Folge, daß der Ausgang A8.0 ebenfalls den Status '1' erhält, denn an diesem ist der Absaugmotor angeschlossen. Nun schaltet man den Eingang E0.0 wieder auf Null, um die Nachlaufzeit zu aktivieren. Sobald der Eingang E0.0 den Status '0' hat, beginnt die Zeit abzulaufen. Dies kann an den BCD-Anzeigen beobachtet werden, da an diesen die Restzeit ausgegeben wird.

Die erste Funktion des SPS-Programms scheint gegeben zu sein. Man kann nun noch weitere Funktionstests durchführen. Es ist ebenso möglich, das SPS-Programm gleichzeitig im Bausteinstatus zu betrachten. Dazu betätigt man den Menüpunkt "Anzeige->Bausteinstatus" oder die Tasten [STRG] + [F6]. Im Fenster "Status-Baustein" wird dabei der Baustein OB1 angezeigt.
Um in die FC1 zu wechseln, plaziert man den Cursor auf dem Aufruf der FC1 und betätigt die Tasten [STRG] + [RETURN]. Im erscheinenden Kontextmenü selektiert man daraufhin den Menüpunkt "FC1 öffnen". Dieser wird dann im Fenster "Status-Baustein" angezeigt. Der Statusbetrieb kann nun über die Tasten [STRG] + [F7] ausgelöst werden.

Das Beispiel hat gezeigt, wie ein Zeitwert von "Außen" vorgegeben werden kann und wie ein momentaner Zeitwert eines Timers angezeigt wird. Diese Dinge werden häufig in der Praxis benötigt, um Parameter einer Anlage variabel zu gestalten.

16.11 Zeiten als Bausteinparameter

Ebenso wie Zähler, können auch Timer als Bausteinparameter an eine Funktion oder einen Funktionsbaustein übergeben werden. Dabei muß der Bausteinparameter vom Datentyp TIMER sein und dem Deklarationsbereich "VAR_INPUT" angehören.

In der nachfolgend dargestellten Funktion wird ein Timer als Bausteinparameter übergeben. Der Timer wird als SE-Timer innerhalb der Funktion gestartet und ausgewertet.

```
AWL: FC1 (geändert)
VAR_INPUT
    SE_Zeit_Baustein:TIMER    //Uebergebene Zeit
    Zeitwert:S5TIME           //Uebergebener Zeitwert
    Start:BOOL                //Start
END_VAR
VAR_OUTPUT
    Zeit_Abgelaufen:BOOL      //Rueckgabe
END_VAR
BEGIN
NETWORK //Nr.:1
TITLE =   Zeit starten
       U    #Start                    //Start
       L    #Zeitwert                 //Zeitwert laden
       SE   #SE_Zeit_Baustein         //Timer setzen
       U    #SE_Zeit_Baustein         //Timer abfragen
       =    #Zeit_Abgelaufen          //und zuweisen
END_FUNCTION
```

Bild: Programm der FC1

Im SPS-Programm wird der Parameter "Start" zum Setzen der Zeit verwendet, wobei die übergebene Zeitdauer geladen wird. Diese ist vom Typ S5TIME. Die Zeit wird dabei als SE-Timer gestartet. Anschließend folgt eine Binärabfrage des Timers, dessen Ergebnis dem Rückgabewert der Funktion mit der Bezeichnung "Zeit_Abgelaufen" zugewiesen wird.

Diese FC wird zwei Mal im OB1 aufgerufen, wobei jeweils andere Timer zu übergeben sind (siehe Bild).

Zeiten

```
■AWL: OB1                                                       _□×
NETWORK //Nr.:1
TITLE =
        CALL FC        1                  //Erster Aufruf mit T1
          SE_Zeit_Baustein:=T1
          Zeitwert:=S5T#5S                 //Zeitdauer 5 Sekunden
          Start:=E0.0                      //Start ueber E0.0
          Zeit_Abgelaufen:=A1.0            //Ablaufsignal

        CALL FC        1                  //Zweiter Aufruf mit T2
          SE_Zeit_Baustein:=T2
          Zeitwert:=S5T#12S                //Zeitdauer 12 Sekunden
          Start:=E0.0                      //Start ueber E0.0
          Zeit_Abgelaufen:=A1.1            //Ablaufsignal
END_ORGANIZATION_BLOCK
```

Bild: Aufrufe der FC1 im OB1

Die beiden Bausteine werden nun in die CPU übertragen. Anschließend schaltet man die Betriebsart der CPU auf RUN. Der OB1 soll danach im Bausteinstatus betrachtet werden. Das Statusfenster wird über die Tasten [UMSCH] + [F6] aufgerufen.
Die Tasten [STRG] + [F7] starten den Statusbetrieb.
Der Start der Zeiten wird durch Umschalten des Eingangs E0.0 auf '1' ausgelöst. Dies kann auch den Statusinformationen entnommen werden. Nach 5 Sekunden hat der Ausgang A1.0 den Status '1'. Nachfolgend ist dies dargestellt:

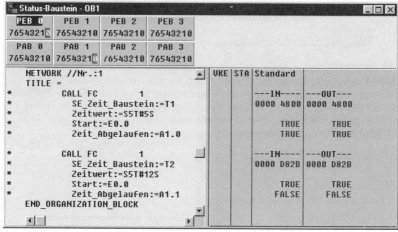

Bild: Status des OB1

Nach weiteren 7 Sekunden leuchtet auch die Ziffer "1" auf dem Fenster "PAB 1" auf. Dies als Zeichen dafür, daß der Ausgang A1.1 den Status '1' besitzt. Schaltet man den Eingang E0.0 auf Null, so werden beide Ausgänge A1.0 und A1.1 ebenfalls Null.

16.12 Anzahl der verfügbaren Zeiten

Mit den Befehlen von STEP®7 können theoretisch 65536 Zeiten angesprochen werden. Dabei handelt es sich um einen theoretischen Wert, welcher in der Praxis nicht erreicht wird. Denn die Anzahl der verfügbaren Timer wird durch die verwendete CPU festgelegt und diese liegt bei weitem niedriger. Die Anzahl der programmierbaren Zeiten kann entweder dem AG-Handbuch entnommen werden oder man führt bei angeschlossener CPU die Funktion "Baugruppenzustand" aus. Nachfolgend ist dies dargestellt:

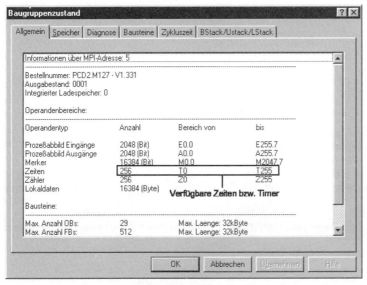

Bild: Dialog Baugruppenzustand

16.13 Wichtiger Hinweis zu Zeiten

Bei der Verwendung von Zeiten ist darauf zu achten, daß eine Zeit nur an einer Stelle im SPS-Programm gestartet wird. Dies ist insbesondere zu beachten, wenn Zeiten als Aktualparameter übergeben werden.

17 FLANKENAUSWERTUNG

Im Abschnitt Zähler und Zeiten wurde bereits der Begriff positive Flanke angesprochen. Eine positive Flanke steht an, wenn sich ein Statuswechsel von '0' nach '1' ereignet (siehe Bild).

Bild: Ansteigende oder positive Flanke

Der umgekehrte Fall stellt eine negative Flanke dar, dies ist der Wechsel des Status von '1' nach '0'. Nachfolgend ist dies dargestellt:

Bild: Fallende oder negative Flanke

In STEP®7 sind Befehle implementiert, die eine positive oder negative Flanke erkennen und das VKE auf den Status '1' setzen. Es handelt sich dabei um die Befehle "FP" (Flanke positiv) und "FN" (Flanke negativ).
Bei diesen Befehlen muß ein Bit-Operand angegeben werden, welcher als sog. "Flankenmerker" bezeichnet wird. Dieser Bitoperand muß zwei Bedingungen erfüllen:

1. Er darf im gesamten SPS-Programm nicht mehr verwendet werden.
2. Der Status des Operanden muß im nächsten Zyklus wieder vorhanden sein.

Damit können folgende Operanden angegeben werden:

- Merker
- Datenbits
- Bit-Variable aus den statischen Lokaldaten eines FBs

Flankenauswertung

17.1 Beispiel zur Flankenauswertung

17.1.1 Positive Flanke

Nachfolgend ist eine FC dargestellt, welche in einem Projekt von WinSPS-S7 erstellt wurde.

```
AWL: FC1
VAR_INPUT
    Eingang:BOOL                //Eingang von dem Flanke erkannt werden soll
    Flanken_Merker:BOOL         //Flankenmerker
END_VAR

VAR_OUTPUT
    Flanke_Erkannt:BOOL         //TRUE wenn positive Flanke erkannt
END_VAR

BEGIN
NETWORK //Nr.:1
TITLE = <Überschrift von Netzwerk>
    U   #Eingang                //Binärabfrage des Eingangs
    FP  #Flanken_Merker          //Flankenbefehl
    =   #Flanke_Erkannt          //Zuweisung an Ausgang
END_FUNCTION
```

Bild: Programm der FC1

In der FC wird überprüft, ob an dem Parameter "Eingang" eine positive Flanke ansteht. Wird diese erkannt, so liefert der Parameter "Flanke_Erkannt" den Status '1' (TRUE).
Diese FC wird im OB1 aufgerufen (siehe Bild).

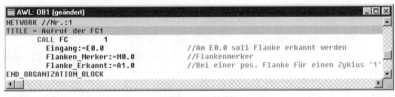

Bild: Programm im OB1

Nach dem programmieren der Bausteine werden diese in die Software-SPS von WinSPS-S7 übertragen. Danach muß die CPU in den Betriebszustand RUN überführt werden.

Das Programm ist im sog. Debugbetrieb zu durchlaufen. In diesem Modus können alle SPS-Befehle einzeln abgearbeitet werden. In diesem Betrieb ist es auch möglich, den Flankenbefehl anschaulich zu erläutern.

STEP®7-Crashkurs

Flankenauswertung

Zunächst wird das Fenster "Status-Baustein" aufgerufen. Dies erreicht man durch Betätigung der Tasten [UMSCH] + [F6]. Der Debugbetrieb kann daraufhin über den Menüpunkt "AG->Debugmodus Ein" eingeschaltet werden. In der Statuszeile von WinSPS-S7 (am unteren Fensterrand) ist daraufhin der Hinweistext "Debugmodus aktiv" zu sehen. Man kann nun durch Betätigung der Taste [E] (wie Einzelschritt) die Befehle ausführen lassen. Nach dem Ausführen eines Befehls wird die Statusinformation für diese Zeile ausgegeben. Mit diesem Hilfsmittel kann somit die genaue Arbeitsweise der CPU analysiert werden.

Ausgangspunkt ist der Aufruf der FC1 im Baustein OB1. Betätigt man nun die Taste [E], so wird die FC1 im Fenster "Status-Baustein" angezeigt und der Cursor steht auf dem ersten Befehl der FC1. Der Befehl wird ausgeführt, sobald man die Taste [E] betätigt. An der Statusinformation kann man erkennen, daß der Status des Parameters '0' ist und somit auch das VKE den Wert '0' bekommt. Dies ist auch korrekt, denn der Eingang E0.0 hat den Status '0'. Jetzt tippt man die einzelnen Befehle durch, bis man an dem letzten Befehl der FC angelangt ist. An dieser Stelle verändert man den Status des Eingangs E0.0 auf '1'. Dies erreicht man durch Anklicken der Ziffer "0" im Fenster "PEB 0". Dies muß an dieser Stelle erfolgen, da nach Ausführung des letzten Befehls in der FC1, in den Baustein OB1 zurückgesprungen wird.
Da im OB1 kein Befehl nach dem Aufruf der FC1 folgt, wird sofort die Betriebssystemroutine ausgeführt. Dies bedeutet, es wird das PAA an die Ausgänge transferiert und die Eingangsinformationen in das Prozeßabbild der Eingänge (PAE) geladen.
Nun kann der letzte Befehl in der FC1 über die Taste [E] ausgeführt werden.
Man befindet sich dann wieder am Anfang des OB1. Mit der Taste [E] wird in die FC1 gesprungen, den ersten Befehl führt man durch erneutes Betätigen von [E] aus. Dabei ist zu erkennen, daß das VKE auf '1' gesetzt wird, da der Status des Eingangs ebenfalls '1' ist. Nun führt man den Befehl "FP" aus. Nach der Ausführung ist das VKE weiterhin auf '1', d.h. die positive Flanke wurde erkannt. Dieses VKE wird dann beim nächsten Befehl an den Ausgang weitergegeben. Allerdings führt dies nicht zum sofortigen Wechsel des Status im Fenster "PAB 1", denn durch den Befehl wurde nur das Bit im Prozeßabbild der Ausgänge PAA verändert. An der Peripherie ist dies erst nach dem Ende des OB1 zu sehen.
Das Ende des OB1 erreicht man mit Ausführung des letzten Befehls der FC1, dann wird auch der Ausgang A1.0 im Fenster "PAB 1" mit dem Status '1' dargestellt.
Der Ausgang ist nur für einen Zyklus auf dem Status '1'. Dies stellt man fest, wenn man erneut das SPS-Programm im Einzelschritt durchläuft. Der Befehl "FP" setzt diesmal das VKE auf den Status '0', da keine positive Flanke mehr ansteht, denn der Eingang E0.0 hatte schon im letzten Zyklus den Status '1'. Deswegen wird der Ausgang nach dem letzten Befehl wieder auf den Status '0' gesetzt.

Der Debugmodus kann durch Betätigung der Taste [D] wieder verlassen werden, die Befehle werden dann wieder zyklisch bearbeitet. Schaltet man nun den Eingang E0.0 auf den Status '0' und wieder auf '1', so bemerkt man nur ein kurzes Aufleuchten des Ausgangs A1.0. Denn dieser hat ja nur für einen Zyklus den Status '1'.

17.1.2 Negative Flanke

Das SPS-Programm soll nun um eine FC erweitert werden, welche eine negative Flanke erkennt. Diese Funktion entspricht weitestgehend der bereits programmierten Funktion FC1. Nachfolgend ist die neue Funktion zu sehen:

```
AWL: FC2                                                            _ □ ×
VAR_INPUT
    Eingang:BOOL              //Eingang von dem Flanke erkannt werden soll
    Flanken_Merker:BOOL       //Flankenmerker
END_VAR

VAR_OUTPUT
    Flanke_Erkannt:BOOL       //TRUE wenn negative Flanke erkannt
END_VAR

BEGIN
NETWORK //Nr.:1
TITLE =   <Überschrift von Netzwerk>
    U    #Eingang             //Binärabfrage des Eingangs
    FN   #Flanken_Merker      //Flankenbefehl diesmal negativ
    =    #Flanke_Erkannt      //Zuweisung an Ausgang
END_FUNCTION
```

Bild: Programm der FC2

Der wesentliche Unterschied gegenüber der FC1 besteht in der Verwendung des Befehls "FN". Dieser erkennt im Gegensatz zu "FP" eine negative Flanke.
Die FC2 ist ebenfalls im OB1 aufzurufen. Zusätzlich wird im OB1 ein Netzwerk programmiert in dem die Flanken gespeichert werden.
Dies bedeutet, die Aktualparameter der beiden Bausteinparameter "Flanke_Erkannt" werden zum Setzen der beiden Ausgänge A1.0 und A1.1 verwendet. Mit dem Eingang E0.1 hat man die Möglichkeit, die beiden Ausgänge rückzusetzen. In der nachfolgenden Darstellung ist dies zu sehen:

Flankenauswertung

```
AWL: OB1                                                              _ □ ×
NETWORK //Nr.:1
TITLE = Aufruf der FC1 und FC2
            CALL FC    1
               Eingang:=E0.0              //Am E0.0 soll Flanke erkannt werden
               Flanken_Merker:=M0.0       //Flankenmerker
               Flanke_Erkannt:=M1.0       //Bei einer pos. Flanke für einen Zyklus '1'

            CALL FC    2
               Eingang:=E0.0              //Negative Flanke am E0.0
               Flanken_Merker:=M0.1       //Flankenmerker
               Flanke_Erkannt:=M1.1       //Bei einer neg. Flanke für einen Zyklus '1'

NETWORK //Nr.:2
TITLE= Flanken speichern
            U    M      1.0               //Bei einer pos. Flanke für einen Zyklus '1'
            S    A      1.0               //Pos. Flanke war vorhanden
            O    E      0.1               //Ruecksetz-Eingang
            R    A      1.0

            U    M      1.1               //Bei einer neg. Flanke für einen Zyklus '1'
            S    A      1.1               //Neg. Flanke war vorhanden
            O    E      0.1               //Ruecksetz-Eingang
            R    A      1.1
```

Bild: Programm im OB1

Mit dem Programm im Netzwerk 2 werden die Flanken "gefangen" und über die Ausgänge angezeigt.
Über den Menüpunkt "Datei->Projekt speichern" können die Bausteine gesichert werden. Das Übertragen der Bausteine in die CPU erreicht man mit Hilfe des Menüpunktes "AG->Alle Bausteine übertragen". Die Abfrage, ob die vorhandenen Bausteine in der CPU zu überschreiben sind, beantwortet man mit "Ja".
Anschließend öffnet man den Bausteinstatus über die Tasten [UMSCH] + [F6].
Der Statusbetrieb kann mit den Tasten [STRG] + [F7] gestartet werden.

Schaltet man nun den Eingang E0.0 von '0' auf den Status '1', so wechselt auch der Ausgang A1.0 auf den Status '1', denn es wurde eine positive Flanke erkannt.
Schaltet man daraufhin den Eingang E0.0 wieder auf den Status '0', so war dies eine negative Flanke. Deshalb wird auch der Ausgang A1.1 auf den Status '1' gesetzt.
Über den Eingang E0.1 können die beiden Ausgänge wieder zurückgesetzt werden.

Nach dem Test beendet man den Statusbetrieb über die Tasten [STRG] + [F7], das Fenster schließt sich nach Betätigung der Tasten [STRG] + [F4].

S7<->S5

Bei STEP®5 mußte eine Flankenerkennung noch ausprogrammiert werden. Dies ist Dank der Flankenbefehle "FP" und "FN" bei STEP®7 nicht mehr notwendig.

17.2 Binäruntersetzer (T-Kippglied)

Mit Hilfe der Flankenauswertung ist es möglich, einen sogenannten Binäruntersetzer oder auch T-Kippglied zu programmieren.
Mit einem Binäruntersetzer kann beispielsweise, eine Schaltfrequenz halbiert werden.

Beispiel:
Der Eingang E0.0 wechselt permanent seinen Zustand. Dieses Schaltspiel soll mit halber Schaltfrequenz an dem Ausgang A1.0 ausgegeben werden.

Das Programm soll in einem Funktionsbaustein geschrieben werden. Dabei sollen für die Hilfsmerker und Flankenmerker Variablen aus den statischen Lokaldaten des FBs zur Anwendung kommen.
Nachfolgend ist der FB zu sehen:

```
AWL: FB1                                                    _ □ ×
VAR_INPUT
    Eingang:BOOL:=FALSE      //Eingangsbit
END_VAR
VAR_OUTPUT
    Halbe_Frequenz:BOOL:=FALSE   //Ausgang mit halber Frequenz
END_VAR
VAR
    Flanken_Merker_Pos:BOOL:=FALSE
    Pos_Flanke_Erkannt:BOOL:=FALSE
END_VAR

BEGIN
NETWORK //Nr.:1
TITLE =    <Überschrift von Netzwerk>
        U    #Eingang
        FP   #Flanken_Merker_Pos
        =    #Pos_Flanke_Erkannt      //1 wenn pos. Flanke erkannt

        U    #Pos_Flanke_Erkannt
        U    #Halbe_Frequenz
        R    #Halbe_Frequenz
        SPB  Ende                     //Sprung wenn Ruecksetzbed. erfuellt
        U    #Pos_Flanke_Erkannt
        UN   #Halbe_Frequenz
        S    #Halbe_Frequenz
Ende    :NOP  1
END_FUNCTION_BLOCK
```

Bild: Programm im FB1

Die Verwendung der statischen Lokaldaten hat den Vorteil, daß man dem Funktionsbaustein beim Aufruf keine Flankenmerker übergeben muß.
Zunächst wird der Befehl "FP" verwendet, um eine positive Flanke des Parameters "Eingang" zu ermitteln. Das Ergebnis wird der Variablen "Pos_Flanke_Erkannt" zugewiesen.

Flankenauswertung

Wenn der Parameter "Halbe_Frequenz" bereits den Status '1' hat und eine weitere positive Flanke erkannt wurde, dann führt dies zum Rücksetzen des Parameters "Halbe_Frequenz". Ist die Rücksetzbedingung erfüllt, so wird anschließend der bedingte Sprung an das Ende des Bausteins durchgeführt, dabei wird die Befehlssequenz für das Setzen übersprungen.
Ist die Rücksetzbedingung nicht erfüllt, so wird auch nicht der Sprung ausgeführt. Damit kommen die Befehle zum Setzen zur Ausführung. Ist dabei eine positive Flanke erkannt worden und hat der Parameter "Halbe_Frequenz" noch nicht den Status '1', so wird dieser auf '1' gesetzt.

Der FB wird im OB1 aufgerufen (siehe Bild).

```
AWL: OB1
NETWORK //Nr.:1
TITLE= Aufruf des FB1
      CALL FB       1,DB2         //Aufruf mit DB2 als Instanz-DB
        Eingang:=E0.0
        Halbe_Frequenz:=A1.0
```

Bild: Programm im OB1

Die beiden Bausteine können danach in die Software-SPS übertragen werden. Diese wird anschließend in den Betriebszustand RUN überführt. Jetzt öffnet man das Fenster "Status-Baustein" über die Tasten [UMSCH] + [F6] und startet den Statusbetrieb mit Hilfe der Tasten [STRG] + [F7].
Man kann nun den Status des Eingangs E0.0 verändern und die Auswirkungen auf den Ausgang A1.0 beobachten. Das Ergebnis entspricht dabei der nachfolgend dargestellten Grafik:

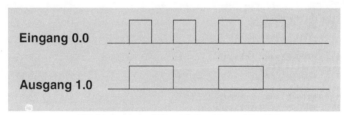

Bild: Schaltspiele des E0.0 und die Auswirkung auf den A1.0

Wird der Eingang E0.0 auf den Status '1' umgeschaltet, so erhält auch der Ausgang A1.0 diesen Status. Wechselt nun der Eingang E0.0 auf den Status '0', so bleibt der Status des Ausgangs A1.0 erhalten. Erst wenn der Eingang E0.0 wiederum auf den Status '1' wechselt, ändert sich der Status des Ausgangs A1.0 auf '0'.

18 SCHRITTKETTENPROGRAMMIERUNG (ABLAUFSTEUERUNG)

Schrittketten oder auch Ablaufsteuerungen genannt, kommen dort zum Einsatz, wo eine feste und unter Umständen ständig wiederkehrende Ablaufstruktur besteht. So haben z.B. Programme für Blechbiege- oder Bohrvorrichtungen meist die Struktur einer Schrittkette.
Das Prinzip einer Schrittkette soll anhand eines Beispiels erklärt werden.

18.1 Aufgabenstellung

Es ist das Programm einer Reinigungsanlage für Fässer zu entwickeln. Diese Anlage hat folgendes Aussehen:

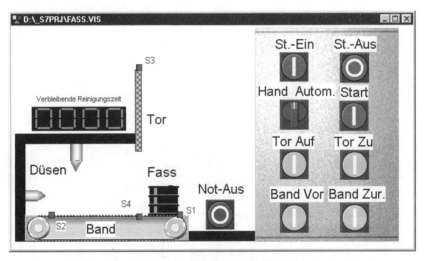

Bild: Technologieschema der Anlage mit SPS-VISU gezeichnet

Der Ablauf stellt sich folgendermaßen dar:

1. Auf der rechten Seite des Bandes muß sich ein Faß befinden.
2. Beim Start des Vorgangs wird das Faß mit Hilfe des Bandes an die linke Position transportiert.
3. Das Tor schließt sich.
4. Für die Zeit von 2 Sekunden wird das Faß mit aus den Düsen spritzendem Wasser gereinigt.
5. Nach dem Reinigungsvorgang öffnet sich das Tor und das Faß wird vom Band an die rechte Ausgangsposition transportiert.

Schrittkettenprogrammierung (Ablaufsteuerung)

Die Anlage verfügt über einen Not-Aus, über den alle Vorgänge sofort gestoppt werden können.
Mit Hilfe eines Hand-Automatik-Schalters kann auf den Handbetrieb umgeschaltet werden. Im Handbetrieb ist es möglich das Tor zu bewegen (schließen und öffnen), sowie das Band im Tippbetrieb zu betreiben.
Für jeden Vorgang muß die Steuerung eingeschaltet sein.

18.2 Zerlegung des Gesamtablaufes in Einzelschritte

Eine große Hilfe zur Programmerstellung stellt die Zerlegung des Gesamtablaufes in einzelne Schritte dar. Durch diese Maßnahme wird das Gesamtproblem überschaubarer und etwaige Schwierigkeiten werden schon zu Beginn deutlich.
Ein weiterer Vorteil besteht darin, daß man später nur noch diese Arbeitsabfolge in ein SPS-Programm umzusetzen hat. Dies kommt meist einer Abschrift gleich, da das Diagramm große Ähnlichkeit mit der späteren Schrittkette (Ablaufsteuerung) hat.

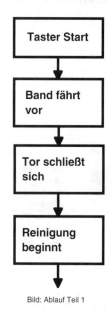

Bild: Ablauf Teil 1

Schrittkettenprogrammierung (Ablaufsteuerung)

Bild: Ablauf Teil 2

18.3 Ein- und Ausgangsbelegung

Nachdem nun die einzelnen Schritte bekannt sind, kann man den Bedarf an Endschaltern, Schaltern sowie an Ausgängen für die Motoren und Ventile abschätzen.

Im folgenden ist die Zuordnung der Schalter und Endschalter zu den Eingängen der SPS festgelegt.

Eingang	Zuweisung
E0.0	Not-Aus Schalter, Oeffner
E0.1	Steuerung Ein, Schliesser
E0.2	Steuerung Aus, Oeffner
E0.3	Hand-Automatik, 1=Autom.
E0.4	Start-Taster, Schliesser
E0.5	Tor auf, Taster, Schliesser
E0.6	Tor zu, Taster, Schliesser
E0.7	Band vor, Taster, Schliesser
E1.0	Band zurueck, Taster, Schliesser
E1.1	Endschalter S1, Fass hinten
E1.2	Endschalter S2, Fass vorn
E1.3	Endschalter S3 Tor oben, Schliesser
E1.4	Endschalter S4 Tor unten, Schliesser

Nun die Ausgangsbelegung:

Ausgang	Zuweisung
A4.0	Motor Tor Auf
A4.1	Motor Tor Zu
A4.2	Bandmotor Vor
A4.3	Bandmotor Zurueck
A4.4	Ventil Wasch-Duesen
AW8	Verbleibende Reinigungszeit

Somit ist der Bedarf an Ein- und Ausgangsbaugruppen ebenfalls bekannt.
Folgende Baugruppen sind für die Anlage notwendig:

- 16er digitale Eingangsbaugruppe
- 8er digitale Ausgangsbaugruppe
- 16er BCD-Ausgabebaugruppe

18.4 Programmerstellung

Hinweis:
Das nachfolgende Beispiel kann mit der Shareware-Version von WinSPS-S7 nicht mehr simuliert werden, da es zu groß ist. Hier ist die Vollversion von WinSPS-S7 (Standard - oder Profiversion) notwendig.

Bevor mit der eigentlichen Programmerstellung begonnen wird, soll die Symbolikdatei ausgefüllt werden. Zwar wird das Programm nicht symbolisch programmiert, aber es sollen die Kommentare zu den einzelnen Operanden automatisch bei der Programmierung im Editor eingefügt werden.
Zunächst öffnet man ein neues Projekt in WinSPS-S7. Dies erreicht man über den Menüpunkt "Datei->Projekt öffnen". Auf dem erscheinenden Dialog wird der Pfad für das neue Projekt selektiert und der Name "Faß" als Projektbezeichnung eingegeben. Der Button "OK" bestätigt die Eingabe.
Anschließend wird die Symbolikdatei über den Menüpunkt "Anzeige->Symbolikdatei" aufgerufen. In dieser werden nun alle Operanden der Anlage mit deren Beschreibung eingegeben. Im nachfolgenden Bild ist dies zu sehen:

```
Symbolikeditor (FASS.SEQ)                                    _ □ ×
E0.0         E      0.0 BOOL    Not-Aus Schalter, Oeffner
E0.1         E      0.1 BOOL    Steuerung Ein, Schliesser
E0.2         E      0.2 BOOL    Steuerung Aus, Oeffner
E0.3         E      0.3 BOOL    Hand-Automatik, 1=Autom.
E0.4         E      0.4 BOOL    Start-Taster, Schliesser
E0.5         E      0.5 BOOL    Tor auf,Taster, Schliesser
E0.6         E      0.6 BOOL    Tor zu,Taster, Schliesser
E0.7         E      0.7 BOOL    Band vor, Taster, Schliesser
E1.0         E      1.0 BOOL    Band zurueck, Taster, Schliesser
E1.1         E      1.1 BOOL    Endschalter S1, Fass hinten
E1.2         E      1.2 BOOL    Endschalter S2, Fass vorn
E1.3         E      1.3 BOOL    Endschalter S3 Tor oben, Schliesser
E1.4         E      1.4 BOOL    Endschalter S4 Tor unten, Schliesser
A4.0         A      4.0 BOOL    Motor Tor Auf
A4.1         A      4.1 BOOL    Motor Tor Zu
A4.2         A      4.2 BOOL    Bandmotor Vor
A4.3         A      4.3 BOOL    Bandmotor Zurueck
A4.4         A      4.4 BOOL    Ventil Wasch-Duesen
AW8          AW     8   WORD    Verbleibende Reinigungszeit
```

Bild: Symbolikdatei für Anlage

Damit bei der Programmeingabe die Kommentare ausgegeben werden, ist zunächst die Einstellung in WinSPS-S7 zu verändern. Den dazu nötigen Dialog erreicht man über den Menüpunkt "Projektverwaltung->Einstellungen". Auf dem erscheinenden Dialog "WinSPS-Einstellungen" muß das Register "Symbolik" selektiert sein. Auf dieser Dialogseite sind folgende Elemente anzuwählen (siehe Bild):

Schrittkettenprogrammierung (Ablaufsteuerung)

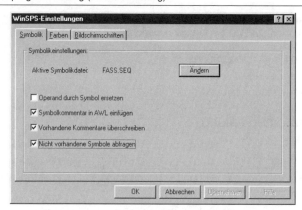

Bild: Dialog "WinSPS-Einstellungen"

Die Einstellungen des Dialogs bewirken, daß bei der Programmeingabe der entsprechende Kommentar zu dem in der Operation verwendeten Operanden ausgegeben wird. Die Einstellung "Nicht vorhandene Symbole abfragen" hat zur Folge, daß bei der Verwendung eines Operanden, der nicht in der Symbolikdatei eingetragen ist, ein Dialog erscheint, auf dem Angaben zu dem Operanden eingetragen werden können. Diese werden dann automatisch in die Symbolikdatei eingefügt. Der Button "OK" bestätigt die vorgenommenen Einstellungen.

Jetzt beginnt die Programmerstellung. Dabei wird festgelegt, daß die Schrittkette in der Funktion FC1 und die Zuweisung der Schrittmerker an die Ausgänge in der FC2 programmiert wird. Diese Bausteine werden dann im OB1 aufgerufen.

Als erstes ist die Funktion FC1 zu erstellen. Das Erzeugen der Funktion wird über die Tasten [STRG] + [N] eingeleitet. Auf dem erscheinenden Dialog wird "FC1" als Bausteinname eingetragen. Der Button "OK" löst die Aktion aus. Anschließend befindet sich der Editor der Funktion FC1 auf dem Desktop. Die FC benötigt keine Bausteinparameter, aus diesem Grund können die standardmäßig vorgegebenen Parameter gelöscht werden.
Nachfolgend ist das Programm der FC1 zu sehen:

Schrittkettenprogrammierung (Ablaufsteuerung)

```
AWL: FC1
NETWORK //Nr.:1
TITLE = Steuerung Ein
        U    E    0.1          //Steuerung Ein, Schliesser
        S    M    0.0          //Merker Steuerung Ein
        ON   E    0.2          //Steuerung Aus, Oeffner
        ON   E    0.0          //Not-Aus Schalter, Oeffner
        R    M    0.0          //Merker Steuerung Ein
NETWORK //Nr.:2
TITLE= Start bei Grundstellung
        U    M    0.0          //Merker Steuerung Ein
        U    E    0.3          //Hand-Automatik, 1=Autom.
        U    E    0.4          //Start-Taster, Schliesser
        U    E    1.1          //Endschalter S1, Fass hinten
        U    E    1.3          //Endschalter S3 Tor oben, Schliesser
        S    M    10.0         //Grundstellung und Start
        ON   M    0.0          //Merker Steuerung Ein
        O    M    10.1         //Schritt1
        R    M    10.0         //Grundstellung und Start
//Band faehrt vor
NETWORK //Nr.:3
TITLE= Schritt 1
        U    M    10.0         //Grundstellung und Start
        U    E    1.2          //Endschalter S2, Fass vorn
        S    M    10.1         //Schritt1
        O    M    10.2         //Schritt2
        ON   M    0.0          //Merker Steuerung Ein
        ON   E    0.3          //Hand-Automatik, 1=Autom.
        R    M    10.1         //Schritt1
//Wenn Kiste vorne Band stoppen, Tor nach unten
```

```
AWL: FC1
NETWORK //Nr.:4
TITLE= Schritt 2
        U    M    10.1         //Schritt1
        U    E    1.4          //Endschalter S4 Tor unten, Schliesser
        S    M    10.2         //Schritt2
        ON   M    0.0          //Merker Steuerung Ein
        O    M    10.3         //Schritt3
        ON   E    0.3          //Hand-Automatik, 1=Autom.
        R    M    10.2         //Schritt2
//Tor abwaerts stoppen, Duesen ein
NETWORK //Nr.:5
TITLE= Reinigungszeit
        U    M    10.2         //Schritt2
        L    S5T#2S
        SE   T    1            //Reinigungszeit
        LC   T    1            //Reinigungszeit
        T    AW   8            //Verbleibende Reinigungszeit
NETWORK //Nr.:6
TITLE= Schritt 3
        U    T    1            //Reinigungszeit
        U    M    10.2         //Schritt2
        S    M    10.3         //Schritt3
        ON   M    0.0          //Merker Steuerung Ein
        O    M    10.4         //Schritt4
        ON   E    0.3          //Hand-Automatik, 1=Autom.
        R    M    10.3         //Schritt3
//Duesen aus, Tor auf
```

Schrittkettenprogrammierung (Ablaufsteuerung)

```
AWL: FC1                                                    _ □ X
NETWORK //Nr.:5
TITLE= Reinigungszeit
        U    M      10.2          //Schritt2
        L    S5T#2S
        SE   T      1             //Reinigungszeit
        LC   T      1             //Reinigungszeit
        T    AW     8             //Verbleibende Reinigungszeit
NETWORK //Nr.:6
TITLE= Schritt 3
        U    T      1             //Reinigungszeit
        U    M      10.2          //Schritt2
        S    M      10.3          //Schritt3
        ON   M      0.0           //Merker Steuerung Ein
        O    M      10.4          //Schritt4
        ON   E      0.3           //Hand-Automatik, 1=Autom.
        R    M      10.3          //Schritt3
//Duesen aus, Tor auf
NETWORK //Nr.:7
TITLE= Schritt 4
        U    M      10.3          //Schritt3
        U    E      1.3           //Endschalter S3 Tor oben, Schliesser
        S    M      10.4          //Schritt4
        ON   M      0.0           //Merker Steuerung Ein
        O    M      10.5          //Schritt 5
        ON   E      0.3           //Hand-Automatik, 1=Autom.
        R    M      10.4          //Schritt4
//Tor stoppen, Band zurueck
NETWORK //Nr.:8
TITLE= Schritt 5
        U    M      10.4          //Schritt4
        U    E      1.1           //Endschalter S1, Fass hinten
        S    M      10.5          //Schritt 5
        ON   M      0.0           //Merker Steuerung Ein
        ON   A      4.3           //Bandmotor Zurueck
        ON   E      0.3           //Hand-Automatik, 1=Autom.
        R    M      10.5          //Schritt 5
```

Bild: Programm in der FC1

Jeder Schritt einer Schrittkette ist nach der gleichen Systematik programmiert. Zunächst wird die Bedingung aufgelistet, welche zum Setzen des Schrittmerkers führt. Bei dieser Bedingung ist generell der vorhergehende Schrittmerker vertreten. Damit wird verhindert, daß ein Schrittmerker durch einen Seiteneffekt gesetzt wird.
Bei den Bedingungen, welche zum Rücksetzen des Schrittmerkers führen, ist generell auch der nächste Schrittmerker durch eine ODER-Verknüpfung vertreten. Denn es darf immer nur ein Schrittmerker einer Schrittkette gesetzt sein.
Eine Ausnahme bezüglich des Rücksetzens, stellt der letzte Schrittmerker dar. Dieser kann nun mal nicht durch den nachfolgenden Merker rückgesetzt werden. Dieser wird meist durch die wiedererlangte Grundstellung der Anlage rückgesetzt.

Da in einer Schrittkette immer nur ein Schrittmerker gesetzt ist, wird auch der große Vorteil dieses Programmierverfahrens klar. Sollte eine Anlage mitten in einem Bearbeitungszyklus stehen bleiben, so kann die Stelle innerhalb des Arbeitszyklus genau bestimmt werden. Ebenso ist leicht herauszufinden, warum die Anlage an dieser

Position zum Stillstand kam. Denn die Ursache dafür ist logischerweise die fehlende Bedingung zum Setzen des nächsten Schrittmerkers.

Somit können folgende Regeln beim Programmieren einer Schrittkette aufgestellt werden:

- Es ist immer nur ein Schrittmerker in der Schrittkette gesetzt.
- Der vorhergehende Schrittmerker ist immer durch eine UND- Verknüpfung, bei der Setzbedingung des nachfolgenden Merkers vertreten. Eine Ausnahme stellt hierbei der erste Schrittmerker in der Schrittkette dar.
- Der nachfolgende Schrittmerker ist immer durch eine ODER- Verknüpfung bei der Rücksetzbedingung eines Schrittmerkers vertreten. Eine Ausnahme stellt hierbei der letzte Schrittmerker dar. Dieser wird oftmals durch die wiedererlangte Grundstellung der Anlage rückgesetzt.

In dem Baustein, in welchem die Schrittkette programmiert ist, sollte nicht die Anschaltung der Ausgänge programmiert sein.
Im Beispiel der Reinigungsanlage ist die Ansteuerung der Ausgänge, also z.B. der Motoren, in der FC2 programmiert. Diese FC wird nachfolgend dargestellt:

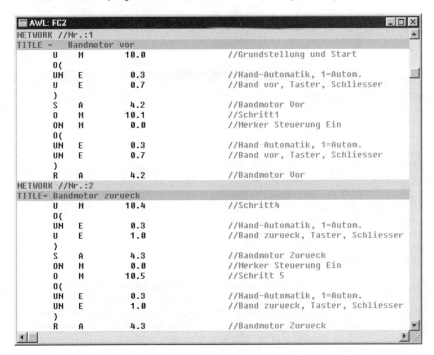

Schrittkettenprogrammierung (Ablaufsteuerung)

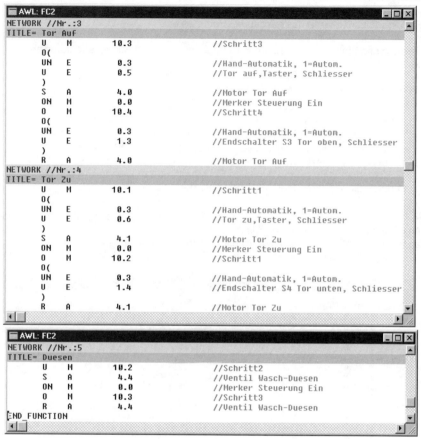

Bilder: Programm in der FC2

In der FC2 ist die Ansteuerung der Ausgänge programmiert. Dabei ist bei jedem Ausgang die Systematik ähnlich. Ein Schrittmerker oder die Bedingung für den Handbetrieb, führen zum Setzen des Ausgangs. Die Rücksetzbedingung setzte sich aus eine ODER-Verknüpfung eines Schrittmerkers, dem Merker "Steuerung Ein" und der Verknüpfung für die Handsteuerung zusammen.

Bei der Programmierung der FC1 wurden auch sog. ganzzeilige Kommentare verwendet. Dabei müssen einfach am Anfang einer Zeile die beiden Zeichen "//" eingegeben werden. Der Editor erkennt dann die Zeile als Kommentarzeile und diese wird farbig hinterlegt. Mit Hilfe dieser Kommentarzeile können nun Programmteile gezielt beschrieben werden und die farbige Hervorhebung sorgt darüber hinaus, für eine optische Einteilung des SPS-Programms.

Schrittkettenprogrammierung (Ablaufsteuerung)

In diesem Beispiel soll auch der Anlauf-OB OB101 programmiert werden. Dieser OB wird bei der Anlaufart "Wiederanlauf" einmalig bearbeitet. Der OB wird dazu verwendet, die Merker der Schrittkette zurückzusetzen. Dabei wird nicht jedes einzelne Bit rückgesetzt, sondern das Merkerwort in welchem die Merker liegen. Nachfolgend ist dies dargestellt:

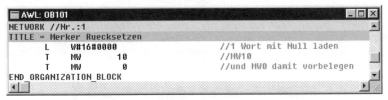

Bild: Programm im OB101

Zuletzt folgt die Darstellung des OB1, dessen Programm nur aus den beiden Aufrufen der FCs besteht.

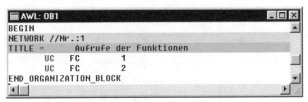

Bild: Programm des OB1

18.5 Test des SPS-Programms

Nachdem die Bausteine erstellt worden sind, können diese über den Menüpunkt "Datei->Projekt speichern" gesichert werden. Der Menüpunkt "Fenster->Alle schließen" schließt die Editoren.
Der Test der Bausteine ist mit Hilfe der AG-Maske durchzuführen.
Folgende Baugruppen sind für die Anlage notwendig:

- 16er digitale Eingangsbaugruppe
- 8er digitale Ausgangsbaugruppe
- 16er BCD-Ausgabebaugruppe

Das Fenster "AG-Maske" wird über den Menüpunkt "Anzeige->AG-Maske-Simulation" aufgerufen. Innerhalb des Fensters ist nur die CPU zu sehen.

Schrittkettenprogrammierung (Ablaufsteuerung)

Als erstes soll die benötigte BCD-Baugruppe plaziert werden. Dazu betätigt man den Menüpunkt "AG-Maske->Ausgangsbaugruppen->16er BCD-Ausgabe-Baugruppe einfügen". Daraufhin ist diese Baugruppe im Fenster "AG-Maske" zu sehen. Nach einem Doppelklick auf der Bezeichnung "AW0" wird ein Dialog sichtbar, bei dem die Baugruppenadresse angegeben werden kann. In diesem Feld wird die Zahl 8 als Adresse eingetragen. Der Button "OK" bestätigt den Dialog.
Als nächstes wird die digitale Ausgangsbaugruppe benötigt. Dazu betätigt man den Menüpunkt "AG-Maske->Ausgangsbaugruppen->8er A-Baugruppe einfügen". Auf der erscheinenden Baugruppe im Fenster "AG-Maske", führt man einen Doppelklick aus. Daraufhin wird der Dialog "Digitale Baugruppen einstellen" geöffnet. Dieser ist wie folgt auszufüllen:

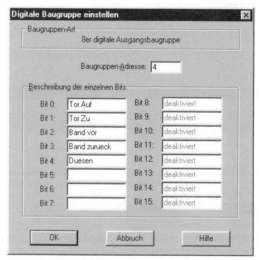

Bild: Dialog "Digitale Baugruppen einstellen"

Der Button "OK" bestätigt die eingegebenen Daten und schließt den Dialog.
Zuletzt wird die 16er digitale Eingangsbaugruppe benötigt. Diese wird nach Ausführung des Menüpunktes "AG-Maske->Eingangsbaugruppen->16er E-Baugruppe einfügen" im Fenster "AG-Maske" plaziert. Ein Doppelklick auf der Bezeichnung "EW0" öffnet den Dialog "Digitale Baugruppen einstellen", der wie folgt auszufüllen ist:

Schrittkettenprogrammierung (Ablaufsteuerung)

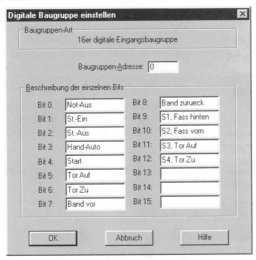

Bild: Dialog "Digitale Baugruppen einstellen"

Nach Vervollständigung des Dialogs kann dieser über den Button "OK" geschlossen werden.
Das Fenster "AG-Maske" hat nach diesen Einstellungen folgendes Aussehen:

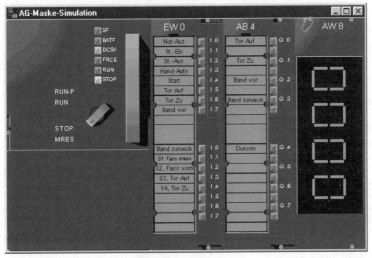

Bild: Fenster "AG-Maske"

STEP®7-Crashkurs

Schrittkettenprogrammierung (Ablaufsteuerung)

Nachdem nun die zum Test der Analge notwendigen Baugruppen vorhanden sind, können die Bausteine in die CPU übertragen werden. Dazu betätigt man den Menüpunkt "AG->Mehrere Bausteine übertragen". Auf dem erscheinenden Dialog sind alle Bausteine des Projektes aufgelistet. Diese können nun alle selektiert und übertragen werden. Der Button "Übertragen" löst die Aktion aus. Der erscheinende Informationsdialog kann nach Beendigung der Aktion über die Taste [ESC] geschlossen werden.

Damit die Bausteine in der CPU bearbeitet werden, muß man diese in den Zustand RUN überführen. Dazu betätigt man die Tasten [STRG] + [I] und drückt auf dem erscheinenden Dialog den Button "Wiederanlauf". Anschließend wird der Dialog über den Button "OK" verlassen.

Zu Beginn der Simulation ist zunächst die Grundstellung herzustellen. Dazu sind folgende Eingänge auf den Status '1' zu setzen:

Eingang	Zuweisung
E0.0	Not-Aus Schalter, Oeffner
E0.2	Steuerung Aus, Oeffner
E0.3	Hand-Automatik, 1=Autom.
E1.1	Endschalter S1, Fass hinten, Schliesser
E1.3	Endschalter S3 Tor Auf, Schliesser

Dies erreicht man durch Anklicken der entsprechenden LED auf der Eingangsbaugruppe. Nachdem die Grundstellung hergestellt ist, muß die Steuerung eingeschaltet werden. Dies erreicht man durch Umschalten des Eingangs E0.1 auf den Status '1'. Da es sich um einen Taster handelt, schaltet man den Eingang danach wieder auf '0'.

Der Vorgang wird nun über den Taster "Start" ausgelöst. Dieser ist an dem Eingang E1.4 angeschlossen, der deshalb auf den Status '1' gesetzt wird. Da es sich um einen Taster handelt wird der Eingang daraufhin wieder auf '0' gelegt.

Als Folge davon, schaltet sich der Bandmotor ein um das Faß nach vorne zu bewegen. Da das Faß somit den hinteren Endschalter verläßt, wird der Eingang E1.1 auf '0' gesetzt. Sobald das Faß am vorderen Endschalter angekommen ist, signalisiert dies der Eingang E1.2, d.h. dieser wird auf '1' gesetzt.

Daraufhin schaltet sich der Bandmotor ab und der Ausgang für "Tor Zu" erhält den Status '1'. Somit bewegt sich das Tor nach unten, d.h. der E1.3 muß auf '0' gesetzt werden.

Ist das Tor geschlossen, meldet dies der Eingang E1.4. Aus diesem Grund wird dieser auf '1' gesetzt. Daraufhin wird der Ausgang A4.1 wieder '0' und die Düsen schalten sich ein.

Die Rest-Reinigungszeit kann dabei der BCD-Baugruppe entnommen werden. Ist die Reinigungszeit abgelaufen, so wird der Ausgang für die Düsen abgeschaltet. Gleichzeitig wird das Tor geöffnet, somit muß der Eingang E1.4 auf '0' gesetzt werden.

Der obere Endschalter des Tores signalisiert, daß dieses geöffnet ist, dazu muß der Eingang E1.3 auf den Status '1' gesetzt werden.
Daraufhin schaltet sich der Ausgang A4.3 auf '1', d.h. das Band transportiert das Faß aus der Reinigungskammer. Der Eingang E1.2 muß auf '0' gesetzt werden, da das Faß den vorderen Endschalter verläßt.
Das Setzen des Eingangs E1.1 schaltet den Bandmotor aus, da das Faß somit an der Entnahmeposition angekommen ist.
Die Anlage befindet sich nun wieder in Grundstellung.

Man kann nun die einzelnen Teile des SPS-Programms testen, so beispielsweise die Hand-Steuerung oder das Verhalten bei Not-Aus. Neben der AG-Maske kann auch der Bausteinstatus als zusätzliche Testfunktion eingesetzt werden.

19 DIE REGISTER DER CPU

Die Register sind interne Speicher der CPU, die bei der Bearbeitung des SPS-Programms benötigt werden:

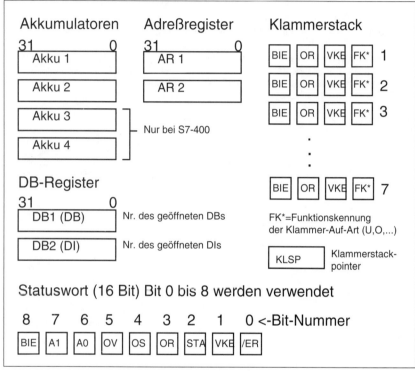

Bild: Die Register einer SIMATIC® S7-SPS

19.1 Akkumulatoren

Die Akkumulatoren (Akkus) werden z.B. bei Lade- und Transferbefehlen verwendet.
Beim Laden eines Operanden wird dessen Inhalt im Akku1 abgelegt.
Ein Transferbefehl kopiert den Inhalt des Akku1 in den angegebenen Operanden.

Bei Vergleicherbefehlen wird der Akku1 mit dem Akku2 verglichen.

19.2 Adreßregister

Die Adressregister werden bei der indirekten Adressierung verwendet.

19.3 DB-Register

In den DB-Registern wird der geöffnete Global-Datenbaustein (z.B. DB1) bzw. der geöffnete Instanzdatenbaustein (z.B. DB2) gespeichert.

19.4 Das Statuswort

Das Statuswort besteht aus einem Wort, wobei nur die Bits 0 bis 8 verwendet werden. Die einzelnen Bits haben folgende Bedeutung:

Bit-Nr	Bedeutung	Beschreibung
0	/ER	Erstverknüpfung Das "/"-Zeichen bedeutet, daß das Bit immer negiert dargestellt wird. Ist das Bit '0' bedeutet dies, daß die nächste Verknüpfung als Erstverknüpfung behandelt wird.
1	VKE	Verknüpfungsergebnis In diesem Bit wird das Ergebnis einer Verknüpfungsoperation gespeichert.
2	STA	Status-Bit In diesem Bit wird der Zustand des zuletzt verwendeten Bitoperanden in einer Verknüpfungsoperation gespeichert.
3	OR	ODER-Flag Dieses Bit wird verwendet, wenn UND-Blöcke mit dem Befehl "O" verknüpft werden. Es wird das Ergebnis der UND-Verknüpfung gespeichert.
4	OS	Overflow-Speichernd Dieses Bit wird mit dem Bit OV gesetzt. Es wird bei der nächsten Operation nicht auf '0' gesetzt - ist also speichernd. Das OS-Bit wird nur durch den Sprungbefehl "SPS" zurückgesetzt.
5	OV	Overflow (Überlauf) Dieses Bit zeigt einen Fehler bei einer arithmetischen Operation an.
6	A0	Die Anzeige-Bits A0 und A1 informieren über folgende Ergebnisse: - Ergebnis einer Vergleichsoperation - Ergebnis einer Wortverknüpfung - Ergebnis über das hinausgeschobene Bit bei einer Schiebeoperation - Ergebnis einer arithmetischen Operation
7	A1	(Siehe Kapitel "Sprungbefehle")
8	BIE	Binärergebnis Mit Hilfe des Bits BIE kann das VKE zwischengespeichert und restauriert werden. Das BIE-Bit spielt auch bei der KOP-Darstellung eine wichtige Rolle, wenn ein Baustein aufgerufen wird. Die Systemfunktionen (SFCs) und Systemfunktionsbausteine (SFBs) liefern im Binärergebnis '1', wenn der Aufruf erfolgreich war. Im Fehlerfall wird im Binärergebnis '0' geliefert.

20 ABARBEITUNG EINES S7-PROGRAMMS IM AG

20.1 Die Betriebszustände eines S7-AGs

Eine S7-SPS kennt folgende Zustände:

1. STOP-Betrieb
2. ANLAUF-Betrieb
3. RUN-Betrieb
4. HALT-Betrieb

STOP-Betrieb

Im "STOP"-Betrieb wird das Anwenderprogramm nicht bearbeitet. Alle Ausgänge sind auf "0" geschaltet.

Das Betriebssystem erledigt im STOP-Betrieb folgende Arbeiten:

- Diagnose der Hardware
- Prüfen, ob die Bedingungen für einen Anlauf stimmen
- Prüfen, ob Systemsoftwareprobleme vorliegen
- Globaldaten empfangen

ANLAUF-Betrieb

Der Anlauf unterscheidet sich in Wiederanlauf (**nur bei S7-400 möglich**) und in Neustart.

Beim **Wiederanlauf** werden folgende Tätigkeiten durchgeführt:

1. Ausgabebaugruppen sperren
2. Baugruppen parametrieren
3. OB 101 (Wiederanlauf) bearbeiten
4. OB 1 Restzyklus durchführen
5. Ausgangs-Prozeßabbild freigeben
6. Ausgangs-Prozeßabbild löschen, Peripherie-Ausgänge löschen
7. Ausgabebaugruppen freigeben
8. ->Jetzt ist der RUN-Betrieb aktiv

Der **Neustart** setzt sich aus folgenden Schritten zusammen:

1. Ausgabebaugruppen sperren
2. Eingangs- Prozeßabbild löschen
3. Ausgangs- Prozeßabbild löschen
4. Peripherie- Ausgänge löschen
5. Nicht remanente Daten löschen
6. Baugruppen parametrieren
7. OB 100 (Neustart) bearbeiten

8. Ausgangs-Prozeßabbild freigeben
9. ->Jetzt ist der RUN-Betrieb aktiv

RUN-Betrieb

Der RUN-Betrieb bearbeitet folgende Schritte:

1. Zyklusüberwachungszeit starten
2. PAA (Prozeßabbild der Ausgänge) in die Hardware übertragen
   ->Ausgänge werden an der Baugruppe aktualisiert
3. PAE (Prozeßabbild der Eingänge) aktualisieren
   ->Die Eingänge werden an der Baugruppe gelesen und in das PAE kopiert
4. OB 1 mit allen Unterprogrammen bearbeiten
5. Betriebssystemroutine
   - Bausteine senden und empfangen
   - Globaldaten senden und empfangen

Im Punkt 4 wird das Anwenderprogramm bearbeitet. Bei diesem Vorgang hat das Betriebssystem viele verschiedene Aufgaben:

- Normale sequentielle Bearbeitung des Anwenderprogramms
- Timer aktualisieren
- Zykluszeit überwachen
- Reagieren auf Fehler und Aufruf eines Fehler-OBs
- Reagieren auf verschiedene Ereignisse:
  - Weckalarme
  - Uhrzeitalarme
  - Verzögerungsalarme
  - Prozeßalarme

HALT-Betrieb

Der Betriebszustand HALT (Debugbetrieb) wird eingenommen, wenn das AG auf eine Unterbrechungsstelle (Breakpunkt) trifft.

Der HALT-Betrieb hat folgende Eigenschaften:

- Die Zeiten (Timerbefehle, Betriebsstundenzähler) werden nicht aktualisiert (Zeiten sind eingefroren)
- Die Überwachungszeiten werden angehalten
- Ein- und Ausgänge können gesteuert werden
- Globaldaten können empfangen werden
- Die Echtzeituhr läuft
- Die Ausgänge werden alle abgeschaltet

Abarbeitung eines S7-Programms im AG

Übersicht "Bearbeitung eines S7-Programms":

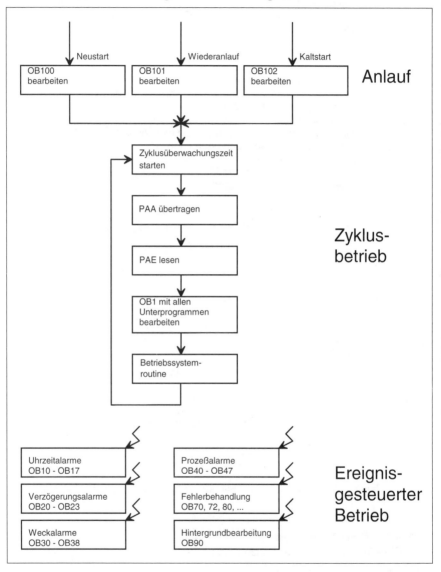

Bild: Bearbeitung eines S7-Programms

Abarbeitung eines S7-Programms im AG

20.2 Das Prozeßabbild

Befehle im Anwenderprogramm, die auf Ein- oder Ausgänge zugreifen (lesend oder schreibend), greifen nicht auf die Hardware (Baugruppe) zu, sondern auf eine Kopie der Ein- bzw. Ausgänge.

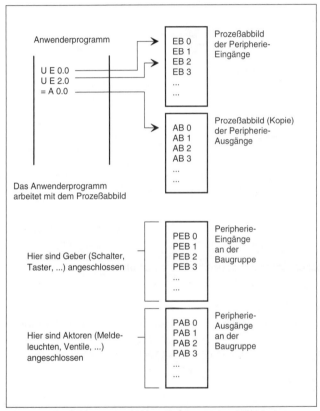

Bild: Zugriff auf das Prozeßabbild während der Programmbearbeitung

Im Bild ist zu sehen, daß das Anwenderprogramm im Normalfall mit dem Prozeßabbild arbeitet.

Dies hat folgende Vorteile:

1. Alle Eingänge im Prozeßabbild sind zu einem bestimmten Zeitpunkt aktualisiert worden.
   Die Eingänge im Prozeßabbild werden während des Zyklusses nicht mehr von der Hardware (Prozeß) verändert.
   Dies bedeutet, daß das Prozeßabbild ein konsistentes Abbild des Prozesses ist.
   Beispiel:
   Die CPU bearbeitet Verknüpfungsoperationen mit UND- und ODER-Befehlen, wobei ein Eingang mehrmals in dieser Verknüpfung abgefragt wird.
   Würde der Eingang bei der 2. Abfrage den Zustand ändern, dann treten logische Fehler bei der Zuweisung des Ergebnisses auf.
   Aus diesem Grund ist die Verwendung eines Prozeßabbildes unerläßlich.

2. In einem Anwenderprogramm kann es vorkommen, daß ein Ausgang während des Zyklusses mehrmals verändert wird.
   Der Programmierer geht im Normalfall davon aus, daß der Zustand des Ausganges am Zyklusende auch an der Baugruppe ansteht.
   Wäre kein Prozeßabbild der Ausgänge vorhanden, würde der Zustand des Ausgangs an der Baugruppe innerhalb des Zyklusses mehrmals wechseln.
   Dies ist vom Programmierer normalerweise nicht erwünscht.

Außerdem ist der Zugriff auf das Prozeßabbild wesentlich schneller, als der direkte Zugriff auf die Peripherie.

Es gibt folgende **Befehle**, um direkt auf die **Peripherie** zuzugreifen:

- L PEB, L PEW, L PED
- T PEB, T PEW, T PED
- und alle weiteren Befehle, die den Operand "PE" bzw. "PA" verwenden

Es gibt folgende **Befehle**, um auf das **Prozeßabbild** zuzugreifen:

- L EB, L EW, L ED
- T EB, T EW, T ED
- und alle weiteren Befehle, die den Operand E bzw. A benutzen

Hinweis zu WinSPS-S7:
Bei WinSPS-S7 werden im Simulatormodus, oberhalb der Anweisungsliste, verschiedene Operanden dargestellt.
Wenn Eingänge per Maus oder Tastatur verändert werden sollen, dann muß immer die Peripherie eingestellt werden: PEB0, PAB0, PEW10, usw.
Wenn hier statt PEB0 EB0 eingestellt wird, dann können die Eingänge nicht mehr manipuliert werden, da die Peripherie vor jedem Zyklus zum Prozeßabbild kopiert wird.

21 SPRUNGBEFEHLE

S7<->S5

Im Gegensatz zu S5 können in S7 die Sprungbefehle in allen Bausteinen (außer DBs) programmiert werden.
Außerdem wurde die Anzahl der Sprungbefehle in S7 erweitert.
Der **LOOP-Befehl** erleichtert z.B. die Programmierung von Schleifen.

Hier alle Sprungbefehle in der Übersicht:

Befehl	Beschreibung
LOOP	Programmschleife
SPA	Springe absolut
SPB	Springe, wenn VKE = 1
SPBB	Springe, wenn VKE = 1 und rette VKE ins BIE
SPBI	Springe, wenn BIE = 1
SPBIN	Springe, wenn BIE = 0
SPBN	Springe, wenn VKE = 0
SPBNB	Springe, wenn VKE = 0 und rette VKE ins BIE
SPL	Sprungleiste (Sprungverteiler)
SPM	Springe, wenn Ergebnis < 0
SPMZ	Springe, wenn Ergebnis <=0
SPN	Springe, wenn Ergebnis <> 0
SPO	Springe, wenn OV = 1
SPP	Springe, wenn Ergebnis > 0
SPPZ	Springe, wenn Ergebnis >=0
SPS	Springe, wenn OS = 1
SPU	Springe, wenn Ergebnis ungültig
SPZ	Springe, wenn Ergebnis = 0

Tabelle: Sprungbefehle in S7

21.1 Syntax der Sprungbefehle

Ein Sprungbefehl besteht immer aus dem Sprungbefehl und dem Sprungziel (Marke). Das Sprungziel wird an zwei Stellen angegeben: Direkt beim Sprungbefehl und als Kennzeichnung des Sprungziels (siehe Bild).
Die Marke darf maximal 4 Zeichen lang sein, wobei das erste Zeichen ein Buchstabe sein muß. **Groß-Kleinschreibung wird dabei unterschieden.**

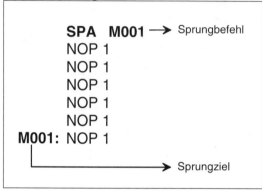

Bild: Syntax des Sprungbefehls

Mit einem Sprungbefehl kann vorwärts oder rückwärts gesprungen werden. Die Sprungweite liegt bei **-32768 bzw. +32767 Wörtern**. Damit kann praktisch zu jeder Stelle im Baustein gesprungen werden.

S7<->S5

Bei S5 beträgt die maximale Sprungweite 256 Wörter. Das Sprungziel muß dabei nicht im selben Netzwerk liegen.

21.2 Absoluter Sprung (SPA)

Der Sprungbefehl "SPA" springt unabhängig von einer Bedingung zur angegebenen Marke. Der lineare Programmablauf wird dabei unterbrochen und an der angegebenen Stelle fortgesetzt.

Beispiel:
```
        SPA   M001
        NOP   1
        U     E      0.1
        =     A      0.1
        NOP   1
        NOP   1
M001   :NOP   1
```

Die Befehle "U E 0.1", "= A 0.1" usw. werden vom AG nicht bearbeitet, da diese Operationen übersprungen werden.

21.3 Sprungbefehle, die das VKE auswerten

Mit den folgenden Sprungbefehlen kann in Abhängigkeit des VKEs gesprungen werden:

- SPB   Springe, wenn VKE = 1
- SPBB   Springe, wenn VKE = 1 und rette VKE ins BIE
- SPBN   Springe, wenn VKE = 0
- SPBNB   Springe, wenn VKE = 0 und rette VKE ins BIE

Beispiel:
Wenn der Merker M10.0 den Signalzustand '1' führt, dann soll im Merkerwort MW20 der Wert 10 kopiert werden.
Ansonsten soll im Merkerwort MW10 der Wert 0 kopiert werden.

Lösung:

```
          U     M     10.0      //Wenn M10.0 '1' dann
          SPB   L10             //Springe zu Marke L10
          SPA   L0
L10   :L        10
          SPA   ENDE
L0    :L        0
ENDE  :T        MW    20
```

Die VKE-abhängigen Sprungbefehle kommen zum Einsatz, wenn z.B. das Ergebnis einer Verknüpfungsoperation ausgewertet werden soll.

21.4 Sprungbefehle, die das Binärergebnis auswerten

Mit den folgenden Sprungbefehlen kann in Abhängigkeit des Binärergebnisses gesprungen werden:

- SPBI   Springe, wenn BIE = 1
- SPBIN   Springe, wenn BIE = 0

Diese Sprungbefehle können verwendet werden, um zu prüfen, ob ein Aufruf einer Systemfunktion (SFC) erfolgreich verlaufen ist.
Alle Systemfunktionen liefern im Binärergebnis '1', wenn der Aufruf erfolgreich war. Im Fehlerfall wird im Binärergebnis '0' geliefert.

Beispiel:
Mit Hilfe der Systemfunktion SFC20 soll ein Array in ein anderes Array kopiert werden.

Im Fehlerfall soll der Ausgang A32.0 auf '1' gesetzt werden. Ansonsten ist der Ausgang auf '0' zu setzten:

Lösung:

```
ORGANIZATION_BLOCK OB1
TITLE = "Zyklisches Hauptprogramm"
VERSION:  1.0
VAR_TEMP
    OBDaten:ARRAY [1..20] of BYTE
    QuellArray:ARRAY [1..100] of BYTE
    ZielArray:ARRAY [1..100] of BYTE
END_VAR
BEGIN
NETWORK
TITLE =
        CALL SFC     20
          SRCBLK:=#QuellArray
          RET_VAL:=MW0
          DSTBLK:=#ZielArray
        SPBIN FEH
        SPA  GOON
FEH   :SET
        =    A       32.0
        SPA  ENDE
GOON  :CLR
        =    A       32.0
ENDE  :NOP 1

END_ORGANIZATION_BLOCK
```

Der Sprungbefehl "SPBIN" wertet das Binärergebnis "BIE" aus und springt zur Marke "FEH", wenn das Binärergebnis '0' ist.

21.5 Sprungbefehle, welche die Anzeigebits (A0, A1) auswerten

- SPM Springe, wenn Ergebnis < 0
- SPMZ Springe, wenn Ergebnis <=0
- SPN Springe, wenn Ergebnis <> 0
- SPP Springe, wenn Ergebnis > 0
- SPPZ Springe, wenn Ergebnis >=0
- SPU Springe, wenn Ergebnis ungültig
- SPZ Springe, wenn Ergebnis = 0

Die Anzeigebits werden von folgenden Operationen beeinflußt:

1. Arithmetische Operationen
2. Schiebe- und Rotieroperationen
3. Vergleichsoperationen
4. Wortverknüpfungsoperationen

Nach einer **arithmetischen Operation** werden die Anzeigebits in Abhängigkeit des Ergebnisses gesetzt:

A1	A0	Ov	Bedeutung
Ergebnisse ohne Überlauf			
0	0	0	Ergebnis = 0
0	1	0	Ergebnis < 0
1	0	0	Ergebnis > 0
Ergebnisse mit Überlauf bei Ganzzahlarithmetik			
0	0	1	Überlauf im negativen Bereich bei +I und +D
0	1	1	Überlauf im negativen Bereich bei *I und *D Überlauf im positiven Bereich bei +I, -I, +D, -D, NEGI und NEGD
1	0	1	Überlauf im positiven Bereich bei *I, *D, /I und /D Überlauf im negativen Bereich bei +I, -I, +D und -D
1	1	1	Division durch 0 in /I, /D und MOD
Ergebnisse mit Überlauf bei Gleitpunktarithmetik			
0	0	1	Stufenweise Unterschreitung
0	1	1	Überlauf im negativen Bereich
1	0	1	Überlauf im positiven Bereich
1	1	1	Keine gültige Gleitpunktzahl

Sprungbefehle

Nach einer **Schiebe- oder Rotieroperation** werden die Anzeigebits in Abhängigkeit des hinausgeschobenen Bits geändert:

A1	A0	Bedeutung
0	0	Aus dem AKKU geschobenes Bit = 0
1	0	Aus dem AKKU geschobenes Bit = 1

Nach einer **Vergleichsoperation** werden die Anzeigebits je nach Ergebnis des Vergleichs geändert:

A1	A0	Bedeutung
0	0	AKKU 2 = AKKU 1
0	1	AKKU 2 < AKKU 1
1	0	AKKU 2 > AKKU 1
1	1	Ungültig (nur bei Vergleichsoperationen mit Gleitpunktzahlen)

Nach einer **Wortverknüpfungsoperation** (UW, OW, ...) werden die Anzeigebits je nach Ergebnis des Vergleichs geändert:

A1	A0	Bedeutung
0	0	Ergebnis = 0
1	0	Ergebnis <> 0

Hierzu die folgende Übungsaufgabe:

Aufgabenbeschreibung:
Es sind die Merkerwörter MW10 und MW12 zu vergleichen.
In Abhängigkeit des Vergleichs, sollen bestimmte Ausgänge auf '1' gesetzt werden:

1. Wenn MW10 > MW12 -> A 32.0 = '1'
2. Wenn MW10 < MW12 -> A 32.1 = '1'
3. Wenn MW10 = MW12 -> A 32.0 = '1' und A 32.1 = '1'

Lösung:
```
ORGANIZATION_BLOCK OB1
TITLE = "Zyklisches Hauptprogramm"
VERSION:   1.0
VAR_TEMP
    OBDaten:ARRAY [1..20] of BYTE
END_VAR
BEGIN
NETWORK
TITLE =
        //Ausgänge löschen
        CLR
        =     A      32.0
        =     A      32.1
        =     A      32.2
        //Vergleich durchführen
        L     MW     10
        L     MW     12
        >I
        SPP   GR                     //MW10>MW12
        SPM   KL                     //MW10<MW12
        SPZ   GLEI                   //MW10=MW12
        SPA   ENDE
        //Aktionen bei "größer"
GR      :NOP  1
        SET
        =     A      32.0
        SPA   ENDE
        //Aktionen bei "kleiner"
KL      :NOP  1
        SET
        =     A      32.1
        SPA   ENDE
        //Aktionen bei "gleich"
GLEI    :NOP  1
        SET
        =     A      32.0
        =     A      32.1
        SPA   ENDE
ENDE    :NOP  1
END_ORGANIZATION_BLOCK
```

21.6 Sprungbefehle bei Überlauf

- SPO   Springe, wenn OV = 1
- SPS   Springe, wenn OS = 1

Mit diesen Befehlen kann gezielt der Überlauf bei einer arithmetischen Operation ausgewertet werden.
Ein Überlauf kann auftreten, wenn z.B. die Addition zweier Integerzahlen größer als +32767 ist.

Aufgabenstellung:
Der Ausgang A32.0 soll auf '1' gesetzt werden, wenn die Addition der Merkerwörter MW10 und MW12 einen Überlauf erzeugt.

Lösung:
```
ORGANIZATION_BLOCK OB1
TITLE = "Zyklisches Hauptprogramm"
VERSION:   1.0
VAR_TEMP
    OBDaten:ARRAY [1..20] of BYTE
END_VAR
BEGIN
NETWORK
TITLE =
        //Ausgang löschen
        CLR
        =      A       32.0
        //Addition durchführen
        L      MW      10
        L      MW      12
        +I
        T      MW      14         //Ergebnis in MW 14 speichern
        SPO    UEBE               //Bei Überlauf Sprung
        SPA    ENDE
UEBE  :SET
        =      A       32.0       //Ausgang auf '1' setzen
        SPA    ENDE
ENDE  :NOP    1
END_ORGANIZATION_BLOCK
```

21.7 Der LOOP-Befehl

Mit dem Loop-Befehl kann man sehr einfach eine Schleife programmieren.

Der LOOP-Befehl dekrementiert (erniedrigt) den Akku1, wenn dieses größer als Null ist. Wenn der Akku1 nach dem Dekrementieren immer noch größer als Null ist, dann wird der Sprung zur angegebenen Marke durchgeführt.

Aufgabenbeschreibung:
In einer LOOP-Schleife sollen das Merkerdoppelwort MD0 je Zyklus um die Zahl 1 erhöht werden, wenn der Eingang E0.0 auf '1' ist.
Ist der Eingang E0.0 auf '0', dann soll die Schleife nicht durchgeführt werden.

Lösung:
```
ORGANIZATION_BLOCK OB1
TITLE = "Zyklisches Hauptprogramm"
VERSION:   1.0
VAR_TEMP
    OBDaten:ARRAY [1..20] of BYTE
    LOOPZaehler:WORD
END_VAR
BEGIN
NETWORK
TITLE =
        UN    E         0.0
        SPB   ENDE
        L     5              //Wieviele Merkerbytes sollen bearbeitet werden?
SCHL  :T    #LOOPZaehler     //Zählerstand in #LoopZaehler speichern
        L     MD        0
        L     1
        +D
        T     MD        0    //neuer Wert in MD0 speichern

        L     #LOOPZaehler
        LOOP  SCHL
ENDE  :NOP 1
END_ORGANIZATION_BLOCK
```

21.8 Sprungleiste, Sprungverteiler (SPL)

Der Befehl "SPL" (Springe über Sprungleiste) ermöglicht das Springen zu Marken in Abhängigkeit einer Zahl im Akku1.

Die Syntax des SPL-Befehls muß folgendermaßen eingehalten werden:

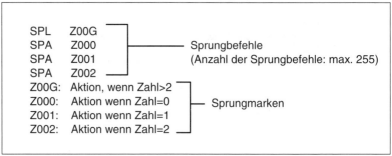

Bild: Syntax des SPL-Befehls

Regeln des SPL-Befehls:

- Die Namen der Marken sind beliebig (max. 4 Zeichen)
- Die Anzahl der Sprungbefehle ist max. 255
- Die erste Marke nach den SPA-Befehlen muß immer die Marke sein, die mit dem SPL-Befehl angegeben worden ist (hier Marke "Z00G")

Die nachfolgende Tabelle zeigt, zu welchen Marken in Abhängigkeit des Akku1 gesprungen wird:

Marke	Bedingung
Z00G	Akku1 > x (x ist hier 2)
Z000	Akku1 = 0
Z001	Akku1 = 1
Z002	Akku1 = 2
usw.	usw.

Sprungbefehle

Beispiel:
Das Eingangsbyte 32 soll überwacht werden. In Abhängigkeit dieses Eingangsbytes, soll der Ausgang A32.0 mit unterschiedlichen Frequenzen blinken.
Im SPS-Programm soll der Befehl "SPL" verwendet werden.

Blinkfrequenz in Abhänigkeit der Zahl im Eingangsbyte 32:

Zahl in EB32	Blinkfrequenz von A32.0
0	0.5 Hz
1	1 Hz
2	2 Hz
3	5 Hz
4	10 Hz
5	20 Hz

Lösung:
```
ORGANIZATION_BLOCK OB1
TITLE = "Zyklisches Hauptprogramm"
VAR_TEMP
    OBArray:ARRAY [1..20] of BYTE
END_VAR
BEGIN
NETWORK
TITLE =
        L    EB       32
        SPL  Z00G
        SPA  Z000
        SPA  Z001
        SPA  Z002
        SPA  Z003
        SPA  Z004
        SPA  Z005
Z00G  :BEA                          //Ungültige Zahl
Z000  :L    S5T#1S                  //0.5 HZ
       SPA  TRAN
Z001  :L    S5T#500MS               //1.0 HZ
       SPA  TRAN
Z002  :L    S5T#250MS               //2.0 HZ
       SPA  TRAN
Z003  :L    S5T#100MS               //5.0 HZ
       SPA  TRAN
Z004  :L    S5T#50MS                //10.0 HZ
       SPA  TRAN
Z005  :L    S5T#20MS                //20.0 HZ
       SPA  TRAN
TRAN  :T    MW       10             //Periodendauer in MW10 speichern
       //Takt mit Timer 1 und 2 bilden
       UN   T        2
       L    MW       10
       SE   T        1
       U    T        1
       L    MW       10
       SE   T        2
       U    T        1
       =    A        32.0           //Blinktakt ausgeben
END_ORGANIZATION_BLOCK
```

21.9 Direkte Auswertung des Statuswortes

S7<->S5

In S7 gibt es Befehle, die direkt die einzelnen Bits des Statusworts mit Verknüpfungsoperationen (U, UN, O, ON, X, XN) auswerten können. <u>Diese Befehle gibt es bei S5 nicht.</u>

Folgende Operanden können das Statuswort auswerten:

"Operand"	Beschreibung
>0	Abfrage nach ((A1 = 1) UND (A0 = 0))
<0	Abfrage nach ((A1 = 0) UND (A0 = 1))
<>0	Abfrage nach (((A1 = 1) UND (A0 = 0)) ODER ((A1 = 0) UND (A0 = 1)))
>=0	Abfrage nach (((A1 = 1) UND (A0 = 0)) ODER ((A1 = 0) UND (A0 = 0)))
<=0	Abfrage nach (((A1 = 0) UND (A0 = 1)) ODER ((A1 = 0) UND (A0 = 0)))
==0	Abfrage nach ((A1 = 0) UND (A0 = 0))
UO	Abfrage nach ((A1 = 1) UND (A0 = 1))
BIE	Abfrage nach BIE = 1
OS	Abfrage nach OS = 1
OV	Abfrage nach OV = 1

Beispiele:
```
U BIE    //Setzt das VKE auf '1' wenn das BIE-Bit '1' UND das VKE '1' ist
O OS     //Setzt das VKE auf '1' wenn das OS-Bit '1' ODER das VKE '1' ist
U ==0    //Setzt das VKE auf '1' wenn beide Anzeigebits Null sind UND das
         //VKE '1' ist
```

22 FEHLERDIAGNOSE BEI EINER S7-CPU

Manche Programmierfehler führen dazu, daß die CPU vom Betriebszustand RUN in den Zustand STOP übergeht. Dieser Abschnitt soll zeigen, wie ein solcher synchroner Fehler mit Hilfe der Diagnosefunktionen gefunden und behoben werden kann. Grundsätzlich gibt es zwei Varianten um einen solchen Fehler ausfindig zu machen, diese werden einzeln erläutert. Dabei wird das nachfolgend angezeigte SPS-Programm zu Grunde gelegt.

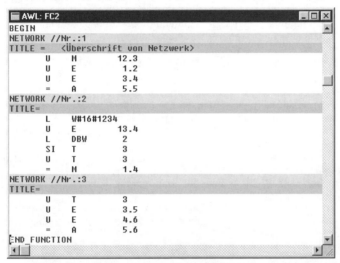

Bild: Programm in der FC2

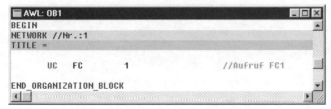

Bild: Programm der FC1

Bild: Programm OB1

Fehlerdiagnose bei einer S7-CPU

Es handelt sich dabei um ein Programm mit drei Bausteinen. Die Funktion FC1 wird dabei im OB1 aufgerufen, diese wiederum ruft die Funktion FC2 auf.
Das SPS-Programm enthält einen Fehler, den einige vielleicht schon im Vorfeld erkennen. Dieser Fehler führt dazu, daß die CPU in den STOP-Zustand übergeht, sobald beispielsweise der Wiederanlauf ausgeführt werden soll.

Die Bausteine werden in die CPU übertragen, dies wird über den Menüpunkt "AG->Alle Bausteine übertragen" erledigt. Anschließend betätigt man die Tasten [STRG] + [I], um auf dem erscheinenden Dialog den Button "Wiederanlauf" zu drücken. Entgegen der letzten Beispiele, wechselt die CPU nur kurzzeitig in den Zustand RUN um danach wieder in den Zustand STOP zurückzukehren.
Es gilt nun die Ursache für dieses Verhalten zu suchen.

22.1 Fehlersuche über Diagnosebuffer

Der schnellste Weg führt dabei über den sog. Diagnosebuffer. In dieser Liste sind die letzten Ereignisse aufgeführt, die sich in der CPU ereignet haben. In dem Buffer ist beispielsweise verzeichnet, wann die CPU eingeschaltet wurde (Netzspannungswiederkehr), wann der letzte Anlauf durchgeführt wurde und warum die CPU wieder in den Zustand STOP übergegangen ist.
Letzteres soll in diesem Fall genutzt werden. Der Diagnosebuffer ist Bestandteil des Dialogs "Baugruppenzustand" und dieser kann über den Menüpunkt "AG->Baugruppenzustand" zur Ansicht gebracht werden. Auf dem Dialog klickt man nun das Register "Diagnose" an.
Daraufhin werden von der CPU die Einträge des Diagnosebuffers angefordert. Nachfolgend ist die Ausgabe der Software-SPS von WinSPS-S7 zu sehen:

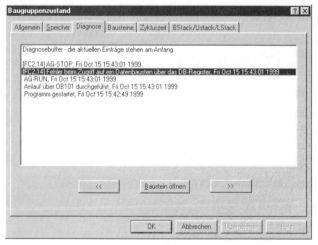

Bild: Baugruppenzustand, Register Diagnose

In den Einträge befindet sich der Hinweis, daß sich ein Fehler beim Zugriff auf ein Datenbaustein ereignet hat. Es wird ebenfalls der Baustein angegeben, in dem der Fehler auftrat.
Man hat nun die Möglichkeit, an die Stelle des Fehlers zu springen. Dazu stellt man einfach den Cursor auf die Stelle des Ereignisses und betätigt den Button "Baustein öffnen". Daraufhin wird das Fenster "Status-Baustein" geöffnet und darin wird der fehlerhafte Baustein angezeigt. Der Cursor wird dabei an die Stelle des Befehls plaziert, bei dem der Fehler auftrat. Im Beispiel stellt sich das Fenster "Status-Baustein" folgendermaßen dar:

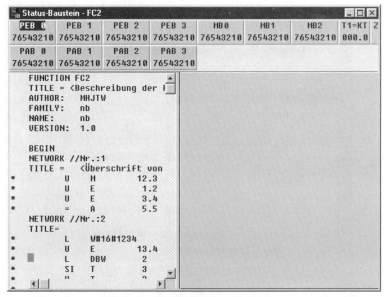

Bild: Fenster "Status-Baustein" mit Fehlerbaustein FC2

Der Cursor steht an der Stelle des Zugriffsbefehls auf ein Datenwort. Da zu diesem Zeitpunkt kein Datenbaustein aufgeschlagen war, führte dies zu dem Zugriffsfehler, welchen die CPU mit dem Übergang in den Betriebszustand STOP quittierte.

Der Programmierer kann nun den Fehler beheben (möglichst im Projektbaustein) und danach den neuen Baustein in die CPU übertragen.

Diese Methode ist die einfachste und schnellste. Es existiert allerdings noch eine zweite Variante, die nachfolgend vorgestellt wird.

22.2 Fehlersuche über USTACK/BSTACK

Es soll dabei von den gleichen Voraussetzungen ausgegangen werden, wie beim Einsatz des Diagnosebuffers. Dies bedeutet, das Eingangs aufgeführte SPS-Programm befindet sich in der CPU und diese wird über den Wiederanlauf in den Zustand RUN versetzt. Wegen des Fehlers geht die CPU wieder in den Betriebszustand STOP über.
Bei dieser Variante der Fehlersuche kommt auch der Dialog "Baugruppenzustand" zum Einsatz, der über den Menüpunkt "AG->Baugruppenzustand" aufgerufen wird. Diesmal wird die Information auf dem Register "BStack/UStack/LStack" angewählt. Die Ausgabe hat dabei folgendes Aussehen:

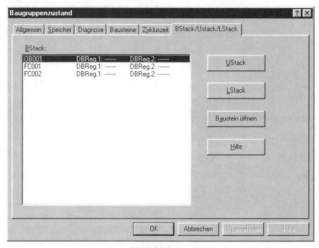

Bild: BStack-Ausgabe

Auf der Dialogseite präsentiert sich die BStack-Ausgabe. Es ist eine Liste zu sehen, in der die zuletzt bearbeiteten Bausteine aufgeführt sind. Der zuletzt bearbeitete Baustein steht dabei an unterster Stelle. Der obigen Liste kann somit folgende Information entnommen werden:
Der Baustein OB1 hat die Funktion FC1 aufgerufen. Diese wiederum verzweigte in die Funktion FC2. Danach folgt kein Eintrag mehr, somit ist die FC2 der zuletzt bearbeitete Baustein vor dem STOP-Übergang. Hinter den Bausteinen sind die beiden DB-Register 1 und 2 angegeben. Hierbei wird angezeigt, auf welchen Datenbaustein das Register eingestellt ist. Im Beispiel sind keine Angaben vorhanden, d.h. keines der DB-Register ist auf einen Datenbaustein eingestellt.

Nun ist bekannt, daß der Fehler in der FC2 programmiert ist.

Um den Fehler näher zu ergründen, muß noch die UStack-Information aufgerufen werden. Diese Information ist nur bei Organisationsbausteinen vorhanden. Aus diesem Grund ist in der Liste der OB zu selektieren. Bei einem anderen Bausteintyp ist der Button "UStack" nicht verfügbar.
Hat man den OB1 in der Liste angeklickt und betätigt danach den Button "UStack", so erscheint der nachfolgend dargestellte Dialog:

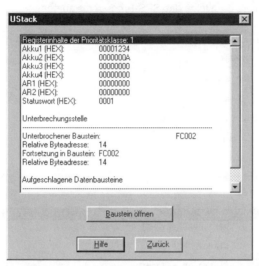

Bild: UStack-Ausgabe

Auf dem Dialog befinden sich eine Vielzahl von Informationen. Diese Informationen beziehen sich alle auf den Zeitpunkt des STOP-Übergangs. So beispielsweise die Inhalte der Akkus, der Adreßregister und des Statusworts.
Darunter befindet sich die Angabe welcher Baustein unterbrochen wurde und an welcher Stelle. Scrollt man die Liste etwas nach unten, so werden auch die Inhalte der DB-Register angezeigt.
Auf dem Dialog befindet sich auch der Button "Baustein öffnen". Bei Betätigung wird dabei, wie zuvor mit dem Diagnosebuffer, der fehlerhafte Baustein geöffnet und der Cursor an die fehlerhafte Befehlszeile plaziert.

Dies ist somit die zweite Möglichkeit einen Programmfehler ausfindig zu machen. Die Variante über den Diagnosebuffer ist hierbei einfacher und auch schneller, allerdings führt diese nicht immer zum Ziel.

Nachfolgend wird ein Beispiel vorgestellt, bei der die Methode über den Diagnosebuffer versagt.

22.3 Zweites Beispiel zur Fehlersuche

In diesem Programm wird eine FC mehrmals im SPS-Programm aufgerufen. Der Funktion wird dabei ein Datenbaustein übergeben, auf den innerhalb der Funktion zugegriffen wird.
Nachfolgend sind die Bausteine des SPS-Programms zu sehen:

```
AWL: DB2
VERSION: 1.0
    STRUCT
        Var1:ARRAY [1..6] of WORD
    END_STRUCT
BEGIN
        Var1[1]:=W#16#0000
        Var1[2]:=W#16#0000
        Var1[3]:=W#16#0000
        Var1[4]:=W#16#0000
        Var1[5]:=W#16#0000
        Var1[6]:=W#16#0000
END_DATA_BLOCK
```

Bild: DB2

```
AWL: DB3
        Var1:ARRAY [1..6] of WORD

    END_STRUCT
BEGIN
        Var1[1]:=W#16#0000
        Var1[2]:=W#16#0000
        Var1[3]:=W#16#0000
        Var1[4]:=W#16#0000
        Var1[5]:=W#16#0000
        Var1[6]:=W#16#0000
END_DATA_BLOCK
```

Bild: DB3

```
AWL: DB4
    STRUCT
        Var1:ARRAY [1..6] of BYTE
    END_STRUCT
BEGIN
        Var1[1]:=B#16#00
        Var1[2]:=B#16#00
        Var1[3]:=B#16#00
        Var1[4]:=B#16#00
        Var1[5]:=B#16#00
        Var1[6]:=B#16#00
END_DATA_BLOCK
```

Bild: DB4

Fehlerdiagnose bei einer S7-CPU

```
AWL: DB5
        STRUCT
            Var1:ARRAY [1..6] of WORD
        END_STRUCT
BEGIN
        Var1[1]:=W#16#0000
        Var1[2]:=W#16#0000
        Var1[3]:=W#16#0000
        Var1[4]:=W#16#0000
        Var1[5]:=W#16#0000
        Var1[6]:=W#16#0000
END_DATA_BLOCK
```

Bild: DB5

```
AWL: FC1
VAR_INPUT
    DB_IN:BLOCK_DB    //Zu uebergebender DB
END_VAR

BEGIN
NETWORK //Nr.:1
TITLE =   Aufschlagen des DBs und Zugriffe
        AUF   #DB_IN                          //Uebergebenen DB aufschlagen
//Zugriffe auf die Dateninhalte
        L    DBW    0
        T    MW     0
        L    DBW    2
        T    MW     2
        L    DBW    4
        T    MW     4
        L    DBW    6
        T    MW     6
END_FUNCTION
```

Bild: FC1

```
AWL: OB1
BEGIN
NETWORK //Nr.:1
TITLE = Aufruf der Funktion FC1
        CALL FC        1
          DB_IN:=DB2

        CALL FC        1
          DB_IN:=DB3

        CALL FC        1
          DB_IN:=DB4

        CALL FC        1
          DB_IN:=DB5
END_ORGANIZATION_BLOCK
```

Bild: OB1

Fehlerdiagnose bei einer S7-CPU

Diese Bausteine werden in die CPU übertragen. Nach dem Wechsel der Betriebsart in den Zustand RUN, wechselt die CPU sofort wieder in den Zustand STOP.
Zunächst soll mit Hilfe des Diagnosebuffers versucht werden, den Fehler ausfindig zu machen. Dazu betätigt man die Tasten [STRG] + [D] um den Dialog "Baugruppenzustand" zu erhalten. Dabei ist die Dialogseite "Diagnose" zu selektieren. In den Ereignissen ist auch der Fehler eingetragen, welcher zum STOP-Übergang führte. Man setzt nun den Cursor auf dieses Ereignis und betätigt den Button "Baustein öffnen". Als Folge davon wird das Fenster "Status-Baustein" sichtbar, in dem sich die Funktion FC1 befindet. Der Cursor wird dabei auf die Fehlerzeile plaziert (siehe Bild).

Bild: Fenster "Status-Baustein" mit FC1

Man kennt nun die Zeile, welche den Fehler ausgelöst hat, allerdings wird die FC1 mehrmals im SPS-Programm aufgerufen. Dies bedeutet, daß der Befehl mehrmals im Zyklus ausgeführt wird. Um genau beurteilen zu können, bei welchem Aufruf der Fehler passiert ist, sind mehr Informationen nötig.
Diese Informationen erhält man in diesem Fall über den UStack/BStack. Aus diesem Grund wird nochmals der Dialog "Baugruppenzustand" aufgerufen, und das Register "BStack/UStack/LStack" selektiert. Die BStack-Ausgabe stellt sich folgendermaßen dar:

Fehlerdiagnose bei einer S7-CPU

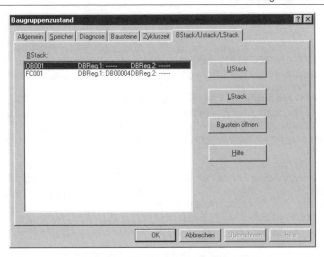

Bild: Dialog "Baugruppenzustand"

Hierbei ist zu erkennen, daß die Funktion FC1 der zuletzt bearbeitete Baustein ist. Dies war schon bekannt. Allerdings ist eine weitere Information mit angegeben. Der Inhalt des DB-Registers sagt aus, daß beim Auftreten des Fehlers der Datenbaustein DB4 aufgeschlagen war. Somit tritt der Fehler auf, wenn der Datenbaustein DB4 als Aktualparameter übergeben wird. Damit ist der Aufruf und der auslösende Befehl bekannt. Mit diesen Informationen ist der Fehler leicht zu analysieren.
Der Fehler tritt auf, wenn auf das Datenwort DBW6 des Datenbausteins DB4 zugegriffen wird. Ein Blick auf das Listing des DB4 (eingangs des Beispiels) zeigt auch die Ursache dafür: Der DB4 besteht nur aus 6 Bytes.
Da das Datenwort DBW6 aus den Datenbytes DBB6 und DBB7 besteht, wird über die Grenzen des DBs hinaus gelesen und dies führt zu dem Fehler.

In diesem Beispiel wurde gezeigt, daß bei der Fehleranalyse der Diagnosebuffer nicht immer die erste Wahl sein muß. Bei manchen Fehlern kommt man über den UStack oder BStack schneller ans Ziel. Dies gilt insbesondere dann, wenn indirekt adressiert wird und somit der Inhalt der Register ausgewertet werden muß.

23 DAS MPI-NETZWERK

Jede CPU der Reihe S7-300/400 verfügt über eine sog. MPI-Schnittstelle. Die Abkürzung MPI steht für Multi Point Interface. Über diese Schnittstelle wird auch die Programmiersoftware mit der CPU verbunden, wobei die Verbindung über ein MPI-Adapter hergestellt wird.
Über die MPI-Schnittstelle der CPUs können allerdings auch mehrere CPUs miteinander verbunden, also zu einem MPI-Netz zusammengeschlossen werden.
In einem solchen MPI-Netz können beispielsweise Beobachtungsgeräte, Funktionsbaugruppen, Kommunikationsbaugruppen, Programmiergeräte oder CPUs vertreten sein.
Jedes dieser Geräte verfügt über eine Adresse, mit der explizit auf das Gerät zugegriffen werden kann. Diese Adresse wird als MPI-Adresse bezeichnet und darf nur 1 Mal im MPI-Netz vorhanden sein. Die Gesamtanzahl an Teilnehmer eines MPI-Netzes darf die Zahl 32 nicht übersteigen.
Auch wenn nur eine einzelne CPU über die Programmiersoftware angesprochen werden soll, muß die MPI-Adresse für den Kommunikationsaufbau verwendet werden.

Nachfolgend soll gezeigt werden, welche Einstellungen zu tätigen sind, um mit einer S7-CPU zu kommunizieren. Dabei soll von einem kleinen MPI-Netz ausgegangen werden, bei dem 2 CPUs miteinander vernetzt sind.
Der PC mit der Programmiersoftware ist über ein MPI-Adapter mit den CPUs verbunden. Der Kommunikationsaufbau soll mit Hilfe von WinSPS-S7 erläutert werden.

In WinSPS-S7 muß zunächst ein Projekt geöffnet werden, dann ist der Zugriff auf die AG-Funktionen möglich. Anschließend ist WinSPS-S7 auf den Betrieb mit einer externen CPU einzustellen. Dazu betätigt man einfach den Mausbutton mit der Bezeichnung "S7 Ext.". Somit wird nicht mit der internen Software-SPS, sondern mit einer externen CPU kommuniziert.
Nun müssen die Parameter für die Kommunikation eingestellt werden, dazu betätigt man den Menüpunkt "Projektverwaltung->Schnittstelle für AG-Extern einstellen". Daraufhin erscheint der Dialog "Serielle Schnittstelle einstellen" der nachfolgend dargestellt ist:

Das MPI-Netzwerk

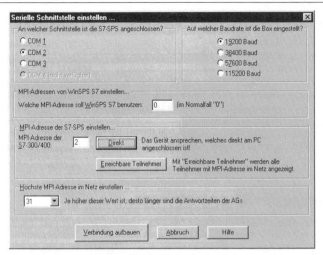

Bild: Dialog "Serielle Schnittstelle einstellen"

Auf diesem Dialog befinden sich eine Vielzahl von Einstellungsmöglichkeiten, auf die nun explizit eingegangen werden soll.

Serielle Schnittstelle

Im linken oberen Teil des Dialogs muß eingestellt werden, an welcher seriellen Schnittstelle der MPI-Adapter angeschlossen ist, der den PC mit dem MPI-Netz verbindet. In obiger Darstellung ist die serielle Schnittstelle COM 2 selektiert.

Baudrate des MPI-Adapters

Über diese Einstellung wird die Kommunikationsgeschwindigkeit zwischen PC und MPI-Netz vorgegeben. Die Geschwindigkeit kann anhand der Baudrate angegeben werden. Die max. mögliche Baudrate hängt von dem verwendeten MPI-Adapter ab. Eine Baudrate von 19200 wird von allen MPI-Adaptern unterstützt. Ob der Adapter eine höhere Übertragungsrate unterstützt, muß dessen Beschreibung entnommen werden. Je höher die Übertragungsrate eingestellt werden kann, desto schneller vollzieht sich die Kommunikation zwischen dem PC und der CPU.
In obiger Darstellung ist eine Übertragungsrate von 19200 Baud eingestellt.

Das MPI-Netzwerk

MPI-Adresse der Programmiersoftware (PG-MPI-Adresse)

Wie Eingangs erwähnt, wird jeder Teilnehmer innerhalb des MPI-Netzes über eine bestimmte Adresse, die sog. MPI-Adresse, angesprochen. Jede MPI-Adresse darf nur von einem Teilnehmer im MPI-Netz genutzt werden.
Dies gilt auch für die Programmiersoftware, welche über den MPI-Adapter an das MPI-Netz angeschlossen ist. Normalerweise besitzt eine Programmiersoftware die MPI-Adresse 0. Dies ist auf dem Dialog voreingestellt.
Befindet sich allerdings bereits eine Programmiersoftware im MPI-Netz, die sich mit der MPI-Adresse 0 angemeldet hat, dann muß für die zweite Programmiersoftware eine andere MPI-Adresse eingestellt werden. Diese darf im MPI-Netz noch nicht vergeben sein.

MPI-Adresse der S7-SPS einstellen

In diesem Feld muß die MPI-Adresse der CPU eingestellt werden, mit welcher die Programmiersoftware kommunizieren soll.
Kennt man die MPI-Adresse, so kann diese direkt eingetragen werden. Der gültige Wertebereich liegt zwischen 0 bis 126.
Ist die MPI-Adresse nicht bekannt, und ist der MPI-Adapter direkt an diese CPU angeschlossen, so kann der Button "Direkt" betätigt werden. Dabei ermittelt WinSPS-S7 automatisch die MPI-Adresse der direkt angeschlossenen CPU und baut sofort die Kommunikation mit dieser CPU auf.

Über den Button "Erreichbare Teilnehmer" wird der Dialog "Erreichbare Teilnehmer" aufgerufen. Auf diesem Dialog sind alle MPI-Adressen aufgelistet, die im angeschlossenen MPI-Netz vorhanden sind. Des weiteren ist die MPI-Adresse gekennzeichnet, an dem der MPI-Adapter direkt angeschlossen ist. Der Dialog hat im Beispiel folgendes Aussehen:

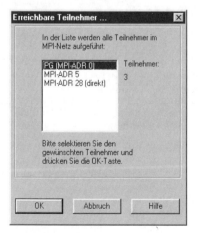

Bild: Dialog "Erreichbare Teilnehmer"

Das MPI-Netzwerk

In obiger Darstellung ist zu erkennen, daß in dem MPI-Netz insgesamt drei Teilnehmer vorhanden sind. Dabei ist WinSPS-S7 als PG mit der MPI-Adresse 0 aufgeführt. Daneben sind die Teilnehmer mit den Adressen 5 und 28 vorhanden. Am Teilnehmer mit der MPI-Adresse 28 ist der MPI-Adapter angeschlossen, über den WinSPS-S7 mit dem MPI-Netz verbunden ist. Dies ist an dem Zusatz "direkt" hinter der MPI-Adresse zu erkennen.

Man kann nun den gewünschten Teilnehmer aus der Liste selektieren. Über den Button "OK" wird die Auswahl bestätigt und der Dialog verlassen. Im Dialog "Serielle Schnittstelle einstellen" wird diese Adresse dann als MPI-Adresse der CPU übernommen.

Höchste MPI-Adresse im Netz einstellen

In diesem Feld muß die höchste MPI-Adresse im MPI-Netz eingestellt sein. Hat ein Teilnehmer im MPI-Netz eine höhere MPI-Adresse, dann treten Kommunikationsprobleme beim Verbindungsaufbau auf. Folgende Meldung kann dann erscheinen:

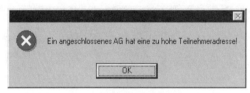

Bild: Fehlermeldung

Erscheint eine solche Fehlermeldung, so sollte die höchste MPI-Adresse schrittweise erhöht werden, bis der Verbindungsaufbau fehlerfrei funktioniert.
Man sollte den Wert so niedrig wie möglich einstellen, da dies den Aufbau der Kommunikation beschleunigt.

Im Beispiel muß die Höchste MPI-Adresse auf "31" eingestellt werden, da eine CPU im Netz die MPI-Adresse 28 besitzt und somit deren höchste MPI-Adresse mind. bei 31 eingestellt sein muß.

Hat man die entsprechenden Parameter eingestellt, so kann über den Button "Verbindung aufbauen" die Kommunikation mit der CPU eingeleitet werden. Dies ist nicht notwendig, wenn man bereits den Button "Direkt" betätigt hat, in diesem Fall wurde schon die direkt angeschlossene CPU angesprochen

Wenn innerhalb des Projektes immer mit der gleichen CPU kommuniziert wird, dann müssen die Kommunikationsparameter nur 1 Mal eingestellt werden. Danach wird automatisch bei jeder AG-Funktion die Kommunikation mit dem AG aufgebaut. Dies gilt auch dann, wenn WinSPS-S7 verlassen und wieder gestartet wurde. Beim ersten Zugriff auf die externe CPU wird dann automatisch der Verbindungsaufbau durchgeführt.

24 HANDHABUNG EINER S7-CPU

24.1 Schlüsselschalter

Die CPUs der Reihe S7-300/400 sind mit einem Schlüsselschalter versehen, mit dem die einzelnen Betriebsarten STOP, RUN und RUN-P direkt an der CPU eingestellt werden können.
Des weiteren kann über die Stellung "MRES" das Urlöschen der CPU ausgelöst werden. Das Vorgehen beim Urlöschen ist dabei dem CPU-Handbuch zu entnehmen.

Der Unterschied zwischen der Schalterstellung RUN und RUN-P besteht darin, daß in der Stellung RUN manche AG-Funktionen nicht ausführbar sind.
Die Stellung RUN-P ist für die Inbetriebnahme gedacht, hierbei können Funktion wie Bausteine übertragen, Steuern-Variable usw. ausgeführt werden.
Werden diese Aktionen bei der Schalterstellung RUN ausgeführt, so erscheint folgende oder ähnlich lautende Fehlermeldung:

Bild: Fehlermeldung

Nachfolgend ist eine CPU zu sehen, der Schlüsselschalter ist in der Darstellung hervorgehoben.

Bild: CPU 314

24.2 Memory Cards

Die meisten CPUs der Reihe S7-300/400 bieten die Möglichkeit, den Ladespeicher über eine sog. Memory Card zu erweitern. Es ist wichtig zu wissen, daß der Arbeitsspeicher nicht erweitert werden kann.

Memory Cards sind in zwei Ausführungen erhältlich. Zum einen als RAM Cards oder als FLASH Cards.
Der Unterschied besteht darin, daß es sich bei den RAM Cards um einen flüchtigen Speicher handelt, d.h. bei Spannungsverlust geht das Programm auf den RAM Cards verloren. Somit eignen sich die RAM Cards nicht zur Sicherung des SPS-Programms. Diese kommen bei der Inbetriebnahme zum Einsatz, wenn das SPS-Programm laufend verändert wird. In RAM Cards können auch einzelne Programmteile nachgeladen werden.

Anders die FLASH Cards, diese sind als Flash-EPROM ausgelegt. Somit behalten diese auch ohne Spannungsversorgung deren Inhalt. FLASH Cards werden zur Datensicherung eingesetzt, wenn das SPS-Programm nicht mehr oder nur teilweise verändert wird. In FLASH Cards kann nur das gesamte SPS-Programm nachgeladen werden, das Übertragen von einzelnen Programmteilen ist nicht möglich, denn beim Übertragen werden zuvor die Inhalte der Card gelöscht.

Um eine SPS-Programm in eine Memory Card zu übertragen, verwendet man den Menüpunkt "AG->Bausteine in Flashcard schreiben". Daraufhin erscheint ein Dialog, auf dem die Bausteine des Projektes aufgelistet sind. Man kann nun die Bausteine selektieren, welche zu übertragen sind.

Nachfolgend ist eine CPU dargestellt, welche über einen Schacht zum Stecken einer Memory Card verfügt.

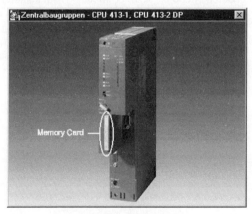

Bild: CPU mit Memory Card

24.3 Integrierter ROM

Zwei CPUs der Reihe S7-300 bieten nicht die Möglichkeit eine Memory Card zu stecken. Es handelt sich dabei um die CPUs S7-312 IFM und S7-314 IFM. Allerdings verfügen diese CPUs über einen sog. integrierten Backupspeicher, der als ROM ausgelegt ist. In diesem ROM kann das SPS-Programm abgelegt und somit gesichert werden. Bei Spannungsausfall bleiben die darin abgelegten Daten erhalten.

Um das SPS-Programm in dem integrierten ROM abzulegen, geht man folgendermaßen vor:

- Zunächst wird das SPS-Programm "normal" in den RAM der CPU übertragen. Dazu verwendet man beispielsweise den gewohnten Menüpunkt "AG->Mehrere Bausteine übertragen".
- Anschließend führt man den Menüpunkt "AG->RAM nach ROM kopieren" aus. Dabei wird der Inhalt des RAM-Ladespeichers in den ROM übertragen.

Somit ist das SPS-Programm auch bei Spannungsausfall gesichert. Wird die CPU von der Netzspannung getrennt, so wird bei Spannungswiederkehr der Inhalt des ROM in den RAM der CPU kopiert.

Auch nach dem Urlöschen wird der Inhalt des ROM in den RAM kopiert. Dies hat zur Folge, daß das Urlöschen nicht zum Löschen des ROM verwendet werden kann. Um den ROM zu löschen, geht man folgendermaßen vor:

- Man löscht die Bausteine über den Menüpunkt "AG->Bausteine löschen", damit der Inhalt des RAM leer ist.
- Dann führt man den Menüpunkt "AG->RAM nach ROM kopieren" durch. Somit wird der leere RAM in den ROM kopiert und die darin befindlichen Bausteine überschrieben. Danach ist der ROM ebenfalls leer.

24.4 Systemdatenbausteine restaurieren

In den sog. Systemdatenbausteinen (SDB) werden die Konfigurationsdaten einer CPU und der angeschlossenen Baugruppen abgelegt. Diese SDBs werden von der SIEMENS-Programmiersoftware erzeugt, wenn eine Hardwarekonfiguration durchgeführt wurde.

Beim Urlöschen muß man beachten, daß diese SDBs ebenfalls beseitigt werden (mit Ausnahme der SDBs 1 und 2). Somit sind auch die getätigten Einstellungen verloren. Aus diesem Grund sollten die SDBs vor dem Urlöschen auf dem PC gesichert werden. Dazu verwendet man den Menüpunkt "AG->Bausteine empfangen". Es erscheint ein Dialog mit den in der CPU befindlichen Bausteinen. Darunter befinden sich auch die SDBs. Nun selektiert man diese und drückt den Button "Übertragen". Daraufhin werden die SDBs in das Projekt übertragen.
Nun kann das Urlöschen durchgeführt werden. Anschließend führt man den Menüpunkt "AG->Hardwarekonfiguration restaurieren" aus, um die SDBs wieder in die CPU zu übertragen.

In der SIEMENS-Software muß die Hardwarekonfiguration nach dem Urlöschen nochmals übertragen werden.

24.5 Speichermedien

In diesem Abschnitt werden kurz die Speichermedien benannt, welche in der SPS-Technik zum Einsatz kommen.

Speichertypen	Löschvorgang	Programmieren	Verhalten bei Spannungsausfall
RAM **R**andom-**A**ccess-**M**emory (Schreib-Lese-Speicher)	elektrisch	elektrisch	Inhalt geht verloren
ROM **R**ead-**o**nly-**M**emory (Nur-Lese-Speicher)	nicht löschbar	ist vom Hersteller durch interne Brücken programmiert	Inhalt bleibt erhalten
PROM **p**rogrammable **ROM** (programmierbarer ROM-Speicher)	nicht löschbar	interne Brücken werden durchgebrannt	Inhalt bleibt erhalten
EPROM **e**raseable **PROM** (löschbarer PROM)	durch UV-Licht	wird elektrisch programmiert	Inhalt bleibt erhalten
EEPROM (elektrisch löschbarer PROM)	elektrisch	wird elektrisch programmiert	Inhalt bleibt erhalten
Flash-EPROM	elektrisch	wird elektrisch programmiert	Inhalt bleibt erhalten

Der EPROM ist als Speichermedium sehr verbreitet. Jedoch sollte man beachten, daß das Löschen mit UV-Licht nicht beliebig oft wiederholt werden kann. Der große Vorteil von EPROMs besteht darin, daß die Datensicherheit sehr hoch ist. Um EPROMs programmieren zu können, ist ein EPROM- Programmiergerät erforderlich.

Oftmals kommt ein EEPROM-Speicher zum Einsatz. Dieser kann ebenso wie der EPROM, elektrisch beschrieben werden. Allerdings erfolgt der Löschvorgang ebenfalls elektrisch, d.h. der EEPROM kann vom Programmiergerät gelöscht werden. Ein UV-Löschgerät ist nicht notwendig.

Der FEPROM (Flash-EPROM) ist eine Weiterentwicklung des EEPROMs. Dieser kann durch einen Löschimpuls gelöscht werden, d.h. der Löschvorgang ist schneller als bei dem EEPROM. Diese Speicherart kommt bei den S7-FLASH Cards zum Einsatz.

25 VERGLEICHER

Vergleicher werden dazu verwendet, zwei Werte von identischen Datentypen miteinander zu vergleichen. Folgende Datentypen werden dabei unterstützt:

- INT
- DINT
- REAL

Folgende Vergleichsfunktionen stehen beim **Datentyp INT** zur Verfügung:

Funktion	Beschreibung
==I	Vergleich auf gleich
<>I	Vergleich auf ungleich
>I	Vergleich auf größer
<I	Vergleich auf kleiner
>=I	Vergleich auf größer oder gleich
<=I	Vergleich auf kleiner oder gleich

Nachfolgend nun die Funktionen für den **Datentyp DINT**:

Funktion	Beschreibung
==D	Vergleich auf gleich
<>D	Vergleich auf ungleich
>D	Vergleich auf größer
<D	Vergleich auf kleiner
>=D	Vergleich auf größer oder gleich
<=D	Vergleich auf kleiner oder gleich

Zuletzt die Funktionen für den **Datentyp REAL**:

Funktion	Beschreibung
==R	Vergleich auf gleich
<>R	Vergleich auf ungleich
>R	Vergleich auf größer
<R	Vergleich auf kleiner
>=R	Vergleich auf größer oder gleich
<=R	Vergleich auf kleiner oder gleich

Vergleicher

25.1 Auswertung der Vergleichsfunktionen

Vergleichsfunktionen beeinflussen sowohl das Verknüpfungsergebnis (VKE) als auch die Anzeigebits A0, A1, OV und OS. Das Anzeigebit OS wird dabei nur auf '1' gesetzt, wenn bei einem Vergleich mit Funktionen des Datentyps REAL eine ungültige REAL-Zahl in einem der Akkus vorhanden ist.

Anhand dieser Eigenschaft, bieten sich somit zwei Möglichkeiten einen Vergleich auszuwerten. Zum einen mit Hilfe einer Binärverknüpfung, dabei wird das VKE verwendet und zum anderen über Sprungfunktionen, welche die Anzeigebits auswerten.

25.1.1 Auswertung über Binäroperationen

Eine Lampe soll leuchten, wenn der Zahlenwert vom Typ INT am EW2 größer ist als ein im Datenbaustein DB2 abgelegter Wert. Die Steuerung muß dabei eingeschaltet sein.

Nachfolgend ist das SPS-Programm zu sehen:

```
AWL: FC2
NETWORK //Nr.:1
TITLE =   Vergleich
    L    EW           2           //Wert aus EW2 laden
    L    DB2.Vergl_Wert            //Vergleichswert laden
    >I                             //Vergleich
    U    M           0.0           //Merker Steuerung Ein
    =    A           4.0           //Lampe
```

Bild: Vergleich mit Binärverknüpfung

Zunächst wird der Wert aus dem Eingangswort EW2 geladen. Dieser muß im INT-Format vorliegen. Anschließend folgt das Laden des Vergleichswertes aus dem Datenbaustein DB2. Dann folgt der Vergleich, welcher das VKE=1 ergibt, wenn der Wert an EW2 größer ist als der Vergleichswert im DB2.
Anschließend wird das VKE mit dem Merker M0.0 UND-Verknüpft. Der Merker hat den Status '1', wenn die Steuerung eingeschaltet ist. Das Ergebnis wird dem Ausgang A4.0 zugewiesen, an dem die Lampe angeschlossen ist.

25.1.2 Auswertung der Anzeigebits

Eingangs des Kapitels wurde erwähnt, daß die Vergleichsfunktionen auch die Anzeigebits beeinflussen. Nachfolgend ist dargestellt, in welcher Weise diese verändert werden.

Wert im Akku2 ist gegenüber dem Wert in Akku1	A0	A1	OV	OS
gleich	0	0	0	-
größer	0	1	0	-
kleiner	1	0	0	-
ungültige REAL-Zahl	1	1	1	1

Die Anzeigebits können mit Hilfe von Sprungfunktionen ausgewertet werden (siehe Kapitel "Sprungfunktionen"). Der Vorteil besteht darin, daß es unwesentlich ist, was für eine Vergleichsfunktion verwendet wird, die Anzeigebits werden immer nach dem oben angegebenen Schema beeinflußt.

Beispiel:

Folgende Zeilen eines SPS-Programms seien gegeben:

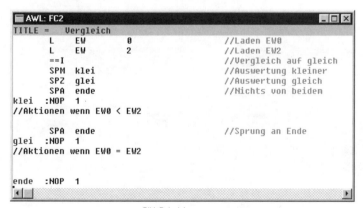

Bild: Beispielprogramm

Vergleicher

Im oberen Beispiel wird der Inhalt der beiden Eingangswörter EW0 und EW2 geladen. Danach wird die Vergleichsfunktion "ist gleich" ausgeführt. Die Vergleichsfunktion setzt das VKE zwar nur auf '1', wenn die beiden Werte identisch sind, allerdings werden die Anzeigenbits nach dem in der Tabelle angegebenen Schema gesetzt. Somit kann auch nach einem Vergleich auf "ist gleich" der Sprung "SPZ" programmiert werden. Dieser wird dann ausgeführt, wenn der Wert in EW0 kleiner ist als der Wert in EW2.

26 ARITHMETISCHE BEFEHLE

Unter S7 gibt es drei verschiedene Zahlenformate:

1. Ganzzahlige Integerzahlen (16 Bit), -32768 bis +32767
2. Ganzzahlige Integerzahlen (32 Bit), L# -2147483648 bis L#+2147483647
3. Gleitpunktzahl (32 Bit)

Alle nachfolgenden Rechenoperationen speichern das Ergebnis im Akku1 ab.
Je nach Ergebnis der Operation, werden die Bits A1, A0, OV und OS im Statuswort gesetzt (siehe Kapitel Sprungbefehle).

Rechenoperationen für Integerzahlen (16 Bit)

Operation	Beschreibung
+I	Akku1 und Akku2 als Ganzzahl addieren
-I	Akku1 und Akku2 als Ganzzahl subtrahieren
*I	Akku1 und Akku2 als Ganzzahl multiplizieren
/I	Akku1 und Akku2 als Ganzzahl dividieren
+	Addiere Integerkonstante

Rechenoperationen für Integerzahlen (32 Bit)

Operation	Beschreibung
+D	Akku1 und Akku2 als Ganzzahl (32 Bit) addieren
-D	Akku1 und Akku2 als Ganzzahl (32 Bit) subtrahieren
*D	Akku1 und Akku2 als Ganzzahl (32 Bit) multiplizieren
/D	Akku1 und Akku2 als Ganzzahl (32 Bit) dividieren
+	Addiere Integerkonstante (32 Bit)
MOD	Divisionsrest Ganzzahl (32 Bit) Der Rest einer Division wird im Akku1 abgelegt.

Rechenoperationen für Gleitpunktzahlen (32 Bit)

Operation	Beschreibung
+R	Akku1 und Akku2 als Gleitpunktzahl (32 Bit) addieren
-R	Akku1 und Akku2 als Gleitpunktzahl (32 Bit) subtrahieren
*R	Akku1 und Akku2 als Gleitpunktzahl (32 Bit) multiplizieren
/R	Akku1 und Akku2 als Gleitpunktzahl (32 Bit) dividieren
ABS	Absolutwert einer Gleitpunktzahl

Arithmetische Befehle

Beispiel zu den Rechenoperationen

Aufgabenstellung:
Eine Lichtschranke (E 32.0, Öffner) zählt auf einem Förderband die vorbeikommenden Konservendosen.
Der Zählerstand soll im Merkerwort MW50 gespeichert werden.
Nach jeder 5. Dose soll aus Kontrollgründen eine Meldeleuchte (A 32.0) für 1 Sekunde aufleuchten.

Lösung der Aufgabe:

Zur Lösung dieser Aufgabe werden die Rechenbefehle "+I" und "MOD" verwendet.

Symbolikdatei:

Lichtschranke	E	32.0	BOOL	Lichtschranke Öffner
Flankenmerker	M	10.0	BOOL	Hilfsmerker für die Fl.auswertung
Zählerstand	MW	50	WORD	
Meldeleuchte einschalten	M	10.1	BOOL	
Meldeleuchte	A	32.0	BOOL	Meldeleuchte am A32.0
Timer für Meldeleuchte	T	1	TIMER	

S7-Programm (OB1):

```
ORGANIZATION_BLOCK OB1
TITLE = "Zyklisches Hauptprogramm"
AUTHOR:   MHJTW
VERSION:  1.0
VAR_TEMP
    OBArray:ARRAY [1..20] of BYTE
END_VAR
BEGIN
NETWORK //Nr.:1
TITLE =Lichtschranke auswerten
    U     "Lichtschranke"            //Lichtschranke Öffner
    FN    "Flankenmerker"            //Hilfsmerker für die Flankenauswertung
    SPB   ZV                         //Vorwärts zählen
NETWORK //Nr.:2
TITLE=Zählerstand auf NULL prüfen
    L     "Zählerstand"
    L     0
    ==I
    SPB   ENDE
NETWORK //Nr.:3
TITLE=Meldeleuchte für 1 Sekunde einschalten
    U     "Meldeleuchte einschalten"
    =     "Meldeleuchte"             //Meldeleuchte am A32.0
    L     S5T#1S
    SE    "Timer für Meldeleuchte"
    U     "Timer für Meldeleuchte"
    R     "Meldeleuchte einschalten"
    SPA   ENDE

NETWORK //Nr.:4
TITLE=Zählerstand um 1 erhöhen
ZV  :L    "Zählerstand"
    L     1
    +I
    T     "Zählerstand"
NETWORK //Nr.:5
TITLE=Zählerstand prüfen
    L     "Zählerstand"
    L     5
    MOD                              //Auswerten: Akku1 MOD Akku2
    SPZ   MELD                       //Wenn Akku1 ==0 dann springen und Meldeleuchte einschalten
    BEA
```

```
NETWORK  //Nr.:6
TITLE=Meldeleuchte einschalten
MELD   :SET
       S        "Meldeleuchte einschalten"
       BEA
NETWORK  //Nr.:7
TITLE=Programmende
ENDE   :NOP  1
END_ORGANIZATION_BLOCK
```

Beschreibung der Netzwerke

Netzwerk 1:
Der Eingang E32.0 wird über den Flankenbefehl "FN" ausgewertet. Dieser Befehl liefert '1', wenn eine abfallende Flanke ansteht.
Ist dies der Fall, dann hat eine Dose die Lichtschranke unterbrochen und das Merkerwort MW 50 muß um eins erhöht werden. Im Netzwerk 1 wird zur Marke ZV gesprungen, die das Merkerwort um 1 erhöht.

Netzwerk 2:
Es wird geprüft, ob der Zählerstand >0 ist. Ist dies nicht der Fall, wird zur Marke "ENDE" gesprungen.

Netzwerk 3:
Wenn der Merker M10.1 '1' ist, dann wird die Meldeleuchte für 1 Sekunde eingeschaltet. Ist der Timer abgelaufen, wird der Hilfsmerker M10.1 wieder zurückgesetzt.

Netzwerk 4:
In diesem Netzwerk wird der Zählerstand um 1 erhöht. Der neue Zählerstand wird im Merkerwort MW 50 wieder abgespeichert.

Netzwerk 5:
Es wird mit Hilfe des "MOD"-Befehls geprüft, ob der Zählerstand durch 5 teilbar ist. Ist dies der Fall, liefert MOD im Akku1 "0" zurück und die Anzeigebits A0 und A1 werden auf Null gesetzt.
Dies kann mit dem SPZ-Befehl ausgewertet werden.

Netzwerk 6:
Im Netzwerk 6 wird der Hilfsmerker M10.1 auf '1' gesetzt. Dies bewirkt, daß die Meldeleuchte für 1 Sekunde eingeschaltet wird.

27 UNTERSCHIEDE ZWISCHEN S5 UND S7

27.1 Bausteinarten in S5 und in S7

Bausteinarten in S5:

Bausteinart	Beschreibung	Kann vom Anwender erstellt werden
OB	Organisationsbaustein	•
PB	Programmbaustein	•
SB	Schrittbaustein	•
FB	Funktionsbaustein	•
FX	Funktionsbaustein (erweiterter Bereich)	•
DB	Datenbaustein	•
DX	Datenbaustein (erweiterter Bereich)	•

Bausteinarten in S7:

Bausteinart	Beschreibung	Kann vom Anwender erstellt werden
OB	Organisationsbaustein	•
FC	Funktion	•
FB	Funktionsbaustein	•
DB	Datenbaustein	•
SFC	System-Funktion	
SFB	System-Funktionsbaustein	
SDB	System-Datenbaustein	

Wie man erkennt, sind die Bausteinarten in S7 besser sortiert: Es gibt Bausteine, die fest im AG implementiert sind und Anwenderbausteine, die vom Programmierer erstellt werden können.
Vorteil: Man erkennt auf den ersten Blick, welche Bausteine Systembausteine vom AG sind.
Bei S5 kann es zu Verwechslungen kommen, da z.B. ein FB250 im AG-95U fest im AG integriert ist. Dieser FB kann aber auch vom Anwender erstellt und in eine S5-135U übertragen werden, wo dieser FB nicht als Systembaustein integriert ist.

In S7 gibt es nur 4 Bausteinarten, die der Anwender erstellen kann. In S5 sind es insgesamt 7.
Die erweiterten Bausteine FX und DX wurden in S5 eingeführt, um dem Anwender mehr Bausteine zur Verfügung zu stellen. In S7 wurde der Befehlssatz so ausgelegt, daß theoretisch 65536 Bausteine je Bausteintyp zur Verfügung stehen.

27.2 Vergleich Befehlssatz S5/S7

Befehle	S5	S7
Verknüpfungsoperationen mit Bitoperanden	•	•[1]
Klammerbefehle	•	•[2]
ODER-Verknüpfung von UND-Funktionen	•	•
Verknüpfungsoperationen mit Timern und Zählern	•	•[3]
Verknüpfungsoperationen mit den Anzeigebits		•
Flankenoperationen		•
Setzen und Rücksetzen von Bitoperanden	•	•
VKE direkt beeinflussende Operationen (SET, CLR, ...)		•
Timeroperationen	•	•
Zähleroperationen	•	•
Ladeoperationen	•	•
Befehle mit Adreßregister		•
Bearbeitebefehl	•	
Lade- und Transferoperationen für das Statuswort		•
Ladeoperationen, um die aufgeschlagene DBs zu ermitteln		•
Fest- und Gleitpunktarithmetik	•	•
Quadratwurzel		•
Logarithmusfunktionen		•
Trigonometrische Funktionen		•
Addition von Konstanten	•	•
Vergleichsoperationen	•	•
Schiebeoperationen	•	•
Rotieroperationen	•	•
Datentypumwandlung (z.B. BCD To Int)		•
Komplementbildung	•	•
Bausteinaufruf-Operationen	•	•
Bausteinende-Operationen	•	•
Sprungoperationen	•	•[4]
Operationen für das Master Control Relay (MCR)		•
Operationen mit S-Merker	•	
Bit-Test-Operationen, Blocktransfer, Registerfunktionen	•	

[1]: Befehle wurden in S7 um das Exklusiv-Oder erweitert
[2]: Klammerbefehle wurden erweitert: Negierte Klammer-Auf, Exklusiv-Oder
[3]: Exklusiv-Oder wurde in S7 hinzugefügt
[4]: Sprungoperationen wurden erweitert

27.3 Einführung der Variable in S7

In STEP®7 wurde eine neues Element eingeführt: **Die Variable**.
Eine Variable ist eine symbolische Bezeichnung für einen bestimmten Speicherbereich mit einer bestimmten Bitbreite.
Die Adresse der Variablen wird beim Speichern des Bausteins vom Compiler festgelegt.

Mit der Einführung der Variable folgen zwangsweise diese Neuerungen:

1. Variablendeklarationen
2. Variablentypen
3. Lokaldaten (Temporärer Datenbereich eines Bausteins)

1. Variablendeklarationen
Mit der Variablendeklaration wird der Name und der Typ der Variablen festgelegt.
In S7 gibt es verschiedene Deklarationsbereiche:

	OB	FC	FB	DB	DI
IN		•	•		•
OUT		•	•		•
IN_OUT		•	•		•
TEMP	•	•	•		•
STATIC			•	•	•

Tabelle: • bedeutet: Deklaration ist erlaubt

2. Variablentypen
Die Beschreibung der Datentypen finden Sie in einem gesonderten Kapitel.

3. Lokaldaten (Temporärer Datenbereich eines Bausteins)
In S7 gibt es einen neuen Speicherbereich im AG: **Den Lokaldatenbereich**.
In diesem Bereich werden die lokalen Variablen eines Bausteins abgelegt. Alle Variablen, die im Bereich "TEMP" deklariert sind, werden hier gespeichert. Die Daten in dem Lokaldatenbereich sind nur während der Laufzeit eines Bausteins gültig.
Deshalb sind die TEMP-Variablen besonders für Zwischenrechnungen prädestiniert.
Bei S5 wurden hier die Schmiermerker (ab MB 200) verwendet.

27.4 Vorteile von S7

- Größerer Befehlssatz.
- Der Operationsvorrat ist bei allen AGs weitgehend gleich.
  Bei S7-400 kommen folgende Befehle hinzu:
  - Umwandlungsoperationen
  - Trigonometrische Funktionen
  - Wurzelfunktionen
  - Logarithmusfunktionen
  Dadurch ist die Portierung eines Programmes auf eine andere CPU leichter.
- Programmierer können nicht mehr direkt auf den Speicher zugreifen. Dies erleichtert ebenfalls die Portierung auf andere CPU-Typen.
- Bessere Aufteilung der Bausteinarten: Es gibt Anwenderbausteine und Systembausteine, die der Anwender nicht erzeugen kann.
- Datenbausteine können schreibgeschützt werden.
- Bausteine können geschützt werden (KNOW_HOW_PROTECT).
- Im Bausteinkopf gibt es Felder für Author, Family, Name.
- Deklaration von Variablen.
- Deklaration von Datenstrukturen (UDTs=User defined Types).
- Die Zykluszeitbelastung der PG-Kommunikation kann in % eingestellt werden.
- Die MPI-Schnittstelle, die auf jeder CPU vorhanden ist, kann für die Kommunikation mit anderen CPUs eingesetzt werden (Globaldatenkommunikation).
  Daher sind alle S7-CPUs "von Haus aus" vernetzbar.
- Alle Operandenbereiche sind byteorientiert
  (Bei S5 waren Datenbausteine wortorientiert).
- Die Operandenbereiche sind großzügig ausgelegt worden.
  Notlösungen, wie die S-Merker bei S5, wird es bei S7 wahrscheinlich nicht geben.
- Sprungbefehle sind in allen Bausteinarten (außer DBs) zugelassen.
- Die Konfiguration der Hardware wird über eine Software (Hardwarekonfiguration) erledigt. DIP-Schalter müssen weitgehend nicht mehr eingestellt werden.
- Durch die Unterstützung von AWL-Quellen kann ein beliebiger ASCII-Editor für die Programmerstellung verwendet werden.
- Einfachere indirekte Adressierung: L MW [MD100].
- Befehle zur Flankenauswertung stehen zur Verfügung.
- Bausteine können projektunabhängig programmiert werden, indem keine Operanden wie z.B. Merker verwendet werden.
  Dies wird durch die Variablen der temporären Lokaldaten ermöglicht.

27.5 Weitere Unterschiede zwischen S5 und S7

Die Konstantenangaben haben sich in S7 grundlegend geändert:

Laden einer ...	Syntax S7	Syntax S5
Byte-Konstante dezimal	--	L KB 200
Integerzahl (16 Bit)	L -32	L KF -32
Integerzahl (32 Bit)	L L# 50000	--
hexadezimalen Zahl (8 Bit)	L B#16#FF	L KH FF
hexadezimalen Zahl (16 Bit)	L W#16#FFFF	L KH FFFF
hexadezimalen Zahl (32 Bit)	L DW#16#FFFF FFFF	L DH FFFF FFFF
"Zwei-Byte-Zahl" (16 Bit)	L B#(255,255)	L KY 255,255
"Vier-Byte-Zahl" (16 Bit)	L B#(255,255,255,255)	--
Dual-Zahl (16 Bit)	L 2#11111111	L KM 11111111
Dual-Zahl (32 Bit)	L 2#11111111 11111111	L KM 11111111 11111111
Gleitpunktzahl	L +1.175495E-38	L KG +1.175495E-38
Zählerkonstante	L C#999	L KC 999
Zeitkonstante	L S5T#20S	L KT 20.2
Zeichen (1 Byte)	L 'a'	--
Zeichen (2 Byte)	L 'ab'	L KC 'ab'
Zeichen (4 Byte)	L 'abcd'	L KC 'abcd'

Auf die ersten Probleme, die ein S5-Anwender bei der Programmierung eines S7-Programm stößt, sind die grundlegend unterschiedlichen Konstantenangaben. Nach einer gewissen Zeit sind die neuen Schreibweisen aber in "Fleisch und Blut" übergegangen.

Die Befehle für die Bausteinaufrufe haben sich grundlegend geändert:

Die Aufrufmöglichkeiten am Beispiel eines OBs und FBs:

	S5	S7
Aufruf eines OBs	SPA OB	nicht möglich
Aufruf eines FBs	SPA FB	CALL FB UC FB (nur möglich, wenn der FB keine Parameter hat)
Aufruf eines FBs (bedingt)	SPB FB	CC FB (nur möglich, wenn der FB keine Parameter hat)

Wie man erkennt, kann in S7 ein FB nur dann bedingt (VKE-abhängig) aufgerufen werden, wenn dieser keine Parameter hat.

Da in jedem Bausteintyp (OB, FC, FB) Sprungbefehle zugelassen sind, kann dieser Nachteil als nicht schwerwiegend angesehen werden.
Mit den Sprungbefehlen kann ein Bausteinaufruf bedingt (z.B. vom VKE abhängig) übersprungen werden.

28 PROGRAMMIERREGELN IN STEP®7

Nachfolgend sind einige Regeln im Umgang mit STEP®7 zusammengefaßt. Wenn Sie sich daran halten, können Sie zeitaufwendige Fehlerquellen im Vorfeld ausschließen.

Komplettadressierung von Datenbausteinen

Der Zugriff auf Datenbausteine sollte immer komplettadressiert erfolgen:

```
L  DB12.DBVariable
```

Dieser Befehl bewirkt, daß vor dem Laden der DB-Variablen, der DB12 aufgeschlagen wird.
Der Compiler generiert diese Befehle:

```
AUF DB  12
L   DBB x     //x steht für die Adresse der Variable
```

Das DB-Register (DB1-Register) muß vor dem Zugriff auf den Datenbaustein mit dem Befehl "AUF DB" auf den gewünschten DB eingestellt werden.
Mit dem komplettadressierten Befehl ist sichergestellt, daß das DB-Register immer richtig eingestellt ist.

Wird z.B. ein Baustein mit "CALL" aufgerufen und dem Baustein werden komplettadressierte Datenoperanden übergeben, dann wird für den Programmierer unsichtbar das DB-Register geändert.
Nach diesem CALL muß das DB-Register wieder mit "AUF DB" eingestellt werden.

Wird z.B. nachträglich an irgendeiner Stelle im SPS-Programm ein "CALL" eingefügt, muß man daran denken, nach dem CALL wieder "AUF DB" zu programmieren.
Vergißt man dies, ist das Verhalten des SPS-Programms undefinierbar.
Deshalb sollte man immer die Komplettadressierung verwenden.

Zugriff auf IN- bzw. OUT-Variablen

Innerhalb einer Funktion oder eines Funktionsbausteins sollten IN-Parameter nur gelesen und OUT-Parameter nur beschrieben werden.
Wird ein IN-Parameter beschrieben, darf sich der Programmierer nicht darauf verlassen, daß die Änderung des IN-Parameters keine Auswirkung auf die übergebene Variable hat.
Es ist von vielen Faktoren abhängig, ob eine IN-Variable geändert werden kann oder nicht.
Wird z.B. bei "CALL FC" ein Merker bei einem IN-Parameter übergeben, wird dieser Merker global geändert, wenn innerhalb des FCs der IN-Parameter beschrieben wird.

AR2-Register innerhalb eines FBs

Wenn auf Bausteinparameter innerhalb eines FBs zugegriffen wird, verwendet der Compiler dafür das AR2-Register. Dieses Register wird zu Beginn des CALLs entsprechend eingestellt.

Deshalb darf AR2-Register unter keinen Umständen innerhalb eines FBs mit Bausteinparameter geändert werden.

Wird das AR2-Register geändert, funktionieren alle Zugriffe (lesend und schreibend) auf Bausteinparameter nicht mehr!

Folgende Befehle sind deshalb innerhalb eines FBs "verboten":

- L AR2 ...
- +AR2 ...

Marken für Sprungbefehle nicht innerhalb einer Klammer plazieren

Marken für Sprungbefehle sollten nicht innerhalb einer Klammerverknüpfung plaziert werden.
Wenn eine Klammer-Auf vom AG bearbeitet wird, speichert die CPU Werte im Klammerstack. Wird die Klammer-AUF mit einem Sprungbefehl übergangen, fehlen diese Informationen und das AG reagiert bei der nächsten Klammer-ZU nicht so, wie dies vom Programmierer vorgesehen war.

Operanden nur an einer Stelle im Programm zuweisen

Ein Operand sollte nur an einer Stelle im SPS-Programm beeinflußt werden.
Bei mehreren Zuweisungen (=, S, R) im SPS-Programm ist die AWL sehr unübersichtlich.
Anfänger sollten daher die Regel befolgen, einen Operanden nur an einer Stelle im SPS-Programm zu beeinflussen.

Timerbefehle nicht überspringen

Timerstartbefehle wie z.B. SE T, SA T, ... sollten nicht mit einem Sprung übergangen werden.
Diese Befehle reagieren auf Flanken des VKEs. Daher können Flanken evtl. nicht mehr richtig erkannt werden, wenn bestimmte Zyklen nicht mehr vom Timerbefehl registriert werden.
Anstatt den Timerbefehl mit einem Sprung zu übergehen, sollte man eine zusätzliche Binärverknüpfung vor dem Timer plazieren.

Zeitaufwendige und speicherintensive Befehle

Aus bestimmten Befehlszeilen, die der Anwender programmiert, werden vom Compiler mehrere S7-Befehle generiert.
Dies kann soweit gehen, daß aus einem Befehl mehrere hundert Anweisungen generiert werden.
Der Programmierer sieht aber weiterhin nur eine Zeile im Editor.

Nachfolgend werden die wichtigsten "speicherfressenden" Befehle aufgelistet:

Fall 1:
Wenn bei einem FB-Aufruf zusammengesetzte Datentypen (DATE_AND_TIME, ARRAY, STRUCT, STRING) übergeben werden.
Für jeden zusammengesetzten Parameter wird insgesamt ca. **80 Bytes** Code erzeugt.
Dies trifft bei IN- und bei OUT-Parametern zu (nicht bei IN_OUT).

Fall 2:
Wenn innerhalb eines FBs auf einen zusammengesetzten IN_OUT-Parameter zugegriffen wird, erzeugt der Compiler je Zugriff ca. **40 Bytes** Code.

Fall 3:
Wenn innerhalb eines FBs auf einen Parametertypen zugegriffen wird, erzeugt der Compiler je Zugriff **ca. 25 Bytes** Code.

Fall 4:
Wenn innerhalb eines FCs auf eine zusammengesetzten Bausteinparameter zugegriffen wird, erzeugt der Compiler für jeden Zugriff **ca. 40** Bytes Code.

Wie man sieht, kann man bei bei S7 nicht mehr abschätzen, wieviel Code ein bestimmter Befehl erzeugt. Deshalb ist der RAM-Ausbau der CPU (der übrigens nicht erweitert werden kann) sehr wichtig.

Beispiel zu Fall 1:

Der leere OB1 benötigt **38 Bytes** im Arbeitsspeicher des AGs:

```
ORGANIZATION_BLOCK OB1
TITLE = "Zyklisches Hauptprogramm"
AUTHOR:   IhrName
FAMILY:   FIRST
NAME:     nb
VERSION:  1.0
VAR_TEMP
    OBDaten:ARRAY [1..20] of BYTE
    OB1DTVariable:DATE_AND_TIME
END_VAR
BEGIN
NETWORK
TITLE =

END_ORGANIZATION_BLOCK
```

Wird nun ein FB auf gerufen, bei dem drei zusammengesetzte Parameter übergeben werden, dann vergrößert sich der Platzbedarf des OB1 auf **340 Bytes**:
Der FB-Aufruf benötigt demnach 302 Bytes Arbeitsspeicher.

```
ORGANIZATION_BLOCK OB1
TITLE = "Zyklisches Hauptprogramm"
AUTHOR:   IhrName
FAMILY:   FIRST
NAME:     nb
VERSION:  1.0
VAR_TEMP
    OBDaten:ARRAY [1..20] of BYTE
    OB1DTVariable:DATE_AND_TIME
    S1:STRING[254]
    S2:STRING[254]
END_VAR
BEGIN
NETWORK
TITLE =
        CALL FB          1,DB1
           String1:=#S1
           String2:=#S2
           DT1:=#OB1DTVariable
END_ORGANIZATION_BLOCK
```

Wie Sie sehen, werden zwei Strings und eine DT-Variable (DATE_AND_TIME) übergeben.

Beispiel zu Fall 2:

Der leere FB2 benötigt im Arbeitsspeicher des AGs insgesamt **38 Bytes**.

```
FUNCTION_BLOCK FB2
TITLE =    <>
AUTHOR:    MHJTW
FAMILY:    nb
NAME:      nb
VERSION:   1.0

VAR_IN_OUT
    IN_OUT1:ARRAY [1..10] of BYTE
END_VAR
BEGIN
NETWORK
TITLE =


END_FUNCTION_BLOCK
```

Als IN_OUT-Variable ist im FB2 ein Array mit 10 Bytes definiert. Greift man nun mit einem Ladebefehl auf das 1. Byte dieses Arrays zu, so vergrößert sich der RAM-Bedarf auf **80 Bytes:**

```
FUNCTION_BLOCK FB2
TITLE =    <>
AUTHOR:    MHJTW
FAMILY:    nb
NAME:      nb
VERSION:   1.0

VAR_IN_OUT
    IN_OUT1:ARRAY [1..10] of BYTE
END_VAR
BEGIN
NETWORK
TITLE =
      L    #IN_OUT1[1]

END_FUNCTION_BLOCK
```

Bei jedem Ladebefehl, der auf die zusammengesetzte IO-Variable zugreift, werden demnach 42 Bytes benötigt.

Beispiel zu Fall 3:

Der nachfolgende FB2 benötigt im RAM **38 Bytes**:

```
FUNCTION_BLOCK FB2
TITLE =    <>
AUTHOR:    MHJTW
FAMILY:    nb
NAME:      nb
VERSION:   1.0

VAR_INPUT
    Timer1:TIMER
    Timer2:TIMER
END_VAR
BEGIN
NETWORK
TITLE =

END_FUNCTION_BLOCK
```

Als INPUT-Parameter sind zwei Timer (Parametertyp) deklariert worden.
Wird nun auf einen Timer zugegriffen (z.B. mit einem Ladebefehl), dann vergrößert sich der RAM-Bedarf des Bausteins auf **68 Bytes**:

```
FUNCTION_BLOCK FB2
TITLE =    <>
AUTHOR:    MHJTW
FAMILY:    nb
NAME:      nb
VERSION:   1.0

VAR_INPUT
    Timer1:TIMER
    Timer2:TIMER
END_VAR
BEGIN
NETWORK
TITLE =
        L    #Timer1

END_FUNCTION_BLOCK
```

Bei jedem Zugriff auf einen Parametertyp (TIMER, COUNTER, BLOCK_FC, ...) werden 30 Bytes benötigt.

Beispiel zu Fall 4:

Der nachfolgende FC1 benötigt im RAM **38 Bytes**:

```
FUNCTION FC1
TITLE =
VERSION : 0.0

VAR_INPUT
    A1:ARRAY [1..10] of WORD
END_VAR
BEGIN
NETWORK
TITLE =

END_FUNCTION
```

Im Deklarationsbereich "INPUT" wurde eine Array-Variable angelegt.

Wird nun das 1. Byte des Arrays geladen, dann benötigt der Baustein im RAM des AGs **86 Bytes:**

```
FUNCTION FC1
TITLE =
VERSION : 0.0

VAR_INPUT
    A1:ARRAY [1..10] of WORD
END_VAR
BEGIN
NETWORK
TITLE =
      L    #A1[1]

END_FUNCTION
```

Je Zugriff auf das Array werden **48 Bytes** benötigt.

Diese Beispiele machen deutlich, daß bei S7 die Größe des Arbeitsspeicher sehr wichtig ist. Da der Arbeitsspeicher nicht erweitert werden kann (es kann nur der Ladespeicher mit einer Memory-Card erweitert werden), muß das AG vor dem Kauf sorgsam ausgewählt werden.

ANHANG

A S7-CPU-Übersicht und kompatible

In diesem Kapitel finden Sie eine Übersicht über S7-CPU-Baugruppen der Reihe S7-300 und S7-400.
Als Ergänzung sind auch **S7-kompatible Steuerungen** der Firma "SAIA-Burgess Electronics" und der Firma "VIPA GmbH" aufgeführt.
Diese Übersicht zeigt nur einen kleinen Teil der technischen Daten der jeweiligen CPU. Aus Platzgründen können hier nicht alle technischen Daten aufgeführt werden.

Bei den S7-300 und S7-400-Baugruppen ist die Angabe des Arbeitsspeichers und Ladespeichers sehr wichtig.
Wenn ein Baustein (z.B. FC10) in das AG übertragen wird, speichert das AG nur den ablaufrelevanten Teil im Arbeitsspeicher ab. Im Ladespeicher wird dabei der gesamte Baustein (Bausteinkopf, Code und Zusatzinformationen) abgespeichert.
Demnach muß der Ladespeicher immer größer sein als der Arbeitsspeicher. Ist dies nicht der Fall, kann der Arbeitsspeicher nur teilweise genutzt werden. In den Fällen, wo der Ladespeicher kleiner als der Arbeitsspeicher ist, muß der Ladespeicher mit einer Memory-Card erweitert werden. Als Richtlinie sollte der Ladespeicher mindestens doppelt so groß sein als der Arbeitsspeicher.

Wichtig zu wissen:
Mit einer Memory-Card kann nur der Ladespeicher erweitert werden.

Vom Befehlssatz unterscheiden sich die verschiedenen CPU-Typen nur wenig.
Bei den CPUs der Reihe S7-400 ist der Befehlssatz um folgende Operationen erweitert:

- Umwandlungsoperationen
- Trigonometrische Funktionen
- Wurzelfunktionen
- Logarithmusfunktionen

Bei den kompatiblen Geräten der Firma SAIA-Burgess Electronics wird auf den Ladespeicher gänzlich verzichtet. Der daraus entstehende Nachteil besteht darin, daß das Attribut **UNLINKED** bei Datenbausteinen nicht beachtet wird. Der DB wird dabei immer im Arbeitsspeicher abgelegt und nicht im Ladespeicher. Da der Arbeitsspeicher-Ausbau der kompatiblen Geräten sehr großzügig ist, kann dieser Nachteil vernachlässigt werden.

S7-300 CPU 312 IFM

S7-300 CPU 312 IFM Hersteller: **SIEMENS AG**	
Technische Daten:	
Arbeitsspeicher	6 KByte
Integrierter Ladespeicher	20 KByte
Ladespeicher erweiterbar mit Ramcard/Flashcard	-
Echtzeituhr	-
Bausteinanzahl	32 FC, 32 FB, 63 DB
OBs	- freier Zyklus (OB1) - alarmgesteuert (OB 40) - Anlauf (OB100)
Bearbeitungszeiten für Bitoperationen	0,6 - 1,2 µs
Merkerbytes	128 (MB0 bis MB 127)
Lokaldatenbytes	512 Bytes
Zeiten	64
Zähler	32
Gesamtadressraum E/A	64/64 Bytes
Prozeßabbild	16/16 Byte

S7-300 CPU 313

S7-300 CPU 313 Hersteller: SIEMENS AG	
Technische Daten:	
Arbeitsspeicher	12 KByte
Integrierter Ladespeicher	20 KByte
Ladespeicher erweiterbar mit Ramcard/Flashcard	512 KByte FEPROM
Echtzeituhr	-
Bausteinanzahl	128 FC, 128 FB, 127 DB
OBs	- freier Zyklus (OB1) - zeitgesteuert (OB35) - uhrzeitgesteuert (OB10) - alarmgesteuert (OB 40) - Anlauf (OB100)
Bearbeitungszeiten für Bitoperationen	0,6 - 1,2 µs
Merkerbytes	256 (MB0 bis MB 255)
Lokaldatenbytes	1536 Byte
Zeiten	128
Zähler	64
Gesamtadressraum E/A	64/64 Byte
Prozeßabbild	16/16 Byte

Anhang A- CPU-Übersicht S7 und kompatible

S7-300 CPU 314

S7-300 CPU 314 Hersteller: **SIEMENS AG**	
Technische Daten:	
Arbeitsspeicher	24 KByte
Integrierter Ladespeicher	40 KByte
Ladespeicher erweiterbar mit Ramcard/Flashcard	512 KByte FEPROM
Echtzeituhr	Vorhanden
Bausteinanzahl	128 FC, 128 FB, 127 DB
OBs	- freier Zyklus (OB1) - zeitgesteuert (OB35) - uhrzeitgesteuert (OB10) - alarmgesteuert (OB 40) - Anlauf (OB100)
Bearbeitungszeiten für Bitoperationen	0,3 - 0,6 µs
Merkerbytes	256 (MB0 bis MB 255)
Lokaldatenbytes	1536 Byte
Zeiten	128
Zähler	64
Gesamtadressraum E/A	128/128 Byte
Prozeßabbild	64/64 Byte

S7-300 CPU 314 IFM

S7-300 CPU 314 IFM Hersteller: **SIEMENS AG**	
Technische Daten:	
Arbeitsspeicher	32 KByte
Integrierter Ladespeicher	48 KByte
Ladespeicher erweiterbar mit Ramcard/Flashcard	-
Echtzeituhr	Vorhanden
Bausteinanzahl	128 FC, 128 FB, 127 DB
OBs	- freier Zyklus (OB1) - zeitgesteuert (OB35) - uhrzeitgesteuert (OB10) - alarmgesteuert (OB 40) - Anlauf (OB100)
Bearbeitungszeiten für Bitoperationen	0,3 - 0,6 µs
Merkerbytes	256 (MB0 bis MB 255)
Lokaldatenbytes	1536 Byte
Zeiten	128
Zähler	64
Gesamtadressraum E/A	128/128 Byte
Prozeßabbild	64/64 Byte

S7-300 CPU 315

S7-300 CPU 315 Hersteller: SIEMENS AG	
Technische Daten:	
Arbeitsspeicher	48 KByte
Integrierter Ladespeicher	80 KByte
Ladespeicher erweiterbar mit Ramcard/Flashcard	512 KByte Flash-Eprom
Echtzeituhr	Vorhanden
Bausteinanzahl	128 FC, 128 FB, 127 DB
OBs	- freier Zyklus (OB1) - zeitgesteuert (OB35) - uhrzeitgesteuert (OB10) - alarmgesteuert (OB 40) - Anlauf (OB100)
Bearbeitungszeiten für Bitoperationen	0,3 - 0,6 µs
Merkerbytes	256 (MB0 bis MB 255)
Lokaldatenbytes	1536 Byte
Zeiten	128
Zähler	64
Gesamtadressraum E/A	128/128 Byte
Prozeßabbild	64/64 Byte

S7-300 CPU 315-2 DP

S7-300 CPU 315-2 DP Hersteller: **SIEMENS AG**	
Technische Daten:	
Arbeitsspeicher	64 KByte
Integrierter Ladespeicher	96 KByte
Ladespeicher erweiterbar mit Ramcard/Flashcard	512 KByte Flash-Eprom
Echtzeituhr	Vorhanden
Bausteinanzahl	128 FC, 128 FB, 127 DB
OBs	- freier Zyklus (OB1) - zeitgesteuert (OB35) - uhrzeitgesteuert (OB10) - alarmgesteuert (OB 40) - Anlauf (OB100)
Bearbeitungszeiten für Bitoperationen	0,3 - 0,6 µs
Merkerbytes	256 (MB0 bis MB 255)
Lokaldatenbytes	1536 Byte
Zeiten	128
Zähler	64
Gesamtadressraum E/A	128/128 Byte
Prozeßabbild	64/64 Byte

S7-300 CPU 316-2 DP

S7-300 CPU 316-2 DP Hersteller: **SIEMENS AG**	
Technische Daten:	
Arbeitsspeicher	128 KByte
Integrierter Ladespeicher	192 KByte
Ladespeicher erweiterbar mit Ramcard/Flashcard	4 MB Flash-Eprom
Echtzeituhr	Vorhanden
Bausteinanzahl	512 FC, 256 FB, 511 DB
OBs	- freier Zyklus (OB1) - zeitgesteuert (OB35) - uhrzeitgesteuert (OB10) - alarmgesteuert (OB 40) - Anlauf (OB100)
Bearbeitungszeiten für Bitoperationen	0,3 - 0,6 µs
Merkerbytes	256 (MB0 bis MB 255)
Lokaldatenbytes	1536 Byte
Zeiten	128
Zähler	64
Gesamtadressraum E/A	128/128 Byte
Prozeßabbild	64/64 Byte

Anhang A- CPU-Übersicht S7 und kompatible

S7-300 CPU 318-2 DP

S7-300 CPU 318-2 DP Hersteller: **SIEMENS AG**	
Technische Daten:	
Arbeitsspeicher	512 KByte
Integrierter Ladespeicher	64 KByte
Ladespeicher erweiterbar mit Ramcard/Flashcard	4 MB Flash-Eprom
Echtzeituhr	Vorhanden
Bausteinanzahl	1024 FC, 1024 FB, 2047 DB
OBs	- freier Zyklus (OB1) - zeitgesteuert (OB35) - uhrzeitgesteuert (OB10) - alarmgesteuert (OB 40) - Hintergrund (OB90) - Anlauf (OB100)
Bearbeitungszeiten für Bitoperationen	100 ns
Merkerbytes	8192 (MB 0 bis MB 8191)
Lokaldatenbytes	1536 Byte
Zeiten	512
Zähler	512
Gesamtadressraum E/A	8/8 KByte
Prozeßabbild	256/256 Byte

S7-400 CPU 412-1

S7-400 CPU 412-1 Hersteller: **SIEMENS AG**	
Technische Daten:	
Arbeitsspeicher	48 KByte
Integrierter Ladespeicher	8 KByte
Ladespeicher erweiterbar mit Ramcard/Flashcard	15 MB Memory-Card
Echtzeituhr	Vorhanden
Bausteinanzahl	256 FC, 256 FB, 511 DB
OBs	- freier Zyklus (OB1) - zeitgesteuert (OB35) - Verzögerungsalarme (OB20, 21) - Weckalarme (OB32, 35) - Prozeßalarme (OB40, 41) - Multicomputingalarm (OB60) - uhrzeitgesteuert (OB10) - alarmgesteuert (OB 40) - Hintergrund (OB90) - Anlauf (OB100) - Fehler synchron und asynchron
Bearbeitungszeiten für Bitoperationen	0,2 µs
Merkerbytes	4096 (MB 0 bis MB 4095)
Lokaldatenbytes	4 KByte
Zeiten	256
Zähler	256
Gesamtadressraum E/A	512/512 Byte
Prozeßabbild	128/128 Byte

S7-400 CPU 413-1

S7-400 CPU 413-1	
Hersteller: **SIEMENS AG**	
Technische Daten:	
Arbeitsspeicher	72 KByte
Integrierter Ladespeicher	8 KByte
Ladespeicher erweiterbar mit Ramcard/Flashcard	15 MB Memory-Card
Echtzeituhr	Vorhanden
Bausteinanzahl	256 FC, 256 FB, 511 DB
OBs	- freier Zyklus (OB1) - zeitgesteuert (OB35) - Verzögerungsalarme (OB20, 21) - Weckalarme (OB32, 35) - Prozeßalarme (OB40, 41) - Multicomputingalarm (OB60) - uhrzeitgesteuert (OB10) - alarmgesteuert (OB 40) - Hintergrund (OB90) - Anlauf (OB100) - Fehler synchron und asynchron
Bearbeitungszeiten für Bitoperationen	0,2 µs
Merkerbytes	4096 (MB 0 bis MB 4095)
Lokaldatenbytes	4 KByte
Zeiten	256
Zähler	256
Gesamtadressraum E/A	512/512 Byte
Prozeßabbild	128/128 Byte

Anhang A- CPU-Übersicht S7 und kompatible

S7-400 CPU 414-1

S7-400 CPU 414-1 Hersteller: **SIEMENS AG**	
Technische Daten:	
Arbeitsspeicher	128 KByte
Integrierter Ladespeicher	8 KByte
Ladespeicher erweiterbar mit Ramcard/Flashcard	15 MB Memory-Card
Echtzeituhr	Vorhanden
Bausteinanzahl	1024 FC, 512 FB, 1023 DB
OBs	- freier Zyklus (OB1) - zeitgesteuert (OB35) - Verzögerungsalarme (OB20, 21) - Weckalarme (OB32, 35) - Prozeßalarme (OB40, 41) - Multicomputingalarm (OB60) - uhrzeitgesteuert (OB10) - alarmgesteuert (OB 40) - Hintergrund (OB90) - Anlauf (OB100) - Fehler synchron und asynchron
Bearbeitungszeiten für Bitoperationen	0,1 µs
Merkerbytes	8192 (MB 0 bis MB 8191)
Lokaldatenbytes	8 KByte
Zeiten	256
Zähler	256
Gesamtadressraum E/A	2/2 KByte
Prozeßabbild	256/256 Byte

S7-400 CPU 416

S7-400 CPU 416 Hersteller: SIEMENS AG	
Technische Daten:	
Arbeitsspeicher	512 KByte
Integrierter Ladespeicher	16 KByte
Ladespeicher erweiterbar mit Ramcard/Flashcard	15 MB Memory-Card
Echtzeituhr	Vorhanden
Bausteinanzahl	2048 FC, 2048 FB, 4095 DB
OBs	- freier Zyklus (OB1) - zeitgesteuert (OB35) - Verzögerungsalarme (OB20, 21) - Weckalarme (OB32, 35) - Prozeßalarme (OB40, 41) - Multicomputingalarm (OB60) - uhrzeitgesteuert (OB10) - alarmgesteuert (OB 40) - Hintergrund (OB90) - Anlauf (OB100) - Fehler synchron und asynchron
Bearbeitungszeiten für Bitoperationen	0,08 µs
Merkerbytes	16384 (MB 0 bis MB 16383)
Lokaldatenbytes	16 KByte
Zeiten	512
Zähler	512
Gesamtadressraum E/A	4/4 KByte
Prozeßabbild	512/512 Byte

S7-400 CPU 417-4 DP

S7-400 CPU 417-4 DP Hersteller: **SIEMENS AG**	
Technische Daten:	
Arbeitsspeicher	4 MByte
Integrierter Ladespeicher	256 KByte
Ladespeicher erweiterbar mit Ramcard/Flashcard	64 MB Memory-Card
Echtzeituhr	Vorhanden
Bausteinanzahl	6144 FC, 6144 FB, 8192 DB
OBs	- freier Zyklus (OB1) - zeitgesteuert (OB35) - Verzögerungsalarme (OB20, 21) - Weckalarme (OB32, 35) - Prozeßalarme (OB40, 41) - Multicomputingalarm (OB60) - uhrzeitgesteuert (OB10) - alarmgesteuert (OB 40) - Hintergrund (OB90) - Anlauf (OB100) - Fehler synchron und asynchron
Bearbeitungszeiten für Bitoperationen	0,1 µs
Merkerbytes	16384 (MB 0 bis MB 16383)
Lokaldatenbytes	16 KByte
Zeiten	512
Zähler	512
Gesamtadressraum E/A	16/16 KByte
Prozeßabbild E/A	1024/1024 Byte

SAIA PCD1.M137

SAIA PCD1.M137 Hersteller: SAIA- Burgess Electronics	
Technische Daten:	
Arbeitsspeicher	48 KByte
Integrierter Ladespeicher	nicht notwendig
Ladespeicher erweiterbar mit Ramcard/Flashcard	-
Echtzeituhr	Vorhanden
Bausteinanzahl	1024 FC, 512 FB, 1023 DB
OBs	- freier Zyklus (OB1) - Verzögerungsalarme (OB20) - Weckalarme (OB35) - Prozeßalarme (OB40, 41) - uhrzeitgesteuert (OB10, 11) - Anlauf (OB100) - Fehler synchron und asynchron
Bearbeitungszeiten für Bitoperationen	-
Merkerbytes	2048 (MB0 bis MB 2047)
Lokaldatenbytes	2304 Bytes
Zeiten	256
Zähler	256
Gesamtadressraum E/A	64/64 KBytes
Prozeßabbild	256/256 Byte
Befehlsatz ist kompatibel zu	S7-300, S7-400

SAIA PCD2.M127 und PCD2.M227

SAIA PCD2.M127 und PCD2.M227 Hersteller: SAIA- Burgess Electronics	
Technische Daten:	
Arbeitsspeicher	132 KByte
Integrierter Ladespeicher	nicht notwendig
Ladespeicher erweiterbar mit Ramcard/Flashcard	-
Echtzeituhr	Vorhanden
Bausteinanzahl	1024 FC, 512 FB, 1023 DB
OBs	- freier Zyklus (OB1) - Verzögerungsalarme (OB20-23) - Weckalarme (OB32-35) - Prozeßalarme (OB40-43) - uhrzeitgesteuert (OB10) - Anlauf (OB100) - Fehler synchron und asynchron
Bearbeitungszeiten für Bitoperationen	-
Merkerbytes	2048 (MB0 bis MB 2047)
Lokaldatenbytes	9216 Bytes
Zeiten	256
Zähler	256
Gesamtadressraum E/A	64/64 KBytes
Prozeßabbild	256/256 Byte
Befehlsatz ist kompatibel zu	S7-300, S7-400

SAIA PCD2.M157

SAIA PCD2.M157

Hersteller:
SAIA- Burgess Electronics

Technische Daten:

Arbeitsspeicher	512 KByte
Integrierter Ladespeicher	nicht notwendig
Ladespeicher erweiterbar mit Ramcard/Flashcard	-
Echtzeituhr	Vorhanden
Bausteinanzahl	1024 FC, 512 FB, 1023 DB
OBs	- freier Zyklus (OB1) - Verzögerungsalarme (OB20-23) - Weckalarme (OB30-38) - Prozeßalarme (OB40-47) - uhrzeitgesteuert (OB10-17) - Anlauf (OB100) - Fehler synchron und asynchron
Bearbeitungszeiten für Bitoperationen	-
Merkerbytes	2048 (MB0 bis MB 2047)
Lokaldatenbytes	26624 Bytes
Zeiten	256
Zähler	256
Gesamtadressraum E/A	64/64 KBytes
Prozeßabbild	256/256 Byte
Befehlsatz ist kompatibel zu	S7-300, S7-400

Anhang A- CPU-Übersicht S7 und kompatible

VIPA S7-CPU 214

VIPA S7-CPU 214 Hersteller: **VIPA Gesellschaft für Visualisierung und Prozeßautomatisierung mbH** D-91074 Herzogenaurach	
Technische Daten:	
Arbeitsspeicher	64 KByte
Integrierter Ladespeicher	Gemeinsame Nutzung mit Arbeitsspeicher
Ladespeicher erweiterbar mit Ramcard/Flashcard	Ladespeicher erweiterbar mit Flashcard (MMC)
Echtzeituhr	Vorhanden
Bausteinanzahl	128 FC, 128 FB, 127 DB
OBs	- freier Zyklus (OB1) - uhrzeitgesteuert (OB10) - Weckalarme (OB35) - Prozeßalarme (OB40) - Hintergrund (OB90) - Anlauf (OB100)
Bearbeitungszeiten für Bitoperationen	1,4 ... 2.0 µs
Merkerbytes	256 (MB0 bis MB 255)
Lokaldatenbytes	128 Bytes
Zeiten	128
Zähler	128
Gesamtadressraum E/A	256/256 Bytes
Prozeßabbild	128/128 Byte
Befehlsatz ist kompatibel zu	**S7-300**

VIPA S7-CPU 215

VIPA S7-CPU 215	
Hersteller: **VIPA Gesellschaft für Visualisierung und Prozeßautomatisierung mbH** D-91074 Herzogenaurach	
Technische Daten:	
Arbeitsspeicher	128 KByte
Integrierter Ladespeicher	512 kByte
Ladespeicher erweiterbar mit Ramcard/Flashcard	Ladespeicher erweiterbar mit Flashcard (MMC)
Echtzeituhr	Vorhanden
Bausteinanzahl	256 FC, 256 FB, 255 DB
OBs	- freier Zyklus (OB1) - uhrzeitgesteuert (OB10) - Weckalarme (OB35) - Prozeßalarme (OB40) - Hintergrund (OB90) - Anlauf (OB100)
Bearbeitungszeiten für Bitoperationen	0.2 ... 0.4 µs
Merkerbytes	256 (MB0 bis MB 255)
Lokaldatenbytes	256 Bytes
Zeiten	256
Zähler	256
Gesamtadressraum E/A	256/256 Bytes
Prozeßabbild	128/128 Byte
Befehlsatz ist kompatibel zu	**S7-300**

VIPA S7-CPU 216

VIPA S7-CPU 216 Hersteller: **VIPA Gesellschaft für Visualisierung und Prozeßautomatisierung mbH** D-91074 Herzogenaurach	
Technische Daten:	
Arbeitsspeicher	128 KByte für Programm und 120 kByte für Daten
Integrierter Ladespeicher	512 kByte
Ladespeicher erweiterbar mit Ramcard/Flashcard	Ladespeicher erweiterbar mit Flashcard (MMC)
Echtzeituhr	Vorhanden
Bausteinanzahl	256 FC, 256 FB, 255 DB
OBs	- freier Zyklus (OB1) - uhrzeitgesteuert (OB10) - Weckalarme (OB35) - Prozeßalarme (OB40) - Hintergrund (OB90) - Anlauf (OB100)
Bearbeitungszeiten für Bitoperationen	0.04 ... 0.08 µs
Merkerbytes	256 (MB0 bis MB 255)
Lokaldatenbytes	512 Bytes
Zeiten	512
Zähler	512
Gesamtadressraum E/A	1024/1024 Bytes
Prozeßabbild	128/128 Byte
Befehlsatz ist kompatibel zu	**S7-300**

B Zahlensysteme

In diesem Abschnitt soll auf Zahlensysteme eingegangen werden, da die Kenntnis darüber, in der SPS-Technik unverzichtbar ist.

Das Dezimalsystem

Wenn im täglichen Gebrauch etwas durch eine Zahl zum Ausdruck gebracht werden soll, z.B. ein Längenmaß, so verwendet fast jeder eine Zahl des dezimalen Zahlensystems.
Das dezimale Zahlensystem hat als Basiszahl die "10". Das bedeutet, daß jede Zahl als vielfaches einer Zehnerpotenz ausgedrückt wird.

Beispiel:

$$5349$$
$$= 5000 + 300 + 40 + 9$$
$$= 5 * 10^3 + 3 * 10^2 + 4 * 10^1 + 9 * 10^0$$

10^3	10^2	10^1	10^0
5	3	4	9

Das duale Zahlensystem

Die Digitaltechnik ist nur in der Lage, eine '0' oder eine '1' zu unterscheiden und auch darzustellen.
Deshalb wird in der Digitaltechnik das duale Zahlensystem verwendet. Bei diesem System stellt die "2" die Basis dar. Jede Zahl wird, ähnlich wie im Dezimalsystem, als vielfaches einer Potenz von "2" ausgedrückt.

Beispiel:
Es soll die dezimale Zahl 239 durch eine Dualzahl dargestellt werden.

Potenz	2^7	2^6	2^5	2^4	2^3	2^2	2^1	2^0
Wert dez.	128	64	32	16	8	4	2	1
duale Darstellung	1	1	1	0	1	1	1	1

Anhang B- Zahlensysteme

Man benötigt also 8 Stellen, um die dezimale Zahl 239 im dualen Zahlensystem darstellen zu können. Es ist unschwer zu erkennen, daß bei größeren Zahlen die Stellenanzahl große Dimensionen annehmen kann.

Hexadezimalsystem

Ein weiteres, in der digitalen Steuerungstechnik weit verbreitetes Zahlensystem, ist das hexadezimale Zahlensystem (auch sedezimales Zahlensystem genannt). Dabei dient die Zahl "16" als Basis, d.h. alle Zahlen werden als vielfache von 16er Potenzen dargestellt.

Beispiel:
Es soll die Dezimalzahl 131 durch eine hexadezimale Zahl dargestellt werden.

Dezimale Zahl 131:

Potenz	16^1	16^0
Hexadezimale Darstellung	8	3

Die Zahl 131 würde im hexadezimalen System durch die Zahl 83 Hex dargestellt.

Um aber jede Zahl hexadezimal darstellen zu können, muß man jede Potenz von 16 mit maximal 15 multiplizieren können. Wie aber ist eine Zahl größer als 9 mit nur einer Stelle darzustellen?
Hier behilft man sich mit den ersten 6 Buchstaben des Alphabets (von A bis F), um die 6 noch verbleibenden Zahlen von 10 - 15 mit einer Stelle ausdrücken zu können:

Hexadezimale Darstellung	A	B	C	D	E	F
Wert dezimal	10	11	12	13	14	15

Anhang B- Zahlensysteme

Beispiel:
Es soll die dezimale Zahl 191 durch eine hexadezimale Zahl dargestellt werden.

Dezimale Zahl 191:

Potenz	16^1	16^0
Hexadezimale Darstellung	B	F

Der Buchstabe "B" steht für "11", d.h. die Potenz 16^1 wird mit "11" multipliziert und das F steht für "15" und wird mit der Potenz 16^0 multipliziert.

$$11 * 16^1 + 15 * 16^0$$
$$= 11 * 16 + 15 * 1$$
$$= 191$$

Wie kann man nun eine Zahl, welche im dualen Zahlensystem dargestellt ist, in eine hexadezimale Zahl umwandeln ohne große Rechenkünste anzuwenden ?

Bei einem Blick auf die folgende Darstellung ist zu erkennen, daß jeweils 4 Potenzen des dualen Zahlensystems, durch eine Potenz des hexadezimalen Systems darstellbar sind.

Potenz dual	2^7	2^6	2^5	2^4	2^3	2^2	2^1	2^0
Wert dezimal	128	64	32	16	8	4	2	1
Duale Darstellung	1	1	1	1	1	1	1	1
Summe der Potenzen	**240**				**15**			
Potenz hexadezimal	16^1				16^0			
Hexadezimale Darstellung	F				F			

Mit diesem Wissen stellt die Umwandlung einer dualen Zahl in eine hexadezimale Zahl keine große Schwierigkeit dar.

Anhang B- Zahlensysteme

Beispiel:

Es soll die dezimale Zahl 239 in eine duale und hexadezimale Zahl gewandelt werden.

Dezimale Zahl 239:

Potenz dual	2^7	2^6	2^5	2^4	2^3	2^2	2^1	2^0
Wert dezimal	128	64	32	16	8	4	2	1
Duale Darstellung	1	1	1	0	1	1	1	1
Summe der Potenzen	**224**				**15**			
Potenz hexadezimal	16^1				16^0			
Hexadezimale Darstellung	**E**				**F**			

Für einen ungeübte Anwender, der an das dezimale System gewöhnt ist, stellt es aber eine ziemliche Schwierigkeit dar, einer etwas größeren im dualen Zahlensystem dargestellten Zahl, die dezimale Zahl anzusehen.

Es erfordert auch etwas Rechengeschick, die einzelnen Potenzen zu summieren, um die dezimale Zahl zu erhalten.

Deshalb benutzt man eine Zahlendarstellung, die speziell an der "Schnittstelle" Mensch-Maschine zum Einsatz kommt. Die Rede ist von der **BCD-Darstellung**.

Anhang B- Zahlensysteme

Das BCD-Zahlensystem

Bei dieser Art der Darstellung wird eine Dezimalstelle durch die ersten 4 Potenzen des Dual- Codes ausgedrückt.

Beispiel:
Darstellung der dezimalen Zahl 239 im BCD- Code.

8	4	2	1	8	4	2	1	8	4	2	1
0	0	1	0	0	0	1	1	1	0	0	1
2				**3**				**9**			
100 er				10 er				1 er			

Jeweils eine Zehnerpotenz wird durch eine sogenannte Tetrade (1, 2, 4, 8) des dualen Systems dargestellt. Es ist für viele einfacher, eine BCD- Zahl in eine dezimale Zahl umzuwandeln.
Deshalb werden BCD-Ziffernschalter verwendet, um es z.B. einem Maschinenbediener zu ermöglichen, irgendwelche Maschinenparameter, welche von dem SPS- Programm benötigt werden, einzustellen.

Es gibt noch andere zum Teil in der Technik verwendete Zahlensysteme. Hierzu gehört auch das Oktalsystem, bei dem die Ziffern 0 - 7 zur Zahlendarstellung verwendet werden. Jedes Zahlensystem "funktioniert" dabei nach dem gleichen schon mehrfach erläuterten Prinzip.

Anhang C- Glossar

C Glossar

Abkürzung	Erlärung
Adresse	Die Adresse gibt an, an welcher Stelle sich ein Objekt im Speicher befindet.
Akkumulator (AKKU)	Der Akku ist ein internes Register (32 Bit) der CPU. Das Akku wird bei verschiedenen Operationen benötigt.
Aktualparameter	Bei einem Bausteinaufruf können Operanden oder Konstanten übergeben werden. Die übergebenen Objekte nennt man Aktualparameter.
Alarm	Ein Alarm ist ein Ereignis während der Programmbearbeitung. Es wird der zugeordnete Alarm-OB aufgerufen.
Anweisung	Eine Anweisung besteht aus Operation und Operand-> Ein gültiger Befehl
Anweisungsliste (AWL)	Bei der Anweisungsliste wird das SPS-Programm in der Textform dargestellt.
AR	Abkürzung für Adressregister. Das Adressregister wird bei der indirekten Adressierung verwendet.
Arbeitsspeicher	Im Arbeitsspeicher werden die Bausteine (OB, FC, FB, ...) abgelegt.
Ausgang (A)	Ein Ausgang der SPS kann ein Signal (z.B. Spannungspegel) an den Prozeß weitergeben.
Ausgangsparameter	Der Ausgangsparameter ist ein Platzhalter für eine Variable, die einem Baustein übergeben wird. Der Ausgangsparameter wird vom Baustein geändert und zurückgegeben.
Backup-Speicher	Der Backupspeicher speichert das Anwenderprogramm in einem nicht flüchtigen Speichermedium (z.B. Flashcard)
Baustein	In einem Baustein steht ein SPS-Programm bzw. Daten.
Bausteinaufruf	Bei einem Bausteinaufruf wird ein anderer Baustein aufgerufen, der dann von der CPU bearbeitet wird.
Baustein beobachten	Beim Vorgang "Baustein beobachten" wird ein Baustein im Statusbetrieb dargestellt. Man kann verschiedene Register (Akku, VKE, ...) beobachten.
Bausteinparameter	Mit Hilfe der Bausteinparameter kann einem Baustein Werte oder Operanden übergeben werden, mit denen er arbeiten kann.
Baustein-Stack (B-Stack)	Ist eine Diagnosefunktion der CPU. Es werden die zuletzt bearbeiteten Bausteine angezeigt.
Belegungsplan	In einem Belegungsplan werden alle Operanden (E,A,M,...) aufgelistet und gekennzeichnet welche im Anwenderprogramm benutzt wurden.
Bibliothek	In einer Bibliothek sind verschiedene Bausteine zu einem Thema zusammengefaßt. Diese Bausteine können Projektübergreifend eingesetzt werden.

Anhang C - Glossar

Abkürzung	Erläung
Codebaustein	In einem Codebaustein stehen Befehle, die von der CPU abgearbeitet werden.
Datenbaustein (DB)	In einem Datenbaustein werden Zahlenwerte, Texte oder sonstige Daten hinterlegt.
Datenbausteinregister	Im Datenbausteinregister wird die Nummer des aufgeschlagenen Datenbaustein gespeichert.
Daten, statisch	Statische Daten sind zur gesamten Laufzeit des Anwenderprogramms vorhanden (Globale Daten)
Daten, temporär	Temporäre Daten sind nur zur Laufzeit eines Bausteins vorhanden. Wird der Baustein verlassen, sind die temporären Daten nicht mehr vorhanden.
Datentyp	Der Datentyp kennzeichnet das Format und Größe einer Variablen (BOOL, BYTE, WORD, ...)
Datentypdeklaration	Mit der Datentypdeklaration kann ein neuer Datentyp formuliert werden (Anwenderdatentyp=UDTs).
Datentyp, elementar	Die elementaren Datentypen haben eine Größe von bis zu 32 Bit.
Datentyp, zusammengesetzt	Ein zusammengesetzter Datentyp ist größer als 32 Bit.
Deklarationsteil	Im Deklarationsteil eines Bausteins sind alle Bausteinvariablen aufgelistet.
Deklarationstyp	Der Deklarationstyp gibt an, wie ein Bausteinparameter verwendet wird: INPUT, OUTPUT, IN_OUT, TEMP
Diagnosepuffer	Im Diagnosepuffer speichert die CPU die ankommenden Ereignisse (START, STOP, FEHLER, ...) mit Uhrzeit und Datum ab.
Direktzugriff	Mit dem Direktzugriff (z.B. L PEB32) kann z.B. auf die Eingangsperipherie direkt zugegriffen werden. Normalerweise wird auf das Prozeßabbild zugegriffen.
Durchgangsparameter	Durchgangsparameter sind im Deklarationsteil als IN_OUT-Parameter definiert. Diese Parameter können demnach innerhalb des Bausteins gelesen und beschrieben werden.
Editor	In einem Editor kann ein Text verändert werden.
Eingabe, inkrementell	Bei der inkrementellen Eingabe der SPS-Befehle wird bei Verlassen der Zeile eine Syntaxprüfung durchgeführt.
Eingabe, quellorientiert	Bei der quellenorientierten Eingabe der SPS-Befehle wird erst beim Compilierungsvorgang das Programm auf Fehler geprüft.
Eingang (E)	Ein Eingang kann Signale vom Prozeß dem SPS-Programm mitteilen.
Eingangsparameter	Eingangsparameter sind Bausteinparameter, die vom Baustein nur gelesen werden dürfen.

Anhang C - Glossar

Abkürzung	Erlärung
Formalparameter	Greift ein Baustein auf seine eigenen Bausteinparameter zu, dann werden diese als Formalparameter bezeichnet.
Funktion (FC)	In einer Funktion stehen S7-Befehle. Funktionen kommen zum Einsatz, wenn keine statischen Daten zur Ausführung benötigt werden.
Funktionsbaustein (FB)	In einem Funktionsbaustein stehen SPS-Befehle. Dem Funktionsbaustein muß ein Datenbaustein zugeordnet werden, wenn dieser Bausteinparameter besitzt.
Funktionsplan (FUP)	Bei der Darstellungsart FUP, wird das SPS-Programm mit Hilfe von Blockschaltbilder dargestellt.
Globaldaten	Globaldaten sind Speicherbereiche, die von jedem Codebaustein benutzt werden können (Merker, Globaldatenbausteine, ...)
Globaldaten-Kommunikation	Ist eine Kommunikationslösung, mit der zwei CPUs über den MPI-Bus Daten austauschen können.
Haltepunkt	Mit Hilfe eines Haltepunktes kann die zyklische Programmbearbeitung zwecks Diagnose unterbrochen werden (debuggen).
Instanz	Der Aufruf eines FBs innerhalb des SPS-Programms wird als Instanz bezeichnet.
Instanz-Datenbaustein	Besitzt ein FB Bausteinparameter, so muß beim Aufruf eines FBs (einer Instanz) ein Datenbaustein mit angegeben werden. Dieser DB besitzt die gleiche Datenstruktur wie der FB und wird als Instanz-DB bezeichnet.
Kaltstart	Anlaufart einer S7-CPU. Beim Kaltstart wird der Anlauf-OB OB102 bearbeitet.
Konstante	Eine Konstante stellt einen festen Wert dar. die Schreibweise richtet sich nach dem Datentyp der Konstanten. Z.B. W#16#1234
Kontaktplan (KOP)	Darstellungsart in S7. Die Darstellung ähnelt einem Stromlaufplan.
Ladespeicher	Der Ladespeicher ist ein Speicherbereich in der CPU, in dem die Bausteine inkl. der nicht ablaufrelevanten Daten abgelegt werden. Der Ladespeicher kann mit einer sog. Memory-Card erweitert werden.
Lokaldaten	Es wird in temporäre und statische Lokaldaten unterschieden. Statische Lokaldaten sind nur in FBs vorhanden, diese Daten werden im Instanz-DB abgelegt. Die temporären Lokaldaten sind in jedem Code-Baustein vorhanden. Die darin abgelegten Daten sind nur lokal (innerhalb des Bausteins) gültig.
Lokaldaten-Stack (L-Stack)	Auf dem L-Stack werden die temp. Lokaldaten eines Bausteins abgelegt. Der zur Verfügung stehende Speicher ist vom CPU-Typ abhängig und wird auf die einzelnen Prioritätsklassen aufgeteilt.

Anhang C- Glossar

Abkürzung	Erlärung
Memory Card	Mit Hilfe einer Memory Card kann der Ladespeicher einer CPU erweitert werden. Memory Cards sind als RAM oder Flash-Eprom erhältlich.
Merker (M)	Merker sind Operanden die wie Eingänge und Ausgänge verarbeitet werden können. Allerdings dienen Merker nur zur internen Verarbeitung im SPS-Programm.
MPI-Adresse	Identifiziert einen Teilnehmer innerhalb eines MPI-Netzes.
MRES	Stellung des Schlüsselschalters der S7-CPUs, bei dem Urlöschen durchgeführt wird. Die genaue Vorgehensweise ist dem CPU-Handbuch zu entnehmen.
Name	Bezeichnung für einen Baustein mit max. 8 Zeichen.
Netz	Zusammenschluß von mehreren Geräten.
Netzwerk	S7-Befehle können innerhalb eines Netzwerkes gekapselt werden. Ein Netzwerk kann mit einer Überschrift versehen werden und dient ebenso zur optischen Abgrenzung der einzelnen Code-Teile.
Neustart (Warmstart)	Anlaufart einer S7-CPU. Dabei wird der Anlauf-OB OB100 aufgerufen.
Online/Offline	Kommuniziert das PG mit einer CPU, so befindet man sich Online. Ist keine CPU an das PG angeschlossen oder wurde noch keine Kommunikation aufgebaut, so arbeitet man Offline.
Operand	Eingänge, Ausgänge, Merker, Zeiten, Zähler usw. werden als Operanden bezeichnet.
Operation	Ein S7-Befehl besteht aus einer Operationen und einem Operanden. Dabei gibt die Operation an, was mit dem Operanden getan werden soll.
Organisationsbaustein (OB)	Organisationsbausteine werden vom Betriebssystem der CPU aufgerufen. Der OB1 ist der zyklusgetriggerte OB, dieser Stellt die "Wurzel" des SPS-Programms dar.
Parameter	Es wird zwischen Formalparametern und Aktualparametern unterschieden. Besitzt ein Baustein Parameter, so werden innerhalb des Bausteins die Formalparameter verarbeitet. Beim Aufruf des Bausteins werden diese Formalparameter mit Aktualparametern versorgt.
Parametertyp	Die Datentypen COUNTER, TIMER, BLOCK_FB, BLOCK_FC, BLOCK_DB, BLOCK_SDB, POINTER und ANY werden als Parametertypen bezeichnet.
Parametrieren	Beim Parametrieren wird die Eigenschaft einer Baugruppe festgelegt.
Peripheriezugriff, direkt	Bei einem direkten Peripheriezugriff wird auf den Zustand einer Baugruppe zugegriffen. Dabei erfolgt der Zugriff nicht über das Prozeßabbild.

Anhang C - Glossar

Abkürzung	Erlärung
Prioritätsklasse	Durch die Prioritätsklassen wird festgelegt, welcher Programmteil beim Auftreten mehrerer Ereignisse zuerst bearbeitet wird.
Programmiergerät (PG)	Ein Programmiergerät besitzt die Hardware- und Softwareausstattung, um eine CPU zu programmieren und das SPS-Programm zu testen.
Projekt	In einem Projekt sind z.B. die SPS-Bausteine und die Einstellung für eine Anlage gekapselt.
Prozeßabbild der Ausgänge (PAA)	Im PAA werden die Zustände der Ausgänge während der Bearbeitung des SPS-Programms protokolliert. Diese Zustände werden am Ende des OB1 an die Baugruppen transferiert.
Prozeßabbild der Eingänge (PAE)	Im PAE sind die Zustände der Eingänge zu Beginn der zyklischen Programmbearbeitung gespeichert. Mit diesen Zuständen wird das SPS-Programm bearbeitet.
Pufferung	Beim Wegfall der Versorgungsspannung einer CPU, gehen die Daten im RAM verloren. Dies kann durch eine Pufferbatterie in der CPU verhindert werden.
Quelle	In einer Quelle kann mit Hilfe eines Texteditors das SPS-Programm erstellt werden. Diese Quelle muß anschließend compiliert werden. Bei der Eingabe wird keine Syntaxkontrolle vorgenommen.
Quelle generieren	Beim Generieren einer Quelle wird aus S7-Bausteine eine Quelle erzeugt.
Querverweisliste	In einer Querverweisliste können alle im SPS-Programm verwendeten Operanden aufgelistet werden. Dabei wird die Verwendungsstelle und die Zugriffsart benannt.
RAM-Speicher	Der RAM-Speicher ist ein flüchtiger Speicher. Dies bedeutet, ohne Versorgungsspannung gehen die Daten im RAM verloren.
Remanent	Operanden werden als remanent bezeichnet, wenn diese auch bei Spannungsausfall deren Inhalt beibehalten.
S7-Anwenderprogramm	Das S7-Anwenderprogramm besteht aus den vom Anwender erstellten S7-Bausteinen, die in die S7-CPU übertragen werden können.
Schlüsselwort	Schlüsselwörter kennzeichnen z.B. den Kopf eines Bausteins, die Deklarationsbereiche der Bausteinparameter oder den Codebereich.
Schnittstelle, mehrpunktfähig (MPI)	Die CPUs der Reihe S7-300/400 verfügen alle über eine MPI-Schnittstelle. Dadurch können diese "von Haus aus" zu einem MPI-Netz zusammengeschlossen werden.
Speicher-programmierbare Steuerung (SPS)	Eine SPS stellt einen speziellen Steuerungscomputer dar, mit dem Anlagen gesteuert werden können. Der Ablauf wird dabei mit Hilfe eines SPS-Programms festgelegt. Die Verbindung zur Außenwelt wird über Ein-/Ausgangbaugruppen hergestellt.

Anhang C- Glossar

Abkürzung	Erlärung
Struktur (STRUCT)	Strukturen werden benutzt, um mehrere Komponenten in einem einzigen Überbegriff zusammenzufassen. Dabei können die Komponenten unterschiedlichen Datentypen angehören.
Symbol	Mit Hilfe eines Symbols, kann der Anwender z.B. einem Operanden einen Namen zuordnen, welcher auch bei der Programmerstellung verwendet werden kann.
Symboltabelle	Ist die Ansammlung aller Symbole eines Projektes.
Systemdatenbaustein (SDB)	In SDBs werden die Konfigurationsdaten einer Baugruppe abgelegt.
Systemfunktion (SFC)	SFCs sind in einer CPU vorhandene Funktionen die dem Anwender eine bestimmte Funktionalität bieten. Diese Funktionen können nicht gelöscht oder verändert werden.
Systemfunktionsbaustein (SFB)	SFBs sind in einer CPU vorhandene Funktionsbausteine die dem Anwender eine bestimmte Funktionalität bieten. Diese Funktionsbausteine können nicht gelöscht oder verändert werden.
Taktmerker	Ein Merkerbyte kann als Taktmerker selektiert werden. Dabei wechselt jedes Bit dieses Bytes seinen Status in einer unterschiedlichen Frequenz.
Teilnehmeradresse	Diese Adresse spezifiziert eine Baugruppe innerhalb eines Netzes.
Triggerbedingung	Bei den Testfunktionen Status-Var, Steuern-Var können Triggerbedingungen angegeben werden. Durch diese Bedingungen wird vorgegeben, zu welchem Zeitpunkt die Aktualisierung der Funktion stattfinden soll.
Triggerpunkt	Zeitpunkt an dem die Triggerbedingung erfüllt ist, z.B. Zyklusende.
Umverdrahten	Funktion bei der Operandenadressen in einem SPS-Programm projektweit verändert werden. Wird angewendet, wenn ein SPS-Programm von der Funktionsweise her vorhanden ist, die Ein-/Ausgangsbelegung allerdings differiert.
Unterbrechungs-Stack (U-Stack)	Diagnosefunktion die zum Auffinden eines Programmfehlers verwendet werden kann, sofern dieser zum STOP-Übergang bei der CPU führt.
Urlöschen	Beim Urlöschen werden alle Anwenderbausteine im RAM der CPU gelöscht und die Standardkonfiguration der CPU wiederhergestellt.
Variable	Eine Variable besteht aus einem Operanden und einer Datentypangabe.
Variable beobachten	Mit dieser Funktion kann der Inhalt einer Variablen im RUN-Zustand der CPU beobachtet werden.
Variable steuern	Mit dieser Funktion können Variablen in der CPU beeinflußt werden, während sich die CPU im RUN-Zustand befindet.

Anhang C- Glossar

Abkürzung	Erlärung
Verknüpfungsergebnis (VKE)	Das VKE ist ein Zustand, welcher zur weiteren Signalverarbeitung genutzt wird. Dieses Ergebnis kann mit dem Signalzustand von Operanden verknüpft werden oder es werden Operanden in Abhängigkeit des VKE beeinflußt.
Warmstart	Anlaufart einer S7-CPU. Dabei wird der Anlauf-OB OB100 aufgerufen.
Wiederanlauf	Anlaufart einer S7-CPU. Dabei wird der Anlauf-OB OB101 aufgerufen. Diese Anlaufart steht nur bei den CPUs der Reihe S7-400 zur Verfügung.
Zähler (Z)	Bieten eine Zählfunktion in S7. Es können Vorwärts- und Rückwärtszähler realisiert werden.
Zeiten (T)	Bieten Zeitfunktionen in S7. Es stehen insgesamt 5 versch. Zeitfunktionen zur Verfügung.
Zeitstempel	Jeder Baustein in S7 besitzt einen Zeitstempel, der den Zeitpunkt der letzten Änderung wiedergibt.
Zentralbaugruppe (CPU)	Die CPU ist die Recheneinheit der SPS. Sie bearbeitet das STEP®7-Programm sequentiell (hintereinander) ab.
Zyklusüberwachungszeit	Dies ist die max. Zeit, welche die CPU für die Bearbeitung des SPS-Programms benötigen darf. Wird diese Zeit überschritten, so geht die CPU in den STOP-Zustand über.
Zykluszeit	Zeit die von der CPU benötigt wird, um das SPS-Programm zu bearbeiten.

D STEP®7-Befehlsübersicht

Liste der verwendeten Kürzel	
Kürzel	**Bedeutung**
k8	8-Bit-Konstante, Bereich 0 bis 255, Bsp.: 110
k16	16-Bit-Konstante, Bereich 0 bis 65535, Bsp.: 33000
k32	32-Bit-Konstante, Bereich 0 bis 4 294967295, Bsp.: 133000
i8	8-Bit-Integer, Bereich -128 bis 127, Bsp.: -10
i16	16-Bit-Integer, Bereich -32768 bis 32767, Bsp.: -10000
i32	32-Bit-Integer, Bereich -2147483648 bis 2147483647, Bsp.: -45321
m	Pointer, Bsp.: P#123.4
n	Binärkonstante, Bsp.: 0111 1010
p	Hex-Konstante, Bsp.: AB34
MARKE	Sprungmarke mit max. 4 Zeichen, Bsp: Ende
a	Byteadresse
b	Bitadresse
c	Operanden E, A, M, L, DBX, DIX
d	Adresse befindet sich in einem MD, LD, DBD, oder DID.
e	Nummer befindet sich in einem MW, LW, DBW oder DIW
f	Nummer des Timers oder Zählers
g	Operandenbereich EB, AB, MB, LB, PEB, PAB, DBB, DIB.
h	Operandenbereich EW, AW, MW, LW, PEW, PAW, DBW, DIW.
i	Operandenbereich ED, AD, MD, LD, PED, PAD, DBD, DID.
q	Nummer des Bausteins

Anhang D- STEP®7-Befehlsübersicht

Verknüpfungsoperationen		
Operation	Operand	Beschreibung
U/UN		UND/UND-NICHT
	E/A a.b	Eingang/Ausgang
	M a.b	Merker
	L a.b	Lokaldatenbit
	DBX a.b	Datenbit
	DIX a.b	Instanz-Datenbit
	c [d]	speicherindirekt,bereichsintern
	c [AR1,m]	registerind.,bereichsintern (AR1)
	c [AR2,m]	registerind.,bereichsintern (AR2)
	[AR1,m]	bereichsübergreifend (AR1)
	[AR2,m]	bereichsübergreifend (AR2)
	Parameter	über Parameter

Statuswort für: U/UN	BIE	A1	A0	OV	OS	OR	STA	VKE	/ER
Operation wertet aus:	-	-	-	-	-	ja	-	ja	ja
Operation beeinflußt:	-	-	-	-	-	ja	ja	ja	1

Operation	Operand	Beschreibung
O/ON		ODER/ODER-NICHT_
	E/A a.b	Eingang/Ausgang
	M a.b	Merker
	L a.b	Lokaldatenbit
	DBX a.b	Datenbit
	DIX a.b	Instanz-Datenbit
	c [d]	speicherindirekt,bereichsintern
	c [AR1,m]	registerindirekt,bereichsintern (AR1)
	c [AR2,m]	registerindirekt,bereichsintern (AR2)
	[AR1,m]	bereichsübergreifend (AR1)
	[AR2,m]	bereichsübergreifend (AR2)
	Parameter	über Parameter

Statuswort für: O,ON	BIE	A1	A0	OV	OS	OR	STA	VKE	/ER
Operation wertet aus:	-	-	-	-	-	-	-	ja	ja
Operation beeinflußt:	-	-	-	-	-	0	ja	ja	1

Anhang D- STEP®7-Befehlsübersicht

Operation	Operand	Beschreibung
X/XN		EXKLUSIV-ODER/
		EXKLUSIV-ODER-NICHT
	E/A a.b	Eingang/Ausgang
	M a.b	Merker
	L a.b	Lokaldatenbit
	DBX a.b	Datenbit
	DIX a.b	Instanz-Datenbit
	c [d]	speicherindirekt,bereichsintern
	c [AR1,m]	registerindirekt,bereichsintern (AR1)
	c [AR2,m]	registerindirekt,bereichsintern (AR2)
	[AR1,m]	bereichsübergreifend (AR1)
	[AR2,m]	bereichsübergreifend (AR2)
	Parameter	über Parameter

Statuswort für: X,XN	BIE	A1	A0	OV	OS	OR	STA	VKE	/ER
Operation wertet aus:	-	-	-	-	-	-	-	ja	ja
Operation beeinflußt:	-	-	-	-	-	0	ja	ja	1

Klammeroperationen

Operation	Operand	Beschreibung
U(		UND-Klammer-Auf
UN(		UND-NICHT-Klammer-Auf
O(		ODER-Klammer-Auf
ON(		ODER-NICHT-Klammer-Auf
X(		EXKLUSIV-ODER-Klammer-Auf
XN(		EXKLUSIV-ODER-NICHT-Klammer-Auf

Statuswort für: U(, UN(, O(, ON(X(,XN(	BIE	A1	A0	OV	OS	OR	STA	VKE	/ER
Operation wertet aus:	-	-	-	-	-	ja	-	ja	ja
Operation beeinflußt:	-	-	-	-	-	0	1	-	0

Operation	Operand	Beschreibung
)		Klammer zu, entfernen eines Eintrags vom Klammerstack.

Statuswort für:)	BIE	A1	A0	OV	OS	OR	STA	VKE	/ER
Operation wertet aus:	-	-	-	-	-	-	-	ja	-
Operation beeinflußt:	-	-	-	-	-	ja	1	ja	1

Operation	Operand	Beschreibung
O		ODER-Verknüpfung von UND-Funktionen nach UND-vor-ODER

Anhang D- STEP®7-Befehlsübersicht

Statuswort für: O	BIE	A1	A0	OV	OS	OR	STA	VKE	/ER
Operation wertet aus:	-	-	-	-	-	-	-	ja	ja
Operation beeinflußt:	-	-	-	-	-	ja	1	-	ja

Bitoperationen mit Timern und Zählern		
Operation	Operand	Beschreibung
U/UN		UND/UND-NICHT
	T f	Timer
	T [e]	Timer,speicherindirekt adressiert
	Z f	Zähler
	Z [e]	Zähler,speicherindirekt adressiert
	Timerpara. Zählerpara.	Timer/Zähler (über Parameter adressiert)

Statuswort für: U, UN	BIE	A1	A0	OV	OS	OR	STA	VKE	/ER
Operation wertet aus:	-	-	-	-	-	ja	-	ja	ja
Operation beeinflußt:	-	-	-	-	-	ja	ja	ja	1

Operation	Operand	Beschreibung
O/ON		ODER/ODER-NICHT
	T f	Timer
	T [e]	Timer,speicherindirekt adressiert
	Z f	Zähler
	Z [e]	Zähler,speicherindirekt adressiert
	Timerpara. Zählerpara.	Timer/Zähler (über Parameter adressiert)
X/XN		EXKLUSIV-ODER/EXKLUSIV-ODER-NICHT
	T f	Timer
	T [e]	Timer,speicherindirekt adressiert
	Z f	Zähler
	Z [e]	Zähler,speicherindirekt adressiert
	Timerpara. Zählerpara.	EXKLUSIV-ODER Timer/Zähler(über Parameter adressiert)

Statuswort für: O, ON, X, XN	BIE	A1	A0	OV	OS	OR	STA	VKE	/ER
Operation wertet aus:	-	-	-	-	-	-	-	ja	ja
Operation beeinflußt:	-	-	-	-	-	0	ja	ja	1

Wort- und Doppelwortverknüpfungen		
Operation	Operand	Beschreibung
UW		UND AKKU2-L
UW	W#16#p	UND 16-Bit-Konstante
OW		ODER AKKU2-L

OW	W#16#p	ODER 16-Bit-Konstante
XOW		EXKLUSIV-ODER-AKKU2-L
XOW	W#16#p	EXKLUSIV-ODER 16-Bit-Konstante
UD		UND AKKU2
UD	DW#16#p	UND 32-Bit Konstante
OD		ODER AKKU2
OD	DW#16#p	ODER 32-Bit-Konstante
XOD		EXKLUSIV-ODER AKKU2
XOD	DW#16#p	EXKLUSIV-ODER 32-Bit-Konstante

Statuswort für: UW, OW, XOW, UD, OD ,XOD	BIE	A1	A0	OV	OS	OR	STA	VKE	/ER
Operation wertet aus:	-	-	-	-	-	-	-	-	-
Operation beeinflußt:	-	ja	0	0	-	-	-	-	-

Bitoperationen mit den Anzeigebits		
Operation	Operand	Beschreibung
U/UN		UND/UND-NICHT
O/ON		ODER-ODER-NICHT
X/XN		EXKLUSIV-ODER/ EXKLUSIV-ODER-NICHT
	==0	Ergebnis=0 (A1=0 und A0=0)
	>0	Ergebnis>0 (A1=1 und A0=0)
	<0	Ergebnis<0 (A1=0 und A0=1)
	<>0	Ergebnis != 0 ((A1=0 und A0=1) oder (A1=1 und A0=0))
	<=0	Ergebnis<=0 ((A1=0 und A0=1) oder (A1=0 und A0=0))
	>=0	Ergebnis >=0 ((A1=1 und A0=0) oder (A1=0 und A0=0))

Statuswort für: U/ UN/ O/ ON/ X/ XN	BIE	A1	A0	OV	OS	OR	STA	VKE	/ER
Operation wertet aus:	-	ja	ja	-	-	ja	-	ja	ja
Operation beeinflußt:	-	-	-	-	-	ja	ja	ja	1

Operation	Operand	Beschreibung
U/UN		UND/UND-NICHT
O/ON		ODER/ODER-NICHT

Anhang D- STEP®7-Befehlsübersicht

X/XN		EXKLUSIV-ODER/ EXKLUSIV-ODER-NICHT
	UO	unordered/unzulässige Arithmetikoperation (A1=1 und A0=1)
	OS	UND OS=1
	BIE	UND BIE=1
	OV	UND OV=1

Statuswort für: U/ UN/ O/ ON/ X/ XN	BIE	A1	A0	OV	OS	OR	STA	VKE	/ER
Operation wertet aus:	ja	ja	ja	ja	ja	ja	-	ja	ja
Operation beeinflußt:	-	-	-	-	-	ja	ja	ja	1

Flankenoperationen		
Operation	Operand	Beschreibung
FP/FN	E/A a.b	Anzeigen der steigenden/fallenden Flanke mit VKE = 1. Flankenhilfsmerker ist der in der Operation adressierte Bitoperand.
	M a.b	
	L a.b	
	DBX a.b	
	DIX a.b	
	c [d]	
	c [AR1,m]	
	c [AR2,m]	
	[AR1,m]	
	[AR2,m]	
	Parameter	

Statuswort für: FP,FN	BIE	A1	A0	OV	OS	OR	STA	VKE	/ER
Operation wertet aus:	-	-	-	-	-	-	-	ja	-
Operation beeinflußt:	-	-	-	-	-	0	ja	ja	1

Speicheroperationen		
Operation	Operand	Beschreibung
S		Setze adressiertes Bit auf "1"
R		Setze adressiertes Bit auf "0"
	E/A a.b	Eingang/Ausgang
	M a.b	Merker
	L a.b	Lokaldatenbit
	DBX a.b	Datenbit
	DIX a.b	Instanz-Datenbit
	c [d]	speicherindirekt, bereichsintern
	c [AR1,m]	registerindirekt, bereichsintern (AR1)

Anhang D - STEP®7-Befehlsübersicht

	c [AR2,m]	registerindirekt,bereichsintern (AR2)
	[AR1,m]	bereichsübergreifend (AR1)
	[AR2,m]	bereichsübergreifend (AR2)
	Parameter	über Parameter

Statuswort für: S, R	BIE	A1	A0	OV	OS	OR	STA	VKE	/ER
Operation wertet aus:	-	-	-	-	-	-	-	ja	-
Operation beeinflußt:	-	-	-	-	-	0	ja	-	0

Operation	Operand	Beschreibung
=		Zuweisen des VKE
	E/A a.b	an Eingang/Ausgang
	M a.b	an Merker
	L a.b	an Lokaldatenbit
	DBX a.b	an Datenbit
	DIX a.b	an Instanz-Datenbit
	c [d]	speicherindirekt,bereichsintern
	c [AR1,m]	registerindindirekt,bereichsintern (AR1)
	c [AR2,m]	registerindindirekt,bereichsintern (AR2)
	[AR1,m]	bereichsübergreifend (AR1)
	[AR2,m]	bereichsübergreifend (AR2)
	Parameter	über Parameter

Statuswort für: =	BIE	A1	A0	OV	OS	OR	STA	VKE	/ER
Operation wertet aus:	-	-	-	-	-	-	-	ja	-
Operation beeinflußt:	-	-	-	-	-	0	ja	-	0

VKE-Operation

Operation	Operand	Beschreibung
CLR		Setze VKE auf "0"

Statuswort für: CLR	BIE	A1	A0	OV	OS	OR	STA	VKE	/ER
Operation wertet aus:	-	-	-	-	-	-	-	ja	-
Operation beeinflußt:	-	-	-	-	-	0	ja	ja	1

Operation	Operand	Beschreibung
SET		Setze VKE auf "1"

Statuswort für: SET	BIE	A1	A0	OV	OS	OR	STA	VKE	/ER
Operation wertet aus:	-	-	-	-	-	-	-	ja	-
Operation beeinflußt:	-	-	-	-	-	0	ja	ja	1

Operation	Operand	Beschreibung
NOT		Negiere das VKE

Statuswort für: NOT	BIE	A1	A0	OV	OS	OR	STA	VKE	/ER

Anhang D- STEP®7-Befehlsübersicht

Operation wertet aus:		-	-	-	-	-	-	-	ja	-
Operation beeinflußt:		-	-	-	-	-	0	ja	ja	1

Operation	Operand	Beschreibung
SAVE		Rette das VKE in das BIE-Bit

Statuswort für: SAVE	BIE	A1	A0	OV	OS	OR	STA	VKE	/ER
Operation wertet aus:	-	-	-	-	-	-	-	ja	-
Operation beeinflußt:	-	-	-	-	-	0	ja	ja	1

Zeitoperationen

Operation	Operand	Beschreibung
SI	T f	Starte Timer als Impuls bei Flankenwechsel von "0" nach "1"
	T [e]	
	Timerpara.	
SV	T f	Starte Timer als verlängerten Impuls bei Flankenwechsel von "0" nach "1"
	T [e]	
	Timerpara.	
SE	T f	Starte Timer als Einschaltverzögerung bei Flankenwechsel von "0" nach "1"
	T [e]	
	Timerpara.	
SS	T f	Starte Timer als speichernde Einschaltverzögerung bei Flankenwechsel von "0" nach "1"
	T [e]	
	Timerpara.	
SA	T f	Starte Timer als Ausschaltverzögerung bei Flankenwechsel von "1" nach "0"
	T [e]	
	Timerpara.	

Statuswort für: SI, SV, SE, SS, SA	BIE	A1	A0	OV	OS	OR	STA	VKE	/ER
Operation wertet aus:	-	-	-	-	-	-	-	ja	-
Operation beeinflußt:	-	-	-	-	-	0	-	-	0

Anhang D- STEP®7-Befehlsübersicht

Operation	Operand	Beschreibung
FR	T f	Freigabe eines Timers für das erneute Starten bei Flankenwechsel von "0" nach "1" (Löschen des Flankenmerkers für das Starten der Zeit)
	T [e]	
	Timerpara.	
R	T f	Rücksetzen einer Zeit
	T [e]	
	Timerpara.	

Statuswort für: FR, R	BIE	A1	A0	OV	OS	OR	STA	VKE	/ER
Operation wertet aus:	-	-	-	-	-	-	-	ja	-
Operation beeinflußt:	-	-	-	-	-	0	-	-	0

Zähleroperationen

Operation	Operand	Beschreibung
S	Z f	Vorbelegen eines Zählers bei Flankenwechsel von "0" nach "1"
	Z [e]	
	Zählerpara.	
R	Z f	Rücksetzen des Zählers auf "0" bei VKE = "1"
	Z [e]	
	Zählerpara.	
ZV	Z f	Zähle um 1 vorwärts bei Flankenwechsel von "0" nach "1"
	Z [e]	
	Zählerpara.	
ZR	Z f	Zähle um 1 rückwärts bei Flankenwechsel von "0" nach "1"
	Z [e]	
	Zählerpara.	

Statuswort für: S, R, ZV, ZR, FR	BIE	A1	A0	OV	OS	OR	STA	VKE	/ER
Operation wertet aus:	-	-	-	-	-	-	-	ja	-
Operation beeinflußt:	-	-	-	-	-	0	-	-	0

Operation	Operand	Beschreibung
FR	Z f	Freigabe eines Zählers bei Flankenwechsel von "0" nach "1"(Löschen des Flankenmerkers für Vorwärts-,Rückwärtszählen und Setzen eines Zählers)
	Z [e]	
	Zählerpara.	

Statuswort für: S, R, ZV, ZR, FR	BIE	A1	A0	OV	OS	OR	STA	VKE	/ER
Operation wertet aus:	-	-	-	-	-	-	-	ja	-
Operation beeinflußt:	-	-	-	-	-	0	-	-	0

Anhang D- STEP®7-Befehlsübersicht

Ladeoperationen		
Operation	Operand	Beschreibung
L		Lade...
	EB a	Eingangsbyte
	AB a	Ausgangsbyte
	PEB a	Peripherie-Eingangsbyte
	MB a	Merkerbyte
	LB a	Lokaldatenbyte
	DBB a	Datenbyte
	DIB a	Instanz-Datenbyte .... in AKKU1
	g [d]	speicherindirekt,bereichsintern
	g [AR1,m]	registerindindirekt,bereichsintern(AR1)
	g [AR2,m]	registerindindirekt,bereichsintern(AR2)
	B [AR1,m]	bereichsübergreifend (AR1)
	B [AR2,m]	bereichsübergreifend (AR2)
	Parameter	über Parameter
Operation	Operand	Beschreibung
L		Lade...
	EW a	Eingangswort
	AW a	Ausgangswort
	PEW a	Peripherie-Eingangswort
	MW a	Merkerwort
	LW a	Lokaldatenwort
	DBW a	Datenwort
	DIW a	Instanz-Datenwort ..... in Akku1-L
	h [d]	speicherindirekt,bereichsintern
	h [AR1,m]	registerindindirekt,bereichsintern(AR1)
	h [AR2,m]	registerindindirekt,bereichsintern(AR2)
	W [AR1,m]	bereichsübergreifend (AR1)
	W [AR2,m]	bereichsübergreifend (AR2)
	Parameter	über Parameter

Anhang D - STEP®7-Befehlsübersicht

Operation	Operand	Beschreibung
L		Lade ...
	ED a	Eingangsdoppelwort
	AD a	Ausgangsdoppelwort
	PED a	Peripherie-Eingangsdoppelwort
	MD a	Merkerdoppelwort
	LD a	Lokaldatenwort
	DBD a	Datendoppelwort
	DID a	Instanz-Datendoppelwort in AKKU1
	i [d]	speicherindirekt,bereichsintern
	i [AR1,m]	registerindindirekt,bereichsintern(AR1)
	i [AR2,m]	registerindindirekt,bereichsintern(AR2)
	D [AR1,m]	bereichsübergreifend (AR1)
	D [AR2,m]	bereichsübergreifend (AR2)
	Parameter	über Parameter

Operation	Operand	Beschreibung
L		Lade ...
	k8	8-Bit-Konstante in AKKU1-LL
	k16	16-Bit-Konstante in AKKU1-L
	k32	32-Bit-Konstante in AKKU1
	Parameter	Lade Konstante in AKKU1 (über Parameter adressiert)
L	2#n	Lade 16-Bit-Binärkonstante in AKKU1-L
		Lade 32-Bit-Binärkonstante in AKKU1
	B#16#p	Lade 8-Bit Hexadezimalkonstante in AKKU1-L
L	W#16#p	Lade 16-Bit-Hexadezimalkonstante in AKKU1-L
	DW#16#p	Lade 32-Bit-Hexadezimalkonstante in AKKU1

Operation	Operand	Beschreibung
L	'x'	Lade 1 Zeichen
L	'xx'	Lade 2 Zeichen
L	'xxx'	Lade 3 Zeichen
L	'xxxx'	Lade 4 Zeichen
L	D#Zeitwert	Lade IEC-Datumskonstante
L	S5T#Zeitwert	Lade S7-Zeitkonstante (16-Bit)
L	TOD#Zeitwert	Lade IEC-Zeitkonstante
L	T#Zeitwert	Lade 32-Bit-Zeitkonstante

Anhang D- STEP®7-Befehlsübersicht

L	C#Zählwert	Lade Zählerkonstante (BCD-kodiert)
L	B# (b1,b2)	Lade Konstante als Byte (b1,b2)
L	B#(b1,b2,b3,b4)	Lade Konstante als 4 Byte(b1,b2,b3,b4)
L	P#Bit-Pointer	Lade Bitpointer
L	L#Integerzahl	Lade 32-Bit-Integerkonstante
L	Realzahl	Lade Gleitpunktzahl

Operation	Operand	Beschreibung
L	T f	Lade Zeitwert
	T [e]	
	Timerpara.	Lade Zeitwert (über Parameter adressiert)
L	Z f	Lade Zählwert
	Z [e]	
	Zählerpara.	Lade Zählwert (über Parameter adressiert)
LC	T f	Lade Zeitwert BCD-codiert
	T [e]	
	Timerpara.	Lade Zeitwert BCD-codiert (über Parameter adressiert)
LC	Z f	Lade Zählwert BCD-codiert
	Z [e]	
	Zählerpara.	Lade Zählwert BCD-codiert (über Parameter adressiert)

Transferoperationen

Operation	Operand	Beschreibung
T		Transferiere Inhalt von AKKU1-LL zum.....
	EB a	Eingangsbyte
	AB a	Ausgangsbyte
	PAB a	Peripherie-Ausgangsbyte
	MB a	Merkerbyte
	LB a	Lokaldatenbyte
	DBB a	Datenbyte
	DIB a	Instanz-Datenbyte
	g [d]	speicherindirekt,bereichsintern
	g [AR1,m]	registerindindirekt,bereichsintern(AR1)
	g [AR2,m]	registerindindirekt,bereichsintern(AR2)
	B [AR1,m]	bereichsübergreifend (AR1)
	B [AR2,m]	bereichsübergreifend (AR2)
	Parameter	über Parameter

Anhang D- STEP®7-Befehlsübersicht

Operation	Operand	Beschreibung
T		Transferiere Inhalt von AKKU1-L zum...
	EW a	Eingangswort
	AW a	Ausgangswort
	PAW a	Peripherie-Ausgangswort
	MW a	Merkerwort
	LW a	Lokaldatenwort
	DBW a	Datenwort
	DIW a	Instanz-Datenwort
	h [d]	speicherindirekt,bereichsintern
	h [AR1,m]	registerindindirekt,bereichsintern(AR1)
	h [AR2,m]	registerindindirekt,bereichsintern(AR2)
	W [AR1,m]	bereichsübergreifend (AR1)
	W [AR2,m]	bereichsübergreifend (AR2)
	Parameter	über Parameter

Operation	Operand	Beschreibung
T		Transferiere Inhalt von AKKU1 zum ...
	ED a	Eingangsdoppelwort
	AD a	Ausgangsdoppelwort
	PAD a	Peripherie-Ausgangsdoppelw.
	MD a	Merkerdoppelwort
	LD a	Lokaldatenwort
	DBD a	Datendoppelwort
	DID a	Instanz-Datendoppelwort
	i [d]	speicherindirekt,bereichsintern
	i [AR1,m]	registerindindirekt,bereichsintern(AR1)
	i [AR2,m]	registerindindirekt,bereichsintern(AR2)
	D [AR1,m]	bereichsübergreifend (AR1)
	D [AR2,m]	bereichsübergreifend (AR2)
	Parameter	über Parameter

Anhang D- STEP®7-Befehlsübersicht

Zugriffoperationen auf Adreßregister		
Operation	Operand	Beschreibung
LAR1		Lade Inhalt aus....
	-	AKKU1
	AR2	Adreßregister 2
	DBD a	Datendoppelwort
	DID a	Instanz-Datendoppelwort
	m	32-Bit-Konstante als Pointer
	LD a	Lokaldatendoppelwort
	MD a	Merkerdoppelwort
		....in AR1
LAR2		Lade Inhalt aus....
	-	AKKU1
	DBD a	Datendoppelwort
	DID a	Instanz-Datendoppelwort
	m	32-Bit-Konstante als Pointer
	LD a	Lokaldatendoppelwort
	MD a	Merkerdoppelwort
		....in AR2
TAR1		Transferiere Inhalt aus AR1 in...
	-	AKKU1
	AR2	Adreßregister 2
	DBD a	Datendoppelwort
	DID a	Instanz-Datendoppelwort
	m	32-Bit-Konstante als Pointer
	LD a	Lokaldatendoppelwort
	MD a	Merkerdoppelwort
TAR2		Transferiere Inhalt aus AR2 in ...
	-	AKKU1....
	DBD a	Datendoppelwort
	DID a	Instanz-Datendoppelwort
	m	32-Bit-Konstante als Pointer
	LD a	Lokaldatendoppelwort
	MD a	Merkerdoppelwort
TAR		Tausche die Inhalte von AR1 und AR2

Anhang D- STEP®7-Befehlsübersicht

Zugriffsoperationen auf das Statuswort									
Operation	Operand	Beschreibung							
L	STW	Lade Statuswort in AKKU1							
Statuswort für: L STW || BIE	A1	A0	OV	OS	OR	STA	VKE	/ER
Operation wertet aus: || ja	ja	ja	ja	ja	ja	ja	ja	ja
Operation beeinflußt: || -	-	-	-	-	-	-	-	-

Operation	Operand	Beschreibung							
T	STW	Transferiere AKKU1 (Bits 0 bis 8) in das Statuswort							
Statuswort für: T STW || BIE	A1	A0	OV	OS	OR	STA	VKE	/ER
Operation wertet aus: || -	-	-	-	-	-	-	-	-
Operation beeinflußt: || ja	ja	ja	ja	ja	ja	ja	ja	ja

Datenbausteinoperationen									
Operation	Operand	Beschreibung							
L	DBNO	Lade Nummer des Datenbausteins							
L	DINO	Lade Nummer des Instanz-Datenbausteins							
L	DBLG	Lade Länge des Datenbausteins in Byte							
L	DILG	Lade Länge des Instanz-Datenbausteins in Byte							
TDB		Tausche Datenbausteine							
+I		Addiere 2 Integerzahlen (16-Bit) (AKKU1-L)=(AKKU1-L)+(AKKU2-L)							
-I		Subtrahiere 2 Integerzahlen (16-Bit) (AKKU1-L)=(AKKU2-L)-(AKKU1-L)							
*I		Multipliziere 2 Integerzahlen (16-Bit) (AKKU1)=(AKKU2-L)*(AKKU1-L)							
/I		Dividiere 2 Integerzahlen (16-Bit) (AKKU1-L)=(AKKU2-L):(AKKU1-L) Im AKKU1-H steht der Rest der Division.							
Statuswort für: +I,-I,*I,/I || BIE	A1	A0	OV	OS	OR	STA	VKE	/ER
Operation wertet aus: || -	-	-	-	-	-	-	-	-
Operation beeinflußt: || -	ja	ja	ja	ja	-	-	-	-

STEP®7-Crashkurs 371

Anhang D- STEP®7-Befehlsübersicht

Operation	Operand	Beschreibung							
+D		Addiere 2 Integerzahlen (32-Bit) (AKKU1)=(AKKU2)+(AKKU1)							
-D		Subtrahiere 2 Integerzahlen (32-Bit) (AKKU1)=(AKKU2)-(AKKU1)							
*D		Multipliziere 2 Integerzahlen (32-Bit) (AKKU1)=(AKKU2)*(AKKU1)							
/D		Dividiere 2 Integerzahlen (32-Bit) (AKKU1)=(AKKU2):(AKKU1)							
MOD		Dividiere 2 Integerzahlen (32-Bit) und lade den Rest der Division in AKKU1: (AKKU1)=Rest von [(AKKU2):(AKKU1)]							
Statuswort für: +D,-D,*D,/D,MOD		BIE	A1	A0	OV	OS	OR	STA	VKE	/ER
Operation wertet aus:		-	-	-	-	-	-	-	-	-
Operation beeinflußt:		-	ja	ja	ja	ja	-	-	-	-

Operation	Operand	Beschreibung							
+R		Addiere 2 Realzahlen (32-Bit) (AKKU1)=(AKKU2)+(AKKU1)							
-R		Subtrahiere 2 Realzahlen (32-Bit) (AKKU1)=(AKKU2)-(AKKU1)							
*R		Multipliziere 2 Realzahlen (32-Bit) (AKKU1)=(AKKU2)*(AKKU1)							
/R		Dividiere 2 Realzahlen (32-Bit) (AKKU1)=(AKKU2):(AKKU1)							
Statuswort für: +R,-R,*R,/R		BIE	A1	A0	OV	OS	OR	STA	VKE	/ER
Operation wertet aus:		-	-	-	-	-	-	-	-	-
Operation beeinflußt:		-	ja	ja	ja	ja	-	-	-	-

Operation	Operand	Beschreibung							
NEGR		Negiere Realzahl im AKKU1							
ABS		Bilde Betrag der Realzahl im AKKU1							
Statuswort für: NEGR, ABS		BIE	A1	A0	OV	OS	OR	STA	VKE	/ER
Operation wertet aus:		-	-	-	-	-	-	-	-	-
Operation beeinflußt:		-	-	-	-	-	-	-	-	-

Anhang D- STEP®7-Befehlsübersicht

Operation	Operand	Beschreibung							
SQRT		Berechne die Quadratwurzel einer Realzahl in AKKU1							
SQR		Quadriere die Realzahl in AKKU1							
Statuswort für: SQRT, SQR		BIE	A1	A0	OV	OS	OR	STA	VKE	/ER
Operation wertet aus:		-	-	-	-	-	-	-	-	-
Operation beeinflußt:		-	ja	ja	ja	ja	-	-	-	-

Operation	Operand	Beschreibung
LN		Bilde den natürlichen Logarithmus einer Realzahl in AKKU1
EXP		Berechne den Exponentialwert einer Realzahl in AKKU1 zur Basis e (=2,71828)

Statuswort für: LN, EXP	BIE	A1	A0	OV	OS	OR	STA	VKE	/ER
Operation wertet aus:	-	-	-	-	-	-	-	-	-
Operation beeinflußt:	-	ja	ja	ja	ja	-	-	-	-

Operation	Operand	Beschreibung
SIN		Berechne den Sinus einer Realzahl
ASIN		Berechne den Arcussinus einer Realzahl
COS		Berechne den Cosinus einer Realzahl
ACOS		Berechne den Arcuscosinus einer Realzahl
TAN		Berechne den Tangens einer Realzahl
ATAN		Berechne den Arcustangens einer Realzahl

Statuswort für: SIN, ASIN, COS, ACOS, TAN, ATAN	BIE	A1	A0	OV	OS	OR	STA	VKE	/ER
Operation wertet aus:	-	-	-	-	-	-	-	-	-
Operation beeinflußt:	-	ja	ja	ja	ja	-	-	-	-

Operation	Operand	Beschreibung
+	i16	Addiere eine 16-Bit-Integer-Konstante
+	i32	Addiere eine 32-Bit-Integer-Konstante

Addition auf Adreßregister		
Operation	Operand	Beschreibung
+AR1		Addiere Inhalt von AKKU1-L zum AR1
+AR1	m (0 bis 4095)	Addiere Pointer-Konstante zum AR1
+AR2		Addiere Inhalt von AKKU1-L zum AR2
+AR2	m (0 bis 4095)	Addiere Pointer-Konstante zum AR2

Vergleichsoperationen mit INT, DINT und REAL		
Operation	Operand	Beschreibung
==I		AKKU2-L=AKKU1-L

Anhang D - STEP®7-Befehlsübersicht

<>I		AKKU2-L!=AKKU1-L
<I		AKKU2-L<AKKU1-L
<=I		AKKU2-L<=AKKU1-L
>I		AKKU2-L>AKKU1-L
>=I		AKKU2-L>=AKKU1-L

Statuswort für: ==I, <>I, <I, <=I, >I, >=I	BIE	A1	A0	OV	OS	OR	STA	VKE	/ER
Operation wertet aus:	-	-	-	-	-	-	-	-	-
Operation beeinflußt:	-	ja	ja	0	-	0	ja	ja	1

Operation	Operand	Beschreibung
==D		AKKU2=AKKU1
<>D		AKKU2!=AKKU1
<D		AKKU2<AKKU1
<=D		AKKU2<=AKKU1
>D		AKKU2>AKKU1
>=D		AKKU2>=AKKU1

Statuswort für: ==D, <>D, <D, <=D, >D, >=D	BIE	A1	A0	OV	OS	OR	STA	VKE	/ER
Operation wertet aus:	-	-	-	-	-	-	-	-	-
Operation beeinflußt:	-	ja	ja	0	-	0	ja	ja	1

Operation	Operand	Beschreibung
==R		AKKU2=AKKU1
<>R		AKKU2!=AKKU1
<R		AKKU2<AKKU1
<=R		AKKU2<=AKKU1
>R		AKKU2>AKKU1
>=R		AKKU2>=AKKU1

Statuswort für: ==R, <>R, <R, <=R, >R, >=R	BIE	A1	A0	OV	OS	OR	STA	VKE	/ER
Operation wertet aus:	-	-	-	-	-	-	-	-	-
Operation beeinflußt:	-	ja	ja	ja	ja	0	ja	ja	1

Schiebebefehle

Operation	Operand	Beschreibung
SLW		Schiebe Inhalt von AKKU1-L nach links. Freiwerdende Stellen werden mit Nullen aufgefüllt.
SLW	0...15	
SLD		Schiebe Inhalt von AKKU1 nach links. Freiwerdende Stellen werden mit Nullen aufgefüllt.
SLD	0...32	
SRW		Schiebe Inhalt von AKKU1-L nach rechts. Freiwerdende Stellen werden mit Nullen aufgefüllt.
SRW	0...15	
SRD		Schiebe Inhalt von AKKU1 nach rechts. Freiwerdende Stellen werden mit Nullen aufgefüllt.
SRD	0...32	
SSI		Schiebe Inhalt von AKKU1-L mit Vorzeichen nach rechts. Freiwerdende Stellen werden mit dem Vorzeichen (Bit15) aufgefüllt.
SSI	0...15	

Statuswort für: SLW, SLD, SRW, SRD, SSI	BIE	A1	A0	OV	OS	OR	STA	VKE	/ER
Operation wertet aus:	-	-	-	-	-	-	-	-	-
Operation beeinflußt:	-	ja	0	0	-	-	-	-	-

Operation	Operand	Beschreibung
SSD		Schiebe Inhalt von AKKU1 mit Vorzeichen nach rechts. Freiwerdende Stellen werden mit dem Vorzeichen (Bit 31) aufgefüllt.
SSD	0...32	

Statuswort für: SSD	BIE	A1	A0	OV	OS	OR	STA	VKE	/ER
Operation wertet aus:	-	-	-	-	-	-	-	-	-
Operation beeinflußt:	-	ja	0	0	-	-	-	-	-

Rotierbefehle

Operation	Operand	Beschreibung
RLD		Rotiere Inhalt von AKKU1 nach links
RLD	0...32	
RRD		Rotiere Inhalt von AKKU1 nach rechts
RRD	0...32	

Statuswort für: RLD, RRD	BIE	A1	A0	OV	OS	OR	STA	VKE	/ER
Operation wertet aus:	-	-	-	-	-	-	-	-	-
Operation beeinflußt:	-	ja	ja	ja	-	-	-	-	-

Anhang D- STEP®7-Befehlsübersicht

Operation	Operand	Beschreibung
RLDA		Rotiere Inhalt von AKKU1 um eine Bitposition nach links über Anzeigenbit A1
RRDA		Rotiere Inhalt von AKKU1 um eine Bitposition nach rechts über Anzeigenbit A1.

Statuswort für: RLDA, RRDA	BIE	A1	A0	OV	OS	OR	STA	VKE	/ER
Operation wertet aus:	-	-	-	-	-	-	-	-	-
Operation beeinflußt:	-	ja	0	0	-	-	-	-	-

Akku-Befehle		
Operation	Operand	Beschreibung
TAW		Umkehr der Reihenfolge der Bytes im AKKU1-L
TAD		Umkehr der Reihenfolge der Bytes im AKKU1
TAK		Tausche Inhalte von AKKU1 und AKKU2
ENT		Inhalt von AKKU2 und AKKU3 wird nach AKKU3 und AKKU4 übertragen
LEAVE		Inhalt von AKKU3 und AKKU4 wird nach AKKU2 und AKKU3 übertragen.
PUSH		Inhalt von AKKU1,AKKU2 und AKKU3 wird nach AKKU2, AKKU3 und AKKU4 übertragen
POP		Inhalt von AKKU2,AKKU3 und AKKU4 wird nach AKKU1, AKKU2 und AKKU3 übertragen
INC	k8	Inkrementiere AKKU1-LL
DEC	k8	Dekrementiere AKKU1-LL

Bild- und Null-Befehle		
Operation	Operand	Beschreibung
BLD	k8	Bildaufbauoperation; wird von der CPU wie eine Nulloperation behandelt.
NOP	0 1	Nulloperation

Anhang D- STEP®7-Befehlsübersicht

Typenkonvertierungen

Operation	Operand	Beschreibung
BTI		Konvertiere AKKU1-L von BCD (0 bis +/- 999) in Integerzahl (16 Bit) (BCD To Int)
BTD		Konvertiere AKKU1 von BCD (0 bis +/-9 999 999) in Double-Integerzahl (32 Bit) (BCD To Doubleint)
DTR		Konvertiere AKKU1 von Double-Integerzahl (32 Bit) (Doubleint To Real)
ITD		Konvertiere AKKU1 von Integerzahl (16 Bit) in Double-Integerzahl (32 Bit) (Int To Doubleint)

Statuswort für: BTI, BTD, DTR, ITD	BIE	A1	A0	OV	OS	OR	STA	VKE	/ER
Operation wertet aus:	-	-	-	-	-	-	-	-	-
Operation beeinflußt:	-	-	-	-	-	-	-	-	-

Operation	Operand	Beschreibung
ITB		Konvertiere AKKU1-L von Integerzahl (16 Bit) nach BCD 0 bis +/-999 (Int To BCD)
DTB		Konvertiere AKKU1 von Double-Integerzahl (32 Bit) nach BCD 0 bis +/-9 999 999 Doubleint To BCD)

Statuswort für: ITB, DTB	BIE	A1	A0	OV	OS	OR	STA	VKE	/ER
Operation wertet aus:	-	-	-	-	-	-	-	-	-
Operation beeinflußt:	-	-	-	ja	ja	-	-	-	-

Operation	Operand	Beschreibung
RND		Wandle Realzahl in 32-Bit-Integerzahl um
RND-		Wandle Realzahl in 32-Bit-Integerzahl um. Es wird abgerundet zur nächsten ganzen Zahl.
RND+		Wandle Realzahl in 32-Bit-Integerzahl um. Es wird aufgerundet zur nächsten ganzen Zahl.
TRUNC		Wandle Realzahl in 32-Bit-Integerzahl um. Es werden die Nachkommastellen abgeschnitten.

Statuswort für: RND, RND-, RND+, TRUNC	BIE	A1	A0	OV	OS	OR	STA	VKE	/ER
Operation wertet aus:	-	-	-	-	-	-	-	-	-
Operation beeinflußt:	-	-	-	ja	ja	-	-	-	-

Anhang D- STEP®7-Befehlsübersicht

Komplementoperationen

Operation	Operand	Beschreibung
INVI		Bilde 1er-Komplement von AKKU1-L
INVD		Bilde 1er-Komplement von AKKU1

Statuswort für: INVI, INVD	BIE	A1	A0	OV	OS	OR	STA	VKE	/ER
Operation wertet aus:	-	-	-	-	-	-	-	-	-
Operation beeinflußt:	-	-	-	-	-	-	-	-	-

Operation	Operand	Beschreibung
NEGI		Bilde 2er-Komplement von AKKU1-(Integerzahl)
NEGD		Bilde 2er-Komplement von AKKU1 (Double-Integerzahl)

Statuswort für: NEGI, NEGD	BIE	A1	A0	OV	OS	OR	STA	VKE	/ER
Operation wertet aus:	-	-	-	-	-	-	-	-	-
Operation beeinflußt:	-	ja	ja	ja	ja	-	-	-	-

Bausteinaufrufe FC, FB, DB

Operation	Operand	Beschreibung
CALL	FB q, DB q	Unbedingter Aufruf eines FB mit Parameterübergabe
CALL	SFB q, DB q	Unbedingter Aufruf eines SFB, mit Parameterübergabe
CALL	FC q	Unbedingter Aufruf einer Funktion mit Parameterübergabe
CALL	SFC q	Unbedingter Aufruf einer SFC, mit Parameterübergabe
UC	FB q	Unbedinger Aufruf von Bausteinen ohne Parameterübergabe
	FC q	
	FB [e]	speicherindirekter FB-Aufruf
	FC [e]	speicherindirekter FC-Aufruf
	Parameter	FB/FC-Aufruf über Parameter
CC	FB q	Bedinger Aufruf von Bausteinen ohne Parameterübergabe
	FC q	
	FB [e]	speicherindirekter FB-Aufruf
	FC [e]	speicherindirekter FC-Aufruf
	Parameter	FB/FC-Aufruf über Parameter

Statuswort für: CALL, UC, CC	BIE	A1	A0	OV	OS	OR	STA	VKE	/ER
Operation wertet aus:	-	-	-	-	-	-	-	-	-
Operation beeinflußt:	-	-	-	-	0	0	1	-	0

Anhang D- STEP®7-Befehlsübersicht

Operation	Operand	Beschreibung
AUF		Aufschlagen eines
	DB q	Datenbausteins
	DI q	Instanz-Datenbausteins
	DB [e]	Datenbausteins, speicherindirekt
	DI [e]	Instanz-DB, speicherindirekt
	Parameter	Datenbausteins über Parameter

Statuswort für: AUF	BIE	A1	A0	OV	OS	OR	STA	VKE	/ER
Operation wertet aus:	-	-	-	-	-	-	-	-	-
Operation beeinflußt:	-	-	-	-	-	-	-	-	-

Baustein-Endeoperationen

Operation	Operand	Beschreibung
BE		Beende Baustein
BEA		Beende Baustein absolut

Statuswort für: BE, BEA	BIE	A1	A0	OV	OS	OR	STA	VKE	/ER
Operation wertet aus:	-	-	-	-	-	-	-	-	-
Operation beeinflußt:	-	-	-	-	0	0	1	-	0

Operation	Operand	Beschreibung
BEB		Beende Baustein bedingt bei VKE="1"

Statuswort für: BEB	BIE	A1	A0	OV	OS	OR	STA	VKE	/ER
Operation wertet aus:	-	-	-	-	-	-	-	ja	-
Operation beeinflußt:	-	-	-	-	ja	0	1	1	0

Sprungbefehle

Operation	Operand	Beschreibung
SPA	MARKE	Springe unbedingt

Statuswort für: SPA	BIE	A1	A0	OV	OS	OR	STA	VKE	/ER
Operation wertet aus:	-	-	-	-	-	-	-	-	-
Operation beeinflußt:	-	-	-	-	-	-	-	-	-

Operation	Operand	Beschreibung
SPB	MARKE	Springe bei VKE="1"
SPBN	MARKE	Springe bei VKE="0"

Statuswort für: SPB, SPBN	BIE	A1	A0	OV	OS	OR	STA	VKE	/ER
Operation wertet aus:	-	-	-	-	-	-	-	ja	-
Operation beeinflußt:	-	-	-	-	-	0	1	1	0

Anhang D - STEP®7-Befehlsübersicht

Operation	Operand	Beschreibung							
SPBB	MARKE	Springe bei VKE="1" Retten des VKE in das BIE-Bit							
SPBNB	MARKE	Springe bei VKE="0" Retten des VKE in das BIE-Bit							

Statuswort für: SPBB, SPBNB	BIE	A1	A0	OV	OS	OR	STA	VKE	/ER
Operation wertet aus:	-	-	-	-	-	-	-	ja	-
Operation beeinflußt:	ja	-	-	-	-	0	1	1	0

Operation	Operand	Beschreibung
SPBI	MARKE	Springe bei BIE="1"
SPBIN	MARKE	Springe bei BIE="0"

Statuswort für: SPBI, SPBIN	BIE	A1	A0	OV	OS	OR	STA	VKE	/ER
Operation wertet aus:	ja	-	-	-	-	-	-	-	-
Operation beeinflußt:	-	-	-	-	-	0	1	-	0

Operation	Operand	Beschreibung
SPO	MARKE	Springe bei Überlauf speichernd (OV="1")

Statuswort für: SPO	BIE	A1	A0	OV	OS	OR	STA	VKE	/ER
Operation wertet aus:	-	-	-	ja	-	-	-	-	-
Operation beeinflußt:	-	-	-	-	-	-	-	-	-

Operation	Operand	Beschreibung
SPS	MARKE	Springe bei Überlauf spreichernd (OS="1")

Statuswort für: SPS	BIE	A1	A0	OV	OS	OR	STA	VKE	/ER
Operation wertet aus:	-	-	-	-	ja	-	-	-	-
Operation beeinflußt:	-	-	-	-	0	-	-	-	-

Operation	Operand	Beschreibung
SPU	MARKE	Springe bei "Unzulässiger Arithmetikoperation" (A1=1 und A0=1)
SPZ	MARKE	Springe bei Ergebnis =0 (A1=0 und A0=0)
SPP	MARKE	Springe bei Ergebnis >0 (A1=1 und A0=0)
SPM	MARKE	Springe bei Ergebnis <0 (A1=0 und A0=1)
SPN	MARKE	Springe bei Ergebnis !=0 (A1=1 und A0=0) oder (A1=0 und A0=1)
SPMZ	MARKE	Springe bei Ergebnis <=0 (A1=1 und A0=1)oder (A1=0 und A0=0)

Anhang D- STEP®7-Befehlsübersicht

SPPZ	MARKE	Springe bei Ergebnis >=0 (A1=1 und A0=1) oder (A1=0 und A0=0)								
Statuswort für: SPU, SPZ, SPP, SPM, SPN, SPMZ, SPPZ		BIE	A1	A0	OV	OS	OR	STA	VKE	/ER
Operation wertet aus:		-	ja	ja	-	-	-	-	-	-
Operation beeinflußt:		-	-	-	-	-	-	-	-	-

Operation	Operand	Beschreibung
SPL	MARKE	Sprungverteiler Der Operation folgt eine Liste von Sprungoperationen. Der Operand ist eine Sprungmarke auf die der Liste folgenden Operation. AKKU1-LL enthält die Nummer der Sprungoperation (max.254), die ausgeführt werden soll, wobei die erste Sprungoperationsnummer 0 ist.
LOOP	MARKE	Dekrementiere AKKU1-L und springe bei AKKU1-L !=0 (Schleifenprogrammierung)

Statuswort für: SPL, LOOP	BIE	A1	A0	OV	OS	OR	STA	VKE	/ER
Operation wertet aus:	-	-	-	-	-	-	-	-	-
Operation beeinflußt:	-	-	-	-	-	-	-	-	-

E Bildernachweis

Alle Fotos, die eine S7-300 oder eine S7-400 darstellen, stammen aus der Katalog-CD "CA01 04/99" von SIEMENS.

Die Fotos der S7-kompatiblen Steuerungen im Anhang A wurden von der Fa. SAIA-Burgess Electronics auf CD-ROM überreicht.

F Index

A
Abarbeitung eines S7-Programms im AG, 270
Abfragen einer Zeit, 228
Abfragen eines Zählers, 214
Ablaufsteuerung, 253
absoluter Programmierung, 40
Adreßregister, 268
Adressierung der Operanden, 35, 227
AG, 12
Akkumulatoren, 268
Aktualwert, 159
Aktualwerte, 149
Allgemeine Informationen, 24
Alternative zu den Klammerbefehlen, 60
Anfangswert, 159
ANLAUF-Betrieb, 270
Anlauf-OBs, 80
Anordnung von Hi- und Lo-Byte, 39
Anwenderbausteine, 83
AR2-Register innerhalb eines FBs, 319
Arbeitsspeicher, 186
Arithmetische Befehle, 309
Array, 136
Aufbau einer AWL-Zeile, 31
Aufbau einer speicherprogrammierbaren Steuerung, 17
Aufbau eines Speichers mit logischen Verknüpfungen, 63
Aufbau eines STRING-Parameters, 146
Aufruf einer FC, 84
Aufruf eines FBs, 87
Aufschlagen eines Datenbausteins, 166
Ausgänge, 34
Ausgangsbaugruppen, 17
Ausgangsparameter, 116, 128, 133
Auswertung der Anzeigebits, 307
Auswertung über Binäroperationen, 306
AWL, 12, 31

B
Baudrate des MPI-Adapters, 297
Baugruppenträger, 17
Baugruppenzustand, 24
Baustein, 12
Bausteinarten in S5 und in S7, 312
Bausteine, 26
Bausteinkopf, 149
Bausteinparameter, 114, 118
Bausteinstatus, 23
BE, 88
BEA, 88
Bearbeitungs-, 26
BEB, 88
Beispiel einer Anlage mit SPS-Steuerung, 20
Betriebszustände, 270
Binäroperand, 12
Binäruntersetzer (1-Kippglied), 251
Binäruntersetzter, 251
Bit, 101
Bitoperanden, 35

BSTACK, 12, 25, 290
Busmodul, 17
Byte, 101
Byteoperanden, 36

C
CALL, 87
CC, 86
CPU-Baugruppe, 17
CPU-Funktionen (Protokolle), 26

D
Das DI-Register, 211
Das Statuswort, 269
DATE_AND_TIME, 147
Daten, 34
Daten eines Datenbausteins, 33
Datenbaustein löschen, 175
Datenbit, 155
Datentypen in STEP®7, 101
DB, 82
DB-Register, 269
Der Datenbaustein (DB), 82
Diagnosebuffer, 12, 288
Die CPU-Funktionen bei STEP®7, 23
digitalem Datentyp, 134
Doppelwort, 102
Doppelwortoperanden, 38
Durchgangsparameter, 116, 129, 133

E
EEPROM, 304
Eigenschaften eines Funktionsbausteins, 188
Eingänge, 34
Eingangs- und Ausgangsoperanden, 32
Eingangsbaugruppen, 17
Eingangsparameter, 116, 128, 133
Elementare Datentypen, 103
EPROM, 304
Erstellen eines DB, 148
EXKLUSIV-ODER-Verknüpfung, 48

F
FB, 81
FC, 81
Fehlerdiagnose bei einer S7-CPU, 287
Flankenauswertung, 246
Formalparametern, 128
Funktion (FC), 81
Funktionsbaustein, 81
Funktionsbausteine, 188

G
Gemischte UND/ODER- Funktionen, 55
Globaldatenbausteine, 148
Grundlagen der SPS-Technik, 14

H
HALT-Betrieb, 270, 271
Handhabung einer S7-CPU, 300
Höchste MPI-Adresse im Netz einstellen, 299

Anhang F- Index

I
Informationen über die Zykluszeit, 25
Integrierter ROM, 302

K
Klammerbefehle, 57
Komplettadressierung von Datenbausteinen, 318
Komprimieren, 26

L
Lade- und Transferbefehle, 105
Laden einer Zeit über einen konstanten Zeitwert, 226
Laden eines konstanten Zählwertes, 215
Laden von Bytes, 105
Laden von Doppelwörtern, 108
Laden von Konstanten, 110
Laden von Wörtern, 106, 108
Ladespeicher, 186
Länge eines Datenbausteins ermitteln, 167
Lineare und strukturierte Programmierung, 66
Lokaloperanden, 32
LOOP, 283

M
Memory Cards, 301
Merker, 34
Merkeroperanden, 32
MPI-Adapter, 19
MPI-Adresse der Programmiersoftware (PG-MPI-Adresse), 298
MPI-Adresse der S7-SPS einstellen, 298
MPI-Adresse von WinSPS-S7 (PG-MPI-Adresse), 298
MPI-Kabel, 12
MPI-Karten, 19
MPI-Netz, 12
MPI-Netzwerk, 296
MPI-Schnittstelle, 296

N
Negative Flanke, 249
Netzteil, 17
Netzwerk, 12
NICHT-Verknüpfung, 49

O
O, 61
OB, 79
OB1, 80
OB10, 80
OB100, 80
OB121, 80
OB20, 80
OB30, 80
OB40, 80
OB50, 80
OB60, 80
OB80, 80
ODER-NICHT- Verknüpfung, 52
ODER-Verknüpfung, 47, 48
ODER-Verknüpfung von UND-Verknüpfungen, 61
Operand, 12
Operanden, 32

Operanden Übersicht, 34
Organisationsbausteine, 79

P
Parametertypen, 104
Peripherieausgänge, 33
Peripherieeingänge, 33
PG, 12
Positive Flanke, 247
Programmiergerät (PG), 19
Programmierregeln in STEP®7, 318
PROM, 304
Prozeßabbild, 273

R
RAM, 304
Rechenoperationen für Gleitpunktzahlen (32 Bit), 309
Rechenoperationen für Integerzahlen (16 Bit), 309
Rechenoperationen für Integerzahlen (32 Bit), 309
Register der CPU, 268
Remanenz, 34
ROM, 304
Rücksetzdominanz, 26
Rückwärtszähler, 217
RUN-Betrieb, 12, 270, 271

S
S7, 12
SA, 233
Schlüsselschalter, 300
Schreibschutz für einen Datenbaustein, 185
Schrittkettenprogrammierung, 253
Schütztechnik, 15
SDB, 83
SE, 231
Serielle Schnittstelle, 297
Setz- Rücksetzbefehle, 62
Setz- und Rücksetzdominanz, 62
Setzdominanz, 26
SFB, 82
SFC, 82
SFC22, 174
SFC24, 174
SI, 229
SPA, 276
Speicher-Informationen, 25
Speichermedien, 304
speicherprogrammiert, 15
SPL, 284
Sprungbefehle, 275
Sprungbefehle, die das Binärergebnis auswerten, 278
Sprungbefehle, die das VKE auswerten, 277
Sprungbefehle, welche die Anzeigebits (A0, A1) auswerten, 279
Sprungbefehle bei Überlauf, 282
Sprungleiste, Sprungverteiler (SPL), 284
SPS, 12
SS, 232
Starten und Rücksetzen einer Zeit, 228
Starten und rücksetzen einer Zeit, 228
Statische Lokaldaten, 117

Anhang F- Index

statischen Lokaldaten, 212
Status-Variable, 23, 26
Status Baustein, 26
STEP®7, 12
Steuern-Variable, 24
STOP-Betrieb, 12, 270
STRING, 146
STRUCT, 139
strukturierte Programmierung, 66
SV, 230
Symbolikdatei, 41
Symbolische Programmierung, 40
symbolischer Programmierung, 40
Syntax der Sprungbefehle, 276
Systemdatenbaustein, 83
Systemdatenbausteine restaurieren, 303
Systemfunktionen, 82
Systemfunktionsbausteine, 82

T

T-Kippglied, 251
Temporäre Lokaldaten, 117
Timer, 33

U

Überschneidung von Operanden, 39
UC, 84
UND-NICHT- Verknüpfung, 51
UND-Verknüpfung, 46
Unter-, 26
Unterschied Anfangswert zu Aktualwert, 159
Unterschied Instanzdatenbaustein und Globaldatenbaustein, 211
Unterschied zwischen Symbol und Variable, 44
Unterschiede zwischen S5 und S7, 312
USTACK, 12, 25, 290

V

Variable, 314
Variablendeklaration mit Anfangswerten, 149
verbindungsprogrammierte Steuerung, 15
Vergleich Befehlssatz S5/S7, 313
Vergleicher, 305
Vergleichsfunktionen, 306
Verknüpfungsergebnis, 53
Verknüpfungsergebnis (VKE), 53
Verknüpfungsoperationen, 45
VKE, 53
VKE-Begrenzung, 53
VKE begrenzende Operationen, 54
Vorbelegung des Datentyps ARRAY, 181
Vorteile der SPS-Technik, 15
Vorteile von S7, 315
Vorwärtszähler, 216
VPS, 15

W

Was ändert sich bei Verwendung einer SPS?, 16
Was ist eine speicherprogrammierbare Steuerung?, 14
Wie wird eine SPS programmiert und gesteuert?, 18
WinSPS-S7 installieren, 13
Wort, 101
Wortoperanden, 37

G Produkte von MHJ-Software & Ing.-Büro Weiß

1. WinSPS-S7

Die im Buch beiliegende Version von WinSPS-S7 kann nur kleine Programme simulieren. Auch die Ansteuerung eines externen AGs ist nur eingeschränkt möglich. Von WinSPS-S7 gibt es zwei unterschiedliche **Vollversionen**:

1.1 WinSPS-S7 **Standard-Version**
Diese Version kann bis zu 3000 Befehle simulieren (Sharewareversion: ca. 100 Befehle). Die Standard-Version eignet sich besondes für Schüler und Studenten.
Preis: DM 159.- (inkl. 16% MwSt.)

1.2 WinSPS-S7 **Profi-Version**
Bei dieser Version hat die Software-SPS von WinSPS-S7 einen Arbeitsspeicher von 64KByte.
Alle AG-Funktionen (auch Status-Baustein) sind freigeschaltet.
Preis: DM 569.- (inkl. 16% MwSt.)

2. MHJ-MPI-Leitung

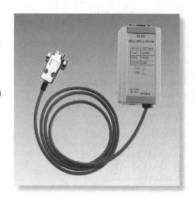

Mit unserer MPI-Leitung kann eine Verbindung mit einer S7-300 und S7-400 mit bis zu **115200 Baud** aufgenommen werden.
Die Leitung kann auch in Verbindung mit der original SIEMENS-Software verwendet werden (hier bis zu 38400 Baud).
Die Leitung wird am PC an einer freien, seriellen Schnittstelle angeschlossen.
Preis: DM 458,20 (inkl. 16% MwSt.)

Anhang G- Produkte von MHJ-Software & Ing.-Büro Weiß

3. SPS-VISU S5/S7

Mit **SPS-VISU** kann ein S5- oder ein S7-Programm simuliert werden, wobei auch die Maschine/Anlage visuell dargestellt wird.
Die Simulation und Funktionskontrolle des SPS-Programms ist dadurch sehr viel einfacher: Es sind nur noch die Bedienelemente (Start, Stop, Notaus, Hand, Automatik, usw.) der Anlage zu bedienen. Die Endschalter der Anlage werden von SPS-VISU (von den bewegten Teilen) angefahren und zur Software-SPS weitergeleitet.
Eine Demoversion von **SPS-VISU** befindet sich ebenfalls auf CD-ROM.

4. Sonstige Produkte zu S5 und S7

Unser gesamtes Lieferangebot können Sie im Internet unter **www.mhj.de** abrufen.
Wir entwickeln und vertreiben folgende Produkte:

- Programmier- und Simulationssoftware für S7 (WinSPS-S7)
- Programmier- und Simulationssoftware für S5 (WinSPS-S5)
- Verbindungsleitungen zum AG (für S5 und S7)
- Eprommer für S5 und für S7
- UV-Löschgeräte
- Fachbuch "STEP®5-Crashkurs"
- Fachbuch "STEP®7-Crashkurs"
- MPI-Treiber für Softwareentwickler (für die Einbindung in eigene Programme)
- Software-SPS für S5 (für die Einbindung in eigene Programme)
- Fernkurs zur STEP®5-Programmiersprache
- Prozeßsimulation SPS-VISU (Anlagendarstellung während der Simulation) für S5 oder S7

Bestellungen und Produktinformationen:

MHJ-Software & Ing.-Büro Weiß
Albert-Einstein-Str. 22
D-75015 Bretten

Telefon: (07252) 87890 oder 84696
Telefax: (07252) 78780
Internet: **www.mhj.de**
Email: **info@mhj.de**